MySQL
数据库原理与应用

主 编 陈志涛
副主编 葛 岩 张兴华

北京希望电子出版社
Beijing Hope Electronic Press
www.bhp.com.cn

内容简介

全书共分为 11 个模块，系统地构建了从数据库基础理论到 MySQL 实战操作，再到高级功能应用及数据库设计的完整知识框架。模块 1 从数据库基础出发，奠定理论基石，解析数据库系统构成、数据模型及关系型数据库的核心概念，为深入学习铺路。模块 2～模块 5 逐步展开，详述 MySQL 的安装配置、基础编程、数据库与数据表的操作管理，以及通过 MySQL Workbench 等工具的实践应用，让读者快速上手。模块 6～模块 7 深入讲解数据查询技巧，涵盖基本到高级查询方法，揭秘索引与视图的优化策略，提升数据库性能与管理效率。模块 8～模块 10 深入数据库编程层面，涵盖存储过程、触发器、事件等高级功能，探讨事务管理与并发控制的精髓，以及数据库安全与维护策略，强化数据保护能力。模块 11 则是理论与实践的完美融合，不仅阐述数据库设计的理论方法，还通过一个贴近实际的网络购物系统数据库设计案例，引领读者经历从需求分析到维护的全过程，实现知识到技能的转化。

本书适合作为数据库原理与应用课程的教材，也可供数据库应用系统开发设计人员和工程技术人员参考使用。

图书在版编目（CIP）数据

MySQL 数据库原理与应用 / 陈志涛主编. -- 北京 ：
北京希望电子出版社, 2024. 7（2024.12 重印）.
ISBN 978-7-83002-867-1

Ⅰ. TP311.132.3
中国国家版本馆 CIP 数据核字第 2024A0Z458 号

出版：北京希望电子出版社
地址：北京市海淀区中关村大街 22 号
中科大厦 A 座 10 层
邮编：100190
网址：www.bhp.com.cn
电话：010-82620818（总机）转发行部
010-82626237（邮购）
经销：各地新华书店

封面：袁　野
编辑：付寒冰　张学伟
校对：龙景楠
开本：787mm×1092mm　1/16
印张：18.5
字数：426 千字
印刷：北京昌联印刷有限公司
版次：2024 年 12 月 1 版 3 次印刷

定价：59. 90 元

前言

PREFACE

党的二十大报告指出："推动战略性新兴产业融合集群发展，构建新一代信息技术、人工智能、生物技术、新能源、新材料、高端装备、绿色环保等一批新的增长引擎。"信息技术正深刻地改变着人们的生活、工作与思维方式，计算机技术已经成为现在人们学习、工作和生活中不可或缺的工具。熟练掌握计算机技术的基础知识和基本技能，已是当今社会大学生就业必备的基本技能。"数据库原理与应用"课程旨在培养学生具备数据库系统设计、开发、维护和优化的能力，以及熟练掌握 SQL 语言和数据库管理工具的使用技能，使学生成为知识、能力和综合素质都符合社会要求的合格毕业生。

MySQL 是基于 SQL 语言的一种开源、轻型、易用的关系型数据库管理系统，安装简单、操作简便、功能齐全、性能稳定且完全免费，很受中小型网站及软件开发公司的青睐。本书即为一本系统讲解 MySQL 数据库的原理、操作及应用方法的实用性指导教材。本课程的学习，要求学生首先掌握数据库系统的基本原理知识，然后掌握在 MySQL 数据库管理系统上实现数据操作的方法，最后通过具体实例操作将理论知识转化为实践技能。

本书共分为 11 个模块，具体设置如下：

模块 1 为数据库基础，主要介绍数据库的概念，数据库系统的组成和体系结构，数据模型的概念、组成要素和应用层次，关系数据模型的相关概念和原理，关系型数据库的概念和特点，以及关系型数据库管理系统的概念、构成等。

模块 2 为 MySQL 数据库管理系统，主要介绍 MySQL 数据库管理系统的概念及其下载、安装、配置、启动、关闭、卸载等方法，以及 MySQL 的工具和应用程序编程接口。

模块 3 为 MySQL 编程基础，主要介绍对 MySQL 管理系统进行操作时应掌握的一些基础编程知识，如 SQL 语言、数据类型、常量和变量、表达式和运算符、系统内置函数等。

模块 4 为 MySQL 数据库操作，主要介绍 MySQL 数据库及其对象，以及使用命令行工具和 MySQL Workbench 工具创建和管理数据库的方法。

模块 5 为 MySQL 数据表操作，主要介绍使用命令行工具和 MySQL Workbench 工具创建和管理数据表，以及对数据进行操作的方法。

模块 6 为 MySQL 数据查询，主要介绍 MySQL 的数据查询方法，如基本查询语句、无数据源查询、多表查询、嵌套查询等。

模块 7 为 MySQL 的索引与视图，主要介绍 MySQL 的索引的概念和操作方法，以及 MySQL 的视图的概念和操作方法。

模块 8 为 MySQL 程序设计，主要介绍有关 MySQL 程序设计方面的内容，包括存储过程、存储函数、触发器、事件、流程控制语句、游标等的概念和使用方法等。

模块 9 为 MySQL 的事务，主要介绍 MySQL 的事务的概念、特征，事务的控制及并发控制方法。

模块 10 为 MySQL 安全管理，主要介绍数据库安全管理方面的内容，包括用户管理、权限管理、数据备份与恢复等。

模块 11 为数据库设计，首先讲解了数据库的设计理论与方法，然后讲解了数据库的设计过程，包括需求分析、概念设计、逻辑设计、物理设计、数据库实施、数据库运行和维护等，最后提供了一个网络购物系统的数据库设计实例，详细地展示了数据库设计的步骤，帮助学生实现从理论知识到实践技能的转化。

本书根据知识点的难易程度安排内容，从易到难，从基础到高级，从概念到应用，循序渐进地介绍了学习 MySQL 数据库管理系统所需掌握的知识和技能，符合学生的认知规律，可以很好地帮助初学者轻松入门并快速提高。

本书在体例设置方面，每个模块开头列举了学习目标和重难点解析，帮助学生理解知识结构；设置有“导言”板块，将课堂教学与思政教育有机结合起来，帮助学生在学习知识和技能的同时，培养正确的价值观和社会责任感，提高学生的思想政治素养；每个模块结尾布置了一些相关的习题，供学生练习使用，以巩固所学知识；行文中还设置了“知识魔方”对知识点进行补充讲解，以帮助学生加深对所学知识点的理解，扩充对 MySQL 数据库管理系统的认识。在讲解 MySQL 数据库管理系统的各种功能时，本书提供了丰富的案例，为学生在实际使用 MySQL 数据库管理系统时遇到的问题提供一些可循的解决方案或解决思路，提高其实践能力，为学生将来走上职业道路做好铺垫。

本书由陈志涛担任主编，葛岩和张兴华担任副主编。编写分工如下：模块 1 和模块 2 由张兴华编写，模块 3 至模块 5 由陈志涛编写，模块 6 至模块 11 由葛岩编写。

本书在编写过程中参考了一些数据库方面的著作和网络资源，在此对这些著作和资源的创作者表示衷心的感谢！

由于编者水平有限，书中难免存在不足或疏漏之处，恳请广大读者批评指正。

编　者

2024 年 5 月

CONTENTS 目录

>> 模块 1

数据库基础

学习目标

（1）了解数据库的相关概念，掌握数据库的组成及其体系结构。

（2）理解数据模型的概念，掌握数据模型的组成要素及其应用层次。

（3）理解关系数据模型，了解关系型数据库的概念和特点，了解关系型数据库管理系统的概念及构成。

重点和难点

1. 重点

（1）数据库的相关概念、数据库的体系结构。

（2）数据模型的概念、组成要素和应用层次。

（3）关系数据模型、关系型数据库、关系型数据库管理系统。

2. 难点

数据库的体系结构、数据模型的应用层次、关系型数据库管理系统的构成。

导言

随着信息化的快速发展，数据量呈现爆炸式增长，需要利用计算机高效地处理和分析大量数据，而数据库作为一种高效的信息管理工具，能够对这些数据进行快速、准确、安全的存储和管理。数据库技术的不断创新和发展，为人们提供了更多更好的信息管理工具，使科学研究、商业决策、社会治理等领域得到了长足发展，并进一步促进了信息化进程的加速和社会进步。在数据库基础知识的学习中，我们不仅仅要理解数据库的原理以及如何使用数据库来存储和管理数据，更应当注重培养正确的价值观念，在技术实践中养成爱动脑的习惯，树立正确的人生观、价值观和社会责任感。数据库理论知识的学习不仅仅是为了掌握数据库的基本概念和技术，更是为了培养我们的思维能力和创新能力，引导我们思考如何利用数据库来解决实际问题，鼓励我们进行创新实践，成为国家、社会所需要的人才。

1.1 数据库概述

当人们在社交媒体上分享动态时，其中的数据实际上被储存在了数据库中；当人们在购物网站上搜索商品时，网站界面展现出来的商品列表其实就是人们在数据库中查询的结果。数据库就像一座图书馆，它将各种数据保存起来，便于人们根据需求进行查询和检索。

1.1.1 数据库的相关概念

数据库技术是一种综合性的软件技术。随着计算机应用的不断发展，数据处理变得越来越重要，数据库技术的应用范围也越来越广泛。为了学好数据库的知识，本节先来介绍一些数据库的相关概念。

1. 信息

信息（information）是现实世界事物的存在方式或运动状态在人们头脑中的反映，是对客观世界的认识。它具有可感知、可存储、可加工、可传递和可再生等自然特性。

2. 数据

数据（data）是用来记录信息的符号，是信息的具体表现形式。

数据可以用“型”和“值”来表示，其中“型”是指数据内容存储在媒体上的具体形式，“值”是指所描述的客观事物的具体特性。同一信息可以用不同的数据形式来表示，但数据本身不会因为数据形式的不同而改变。例如，一个人的身高可以用两种不同的方式表示，即“1.60 米”或“1 米 6”，这两种方式的数据的值是相同的，但是数据的型不同。

除了数字、文字，数据还包括图形、图像、声音、动画等多媒体数据。

3. 数据库

数据库（database, DB）是长期存放在计算机内、有组织的、可共享的数据集合。

数据库中的数据是按照一定的数据模型进行组织、描述和存储的，具有较小的冗余度、较高的数据独立性和易扩展性，并可为各种用户所共享，可以形象地理解为存储数据的仓库。数据库是数据对象的集合，而数据表则由一个或多个相关的数据项组成。

数据库技术具有存储、管理大量数据和高效检索的优势，广泛应用于人们日常生活中的各个领域，包括超市、银行、学校、网站、电信、航运、企业、政府机构等。

4. 数据库系统

数据库系统（database system, DBS）是指在计算机系统中引入数据库后的系统，一般由支持数据库运行的硬件及操作系统、数据库、数据库管理系统、应用系统、数据库管理员和用户等构成。

数据库系统的结构如图 1-1 所示。

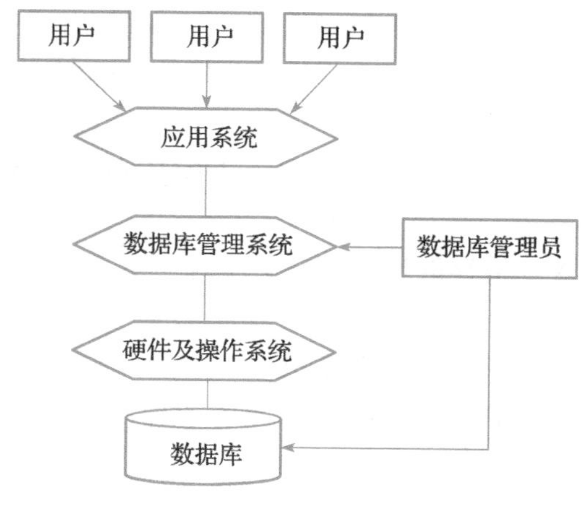

图 1-1 数据库系统的结构

5. 数据库管理系统

数据库管理系统（database management system, DBMS）是位于用户与操作系统之间的一套数据管理软件，它属于系统软件，为用户或应用程序提供访问数据库的方法，包括数据库的建立、查询、更新及各种数据控制和操作等。

数据库管理系统的结构如图 1-2 所示。

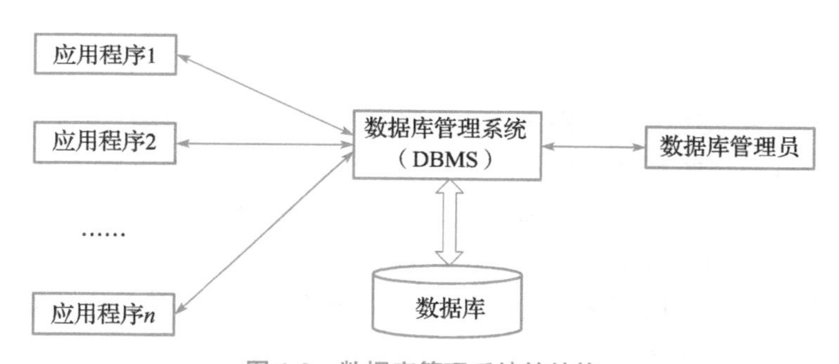

图 1-2 数据库管理系统的结构

6. 数据库应用系统

数据库应用系统（database application system, DBAS）是一种实现业务逻辑的应用程序，通常被称为应用系统。它提供了一个人性化的图形用户界面（graphical user interface, GUI），允许用户通过图形化的方式访问和操作数据库中的数据。该系统使用数据库语言或相应的数据访问接口来访问和操作数据库中的数据。

1.1.2 数据库系统的组成

数据库系统主要由 4 个部分构成：硬件、软件、人员和数据。

1. 硬件

硬件是指系统所有的物理设备。鉴于数据库应用系统的需求，往往特别要求数据库主机或数据库服务器的外存要足够大，I/O 存取效率要高；要求主机的吞吐量大、作业处理能力强。对于分布式数据库而言，计算机网络也是基础环境。硬件的具体要求如下：

（1）要有足够大的内存，能存放操作系统和 DBMS 的核心模块、数据库缓冲区和应用程序。

（2）有足够大的硬盘直接存取设备存放数据库，有足够的存储空间作为数据备份介质。

（3）要求连接系统的网络有较高的数据传输速度。

（4）要有处理能力较强的中央处理器（CPU），以保证数据处理的速度。

2. 软件

软件是指系统内所有程序的集合。数据库系统的软件主要包括操作系统（如 Linux、Windows 等）、数据库管理系统（如甲骨文公司的 Oracle 或 MySQL、IBM 公司的 DB2、微软公司的 SQL Server 或 Access 等）、数据库系统开发工具（如甲骨文公司的 Oracle SQL Developer、IBM 公司的 IBM Data Studio、微软公司的 Microsoft SQL Server Management Studio 等）。其中，数据库管理系统是位于用户与操作系统之间的数据管理软件，它为用户或应用程序提供了访问数据的方法，包括数据库建立、数据操纵、数据检索和数据控制等。

3. 人员

人员是指数据库系统的所有用户。一般把数据库系统中的用户分为 4 类：数据库管理员、系统分析员和数据库设计人员、应用程序开发人员，以及终端用户。

（1）数据库管理员。数据库管理员的主要职责是负责数据库的规划、设计、维护和监控，需要对各个应用的数据需求进行全面规划、设计和集成，负责对数据库中数据的安全性、完整性以及系统恢复进行实施与维护，并且不断调整数据库内部结构，以保持系统的最佳状态和最高效率。

（2）系统分析员和数据库设计人员。系统分析员的主要任务是编写应用系统的需求分析，确定数据库系统的软硬件配置，并参与数据库的设计和程序开发工作。数据库设计人员主要负责设计数据库的结构，实际上他们是数据库的建筑师。

（3）应用程序开发人员。应用程序开发人员是负责设计、开发应用系统功能模块的软件编程人员，他们根据数据库结构编写特定的应用程序，并进行调试和安装。

（4）终端用户。终端用户是使用应用程序的人员，包括日常业务操作人员和高级用户（如主管、经理、董事等）。高级用户在做决策时往往需要利用数据库获取的信息。

4. 数据

数据是指存储在数据库中的事实集合，它是一个数据库系统的“质量”基础。

数据库系统中的数据种类包括永久性数据（persistent data）、索引数据（indexes）、数据字典（data dictionary）和事务日志（transaction log）等。

1.1.3 数据库系统的体系结构

数据库系统的体系结构主要包括集中式、C/S（客户端 / 服务器式）、B/S（浏览器端 / 服务器式）和分布式 4 种。

1. 集中式结构

集中式结构是指数据库系统运行在一台计算机上，不与其他计算机系统交互。例如，个人计算机上的单机数据库系统和高性能数据库系统等。

2. C/S 结构

C/S 结构可将数据库功能分为前台客户端系统和后台服务器系统。前台客户端系统主要负责图形用户界面工具、表格和报表生成等；后台服务器系统主要负责数据存取和控制，包括故障恢复和并发控制等。客户机通过网络将要求传递给服务器，服务器按照客户机的要求返回结果。

3. B/S 结构

B/S 结构将客户端上的应用层从客户机中分离出来，将系统功能实现的核心部分集中到 Web 服务器上，简化了客户端系统的开发和维护，用户只需要安装一个浏览器即可访问数据库。Web 服务器充当了客户端与数据库服务器的中介，架起了用户界面与数据库之间的桥梁。

4. 分布式结构

分布式数据库系统是计算机网络发展的必然产物，它由多台计算机组成，每台计算机都配有各自的本地数据库，大部分处理任务由本地计算机完成，可以通过网络同时存取和处理多个异地数据库中的数据。

1.2 数据模型概述

模型是对现实世界的抽象。在数据库技术中，以数据模型的概念描述数据库的结构和语义，并对现实世界的数据进行抽象，从现实世界的信息到数据库存储的数据及用户使用的数据是一个逐步抽象的过程。

1.2.1 数据模型的概念

数据库中的数据是结构化的，建立数据库时需要考虑如何组织数据，如何表示数据之间的联系，并将数据合理地存放在计算机中，这样才能便于对数据进行有效的处理。

数据模型是对现实世界的一种抽象和描述，它可以用来模拟现实世界中的事物、概念和关系，并在计算机中进行存储、管理和查询。良好的数据模型应该具备以下三个特点。

（1）能够比较真实地描述现实世界。数据模型应该能够反映现实世界的本质特征和规律。

（2）易于被用户所理解。数据模型应该具有清晰、简洁、易于理解的表达方式，能够帮助用户快速理解数据结构和关系。

（3）易于在计算机上实现。数据模型应该能够被计算机程序所理解和处理，能够方便地进行存储、管理和查询。

1.2.2 数据模型的组成要素

数据模型由数据结构、数据操作和数据完整性约束三个要素组成。

1. 数据结构

数据结构用来描述数据库的组成对象及对象之间的联系，是系统的静态特性的描述。数据结构所研究的是数据本身的类型、内容和性质，以及数据之间的关系。

2. 数据操作

数据操作用于对数据系统的动态特征进行描述，是对数据库中的对象实例允许执行的操作集合，包括对对象实例的检索、更新和插入、删除、修改等操作。数据模型必须定义这些操作的确切含义、操作符号、操作规则（如优先级）以及实现操作的语言。

3. 数据完整性约束

数据完整性约束是一组完整性规则的集合，用以规定数据库状态及状态变化所应满足的条件，以保证数据的正确性、有效性和相容性。

1.2.3 数据模型的应用层次

在实际应用中，数据模型通常会被分为三个层次：概念数据模型、逻辑数据模型和物理数据模型。通常需要根据具体的需求和应用场景选择合适的数据模型层次，以达到数据存储和管理的最佳效果。

1. 概念数据模型

1）概念数据模型的定义

概念数据模型（conceptual data model）是对现实世界中的数据结构和关系进行抽象和描述的一种高层次的数据模型。它通常是基于业务需求和用户需求进行设计和建立的，用于描述业务实体和它们之间的关系。概念数据模型通常并不涉及具体的实现细节，只描述数据的结构和关系。

2）概念数据模型的相关概念

（1）实体。实体（entity）是数据模型中的基本概念之一，它代表着一个具体的对象或概念，可以是人、事物、概念等。实体通常具有唯一的标识符，如学号、身份证号、产品编号等。

（2）属性。属性（attribute）是实体的特征，用于描述实体的不同方面。属性可以是任何类型的数据，如数字、字符串、日期等。

（3）实体型。实体型（entity type）是一种数据类型，用于表示一个具体的实体。实体型可以包含一个或多个属性，用于描述实体的不同特征。

（4）实体值。实体值（entity value）是实体型中的一个属性，用于表示实体的具体值。例如，一个学生实体型可以包含如姓名、年龄、性别、学号等属性，其中学号就是一个实体值。

（5）实体集。实体集（entity set）是指一组具有相同属性的实体。例如，在一个学生管理系统中，所有的学生就属于一个实体集。

（6）键。键（key）是用于唯一标识实体的属性或属性组合。

（7）域。域（domain）是指属性的取值范围。例如，学号的域可以设置为 6 位整数，姓名的域可以设为字符串集合，性别的域可以设为 (男 , 女) 等。

（8）关系。关系（relationship）是指实体之间的联系，即实体之间如何交互。例如，一个客户实体通常会与多个订单实体相关联，客户与订单间的关系是“下单”。

3）概念模型的表示方法（E-R 图）

概念模型的表示方法很多，其中最常用的是实体 - 联系模型（entity-relationship model），简称 E-R 模型。在 E-R 概念模型中，信息由实体型、实体属性和实体间的联系三种概念单元来表示。

（1）实体型表示建立概念模型的对象，用矩形框表示，在框内写上实体名，如学生、课程等。

（2）实体属性是实体的说明，用椭圆框表示，并用无向边把实体与其属性连接起来。例如，学生实体有学号、姓名、性别、出生日期、手机号等属性。

（3）实体间的联系是指两个或两个以上实体类型之间有名称的关联。实体间的联系用菱形框表示，菱形框内要有联系名，并用无向边把菱形框分别与有关实体相连接，在无向边的旁边标上联系的类型。例如，可以用 E-R 图表示某学校学生选课情况的概念模型，如图 1-3 所示。一个学生可以选修多门课程，一门课程也可以被多个学生选修，因此，学生和课程之间具有多对多的联系。

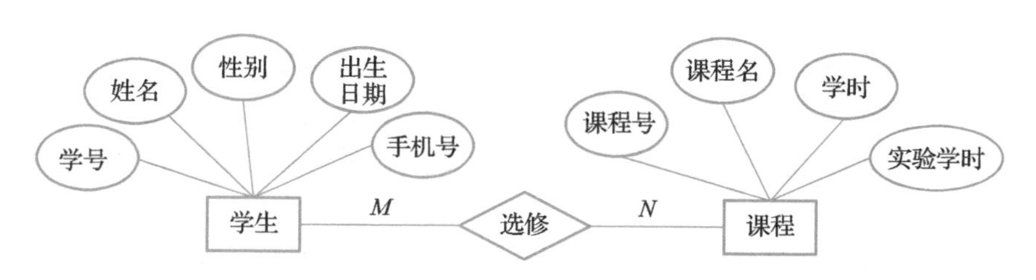

图 1-3　某学校学生选课情况 E-R 图

2. 逻辑数据模型

1）逻辑数据模型的定义

逻辑数据模型（logical data model）是对概念数据模型进行进一步抽象和细化的一种

数据模型。它主要描述了数据在计算机内部的存储和组织方式，包括实体、属性、关系等的具体实现方式。逻辑数据模型通常是一个中间层次的数据模型，它负责将概念数据模型转化为计算机可理解的数据结构和关系。

2）逻辑数据模型的分类

逻辑数据模型包括层次模型、网状模型、关系模型、面向对象模型和对象关系模型等。

（1）层次模型。层次模型（hierarchical model）是一种树形结构的数据模型，它由多个实体和它们之间的关系组成，每个实体可以有多个属性。在层次模型中，实体和属性被组织成一个树状结构，其中根节点代表整个数据模型，每个节点代表一个实体，每个实体又可以包含多个子节点和属性。层次模型通常使用层次数据库来实现，它的优点是对于处理具有明确定义的层级关系的数据非常有用，例如组织结构、文件系统等，缺点是缺乏灵活性和适应性，数据库中的数据冗余较高，且难以处理复杂查询。

（2）网状模型。网状模型（network model）是一种网状结构的数据模型，它由多个实体和它们之间的关系组成，每个实体可以有多个属性。在网状模型中，实体和属性之间的关系是通过多个连接线连接的，每个连接线可以指向一个或多个实体。网状模型通常使用面向对象数据库来实现，它的优点是可以处理大规模数据和复杂的关系，但缺点是难以维护和修改。

（3）关系模型。关系模型（relational model）是一种二维表格结构的数据模型，它由多个实体和它们之间的关系组成，每个实体对应一张表格。在关系模型中，每个表格都包含了一组列，每列代表一个属性。关系模型通常使用关系型数据库来实现，它的优点是结构清晰、易于维护和修改，但缺点是难以处理大规模数据和复杂的关系。

（4）面向对象模型。面向对象模型（object-oriented model）是一种基于对象的数据模型，它将现实世界中的事物和概念抽象成对象，每个对象都具有属性和方法。在面向对象模型中，数据被组织成一个对象图，每个对象代表一个实体或概念，它们之间的关系通过对象之间的方法和属性来表示。面向对象模型通常使用面向对象数据库或NoSQL数据库来实现，它的优点是可以处理大规模数据和复杂的关系，同时也具有良好的可扩展性和灵活性，但缺点是需要对面向对象编程有一定的理解和掌握。

（5）对象关系模型。对象关系模型（object-relational model）是一种将关系型数据库中的数据映射到面向对象编程语言中的对象上的技术。对象关系模型框架通常提供了一种在数据库表和对象之间进行映射的方式，使得开发人员可以使用面向对象的方式来访问和操作数据库。

3. 物理数据模型

物理数据模型是对逻辑数据模型进行最终实现的一种数据模型。它描述了数据在实际存储和组织中的具体实现方式，包括数据在磁盘、数据库等存储介质中的存储方式、索引方式、备份和恢复方式等。物理数据模型通常是一个低层次的数据模型，它将逻辑数据模型转化为具体的存储结构和实现方式。

知识魔方

三级模式和二级映像

美国国家标准学会（American National Standards Institute, ANSI）所属的标准计划与需求委员会（Standards Planning and Requirements Committee, SPARC）在 1971 年公布的研究报告中提出了 ANSI-SPARC 体系结构，即三级模式结构（或称三层体系结构）。ANSI-SPARC 最终没有成为正式标准，但它仍然是理解数据库管理系统的基础。

三级模式是指数据库管理系统从三个层次来管理数据，分别是外部层（external level）、概念层（conceptual level）和内部层（internal level）。这三个层次分别对应三种不同类型的模式，分别是外模式（external schema）、概念模式（conceptual schema）和内模式（internal schema）。在外模式与概念模式之间，以及概念模式与内模式之间，还存在外模式 / 概念模式映像和概念模式 / 内模式映像，即二级映像，具体如图 1-4 所示。

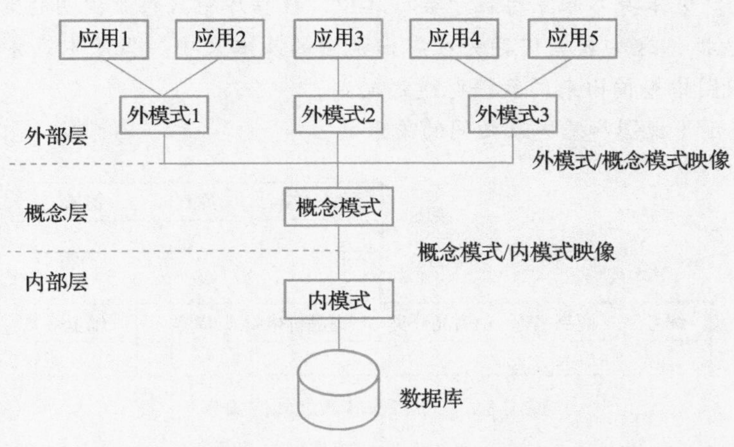

图 1-4　三级模式和二级映像

在图 1-4 中，外模式面向应用程序，描述用户的数据视图（view）；内模式（又称物理模式、存储模式）面向物理上的数据库，描述数据在磁盘中如何存储；概念模式（又称模式、逻辑模式）面向数据库设计人员，描述数据的整体逻辑结构。

由于三级模式比较抽象，为了更好地理解，下面将计算机中常用的 Excel 电子表格类比成数据库，并假设有一个商城使用电子表格来保存商品信息。

（1）概念模式。概念模式类似于表格的列标题，它描述了商品表中包含哪些信息，如图 1-5 所示。

编号	商品名称	商品分类	商品价格	库存	销量

图 1-5　商品信息表格

在图1-5中，表的横向称为行，纵向称为列，第一行就是列标题，用来描述该列的数据表示什么含义。实际上，概念模式在数据库中描述的信息还有很多，如多张表之间的联系、表中每一列的数据类型和长度等，读者在后面的学习中就会接触到这些内容。

（2）内模式。在将Excel表格另存为文件时，可以选择保存的文件路径、文件类型（如XLS、XLSX、CSV等格式）等，这些与存储相关的描述信息相当于内模式。在数据库中，内模式描述数据的物理结构和存储方式，如堆文件、索引文件、散列（hash）文件等。

（3）外模式。在打开一个电子表格后，默认会显示表格中所有的数据，这个表格即基本表（base table）。在将数据提供给其他用户时，出于权限、安全控制等因素的考虑，只允许用户看到一部分数据，或不同用户看到不同的数据，这样的需求就可以用视图（view）来实现。视图是从一个或几个基本表导出的表，是一个虚拟表（virtual table）。它本身不独立存在于数据库中，数据库中只存放视图的定义而不存放视图对应的数据，这些数据仍存放在导出视图的基本表中。当基本表中的数据发生变化时，从视图中查询出来的数据也随之改变。

图1-6演示了视图和基本表之间的关系。

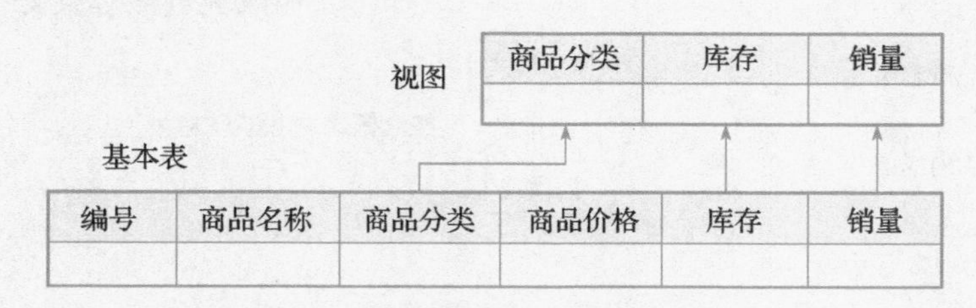

图1-6　视图和基本表之间的关系

在图1-6中，基本表中的数据是实际存储在数据库中的，而视图中的数据是查询或计算出来的。由此可见，外模式可以为不同用户的需求创建不同的视图，且由于不同用户的需求不同，数据的显示方式也会多种多样。因此，一个数据库中会有多个外模式，而概念模式和内模式则只有一个。

通过前面的分析可知，三级模式是数据的三个抽象级别，每个级别关心的重点不同。为了使三级模式之间产生关联，数据库管理系统在三级模式之间提供了二级映像功能。二级映像是一种规则，它规定了映像双方如何进行转换。通过二级映像，体现了逻辑和物理两个层面的数据独立性。具体解释如下：

（1）逻辑独立性。外模式/概念模式映像体现了逻辑独立性。逻辑独立性是指当修改了概念模式，不影响其上一层的外模式。例如，将图1-6中基本表的“库存”和“销量”拆分到另一张表中，此时概念模式发生了变化，但可以通过改变外模式/概念模式映像，继续为用户提供原有的视图，如图1-7所示。

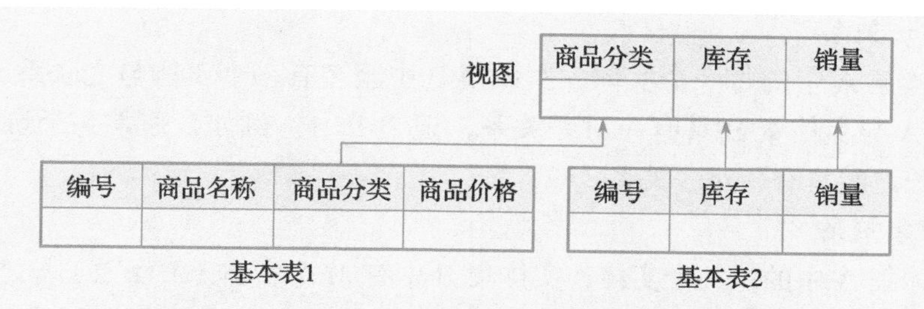

图 1-7　拆分基本表后的视图与基本表之间的关系

由此可见，逻辑独立性能够让使用视图的用户感觉不到基本表的改变。其实，逻辑独立性带来的好处还有很多，随着后面的学习，读者会有更深入的体会。

（2）物理独立性。概念模式 / 内模式映像体现了物理独立性。物理独立性是指修改了内模式，不影响其上层的概念模式和外模式。例如，在 Excel 中将 XLS 文件另存为 XLSX 文件，虽然更换了文件格式，但是打开文件后显示的表格内容一般不会发生改变。

在数据库中，更换更先进的存储结构，或者创建索引以加快查询速度，内模式会发生改变。此时，只需改变概念模式 / 内模式映像，就不会影响到原有的概念模式。

另外，物理独立性使得用户不必了解数据库内部的存储原理，即可正常使用数据库来保存数据。数据库管理系统会自动将用户的操作转换成物理级数据库的操作。

1.3　关系型数据库理论

在深入探讨关系型数据库理论时，首先要聚焦于其核心概念——关系数据模型。

1.3.1　关系数据模型的相关概念

1. 关系的类型

实体间的联系是错综复杂的，在常见的数据库环境中，实体之间有三种类型的关系：一对一、一对多和多对多，如图 1-8 所示。

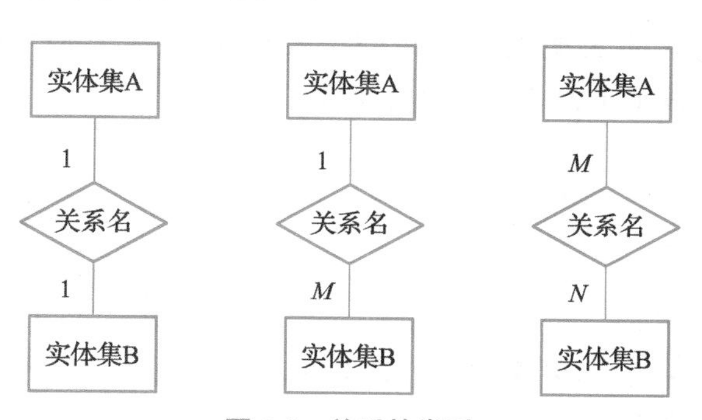

图 1-8　关系的类型

1）一对一关系

对于实体集 A 中的每一个实体，实体集 B 中至多有一个实体与之联系，反之亦然，则称实体集 A 与实体集 B 具有一对一关系，记为 1∶1。例如，通常一个班只有一个班长，班和班长之间具有一对一关系。

2）一对多关系

对于实体集 A 中的每一个实体，实体集 B 中有 M 个实体（$M \geqslant 2$）与之联系；反过来，对于实体集 B 中的每一个实体，实体集 A 中至多有一个实体与之联系，则称实体集 A 与实体集 B 具有一对多关系，记为 1∶M。例如，一个班内有多名同学，但一名同学只能属于一个班，即班与同学之间具有一对多关系。

3）多对多关系

对于实体集 A 中的每一个实体，实体集 B 中有 N 个实体（$N \geqslant 0$）与之联系；反过来，对于实体集 B 中的每一个实体，实体集 A 中有 M 个实体（$M \geqslant 0$）与之联系，则称实体集 A 与实体集 B 具有多对多关系，记为 M∶N。例如，学生在选课时，一个学生可以选多门课程，一门课程也可以被多个学生选取，这样学生和课程之间具有多对多关系。

2. 关系运算

关系运算即从一个关系中找出所需要的数据。

1）集合运算

传统的集合运算包括 4 种运算：并（∪）、交（∩）、差（-）和广义笛卡儿积（×）。要求：进行并、交、差集合运算的两个关系必须具有相同的关系模式，即结构相同。

（1）并（union）。如果 R 和 S 都是关系，那么由所有属于 R 或属于 S 的元组（记录）组成的新关系称为 R 和 S 的并，记作 $R \cup S$：

$$R \cup S=\{ t \mid t \in R \vee t \in S \}$$

$R \cup S$ 的属性与关系 R 或关系 S 相同，其值由所有属于 R 或 S 的元组组成。图 1-9 中的深色部分表示了 $R \cup S$ 的运算结果。

（2）交（intersection）。如果 R 和 S 都是关系，那么由同属于 R 和 S 的元组（记录）组成的新关系称为 R 和 S 的交，记为 $R \cap S$：

$$R \cap S=\{ t \mid t \in R \wedge t \in S \}$$

$R \cap S$ 的属性与关系 R 或关系 S 相同，其值由既属于 R 又属于 S 的元组组成。图 1-10 中的深色部分表示了 $R \cap S$ 的运算结果。

图 1-9　$R \cup S$ 的运算结果　　图 1-10　$R \cap S$ 的运算结果

（3）差（difference）。如果 R 和 S 都是关系，那么由所有属于 R 而不属于 S 的元组（记录）组成的新关系称为 R 和 S 的差，记为 $R-S$：

$$R-S=\{\ t\mid t\in R\wedge t\notin S\ \}$$

$R-S$ 的属性与关系 R 或关系 S 相同，其值由属于 R 而不属于 S 的所有元组组成。图 1-11 中的深色部分表示了 $R-S$ 的运算结果。

（4）广义笛卡儿积（extended cartesian product）。两个分别有 n 个属性和 m 个属性的关系 R 和 S 的广义笛卡儿积是一个有 $n+m$ 个属性的元组的集合。该元组的前 n 个属性是关系 R 的一个元组，后 m 个属性是关系 S 的一个元组。若 R 有 k_1 个元组，S 有 k_2 个元组，则关系 R 和 S 的广义笛卡儿积有 $k_1\times k_2$ 个元组，记作 $R\times S$：

R–S R S

图 1-11　$R-S$ 的运算结果

$$R\times S=\{\ (t_R,t_S)\mid t_R\in R\wedge t_S\in S\ \}$$

例如，若 R 和 S 两个关系如图 1-12 和图 1-13 所示，则 $R\times S$ 的值如图 1-14 所示。

R

A	B	C
a_1	b_2	c_2
a_1	b_2	c_3
a_2	b_1	c_1

图 1-12　关系 R

S

A	B	C
a_1	b_2	c_2
a_2	b_4	c_1
a_3	b_3	c_2
a_4	b_1	c_1

图 1-13　关系 S

$R\times S$

$R.A$	$R.B$	$R.C$	$S.A$	$S.B$	$S.C$
a_1	b_2	c_2	a_1	b_2	c_2
a_1	b_2	c_2	a_2	b_4	c_1
a_1	b_2	c_2	a_3	b_3	c_2
a_1	b_2	c_2	a_4	b_1	c_1
a_1	b_2	c_3	a_1	b_2	c_2
a_1	b_2	c_3	a_2	b_4	c_1
a_1	b_2	c_3	a_3	b_3	c_2
a_1	b_2	c_3	a_4	b_1	c_1
a_2	b_1	c_1	a_1	b_2	c_2
a_2	b_1	c_1	a_2	b_4	c_1
a_2	b_1	c_1	a_3	b_3	c_2
a_2	b_1	c_1	a_4	b_1	c_1

图 1-14　$R\times S$

2）选择运算

选择（selection）是指从关系 R 中选择满足指定条件的元组，它是一种对表的横向操作。选择运算所形成的新关系的关系模式不变，即不影响原关系的结构，但其元组的数目小于或等于原关系中的元组的数目，因此新关系是原有关系的一个子集。

选择又被称为限制（restriction），其运算操作符为 σ，并用 c 代表逻辑表达式，表示选择条件，由逻辑运算符连接的关系表达式或其他逻辑表达式组成，取值为“真”或“假”。通常把选择运算记作：

$$\sigma_c(R)=\{\ t\mid t\in R\wedge c(t)='\text{真}'\ \}$$

用于逻辑表达式中的比较运算符有 >（大于）、>=（大于或等于）、=（等于）、<（小于）、<=（小于或等于）、<>（不等于），逻辑运算符有 ∧（与）、∨（或）和 ¬（非）。

3）投影运算

投影（projection）是从关系 R 中选择出若干属性（字段）组成新关系的一种运算，是一种竖向的操作。投影运算是一种针对表内容的列运算。由于在投影后生成的新表中，可能会出现因属性被取消了若干个而导致剩下来的元组数据完全相同的情况，因此，投影运算后必须将这些重复元组取消。

关系 R 上的投影是从 R 中选择出若干属性列组成新的关系，记作：

$$\prod_A(R)=\{\ t[A]\mid t\in R\ \}$$

其中，A 为 R 中的属性列。

4）连接运算

连接（join）是从两个关系的笛卡儿积中选取满足连接条件的元组，组成新的关系。

（1）θ 连接。θ 连接是从关系 R 和关系 S 的笛卡儿积中选取属性值满足某一 θ 关系的元组，记作：

$$R\underset{A\theta B}{\bowtie}S=\{\ \widehat{t_Rt_S}\mid t_R\in R\wedge t_S\in S\wedge t_R[A]\,\theta t_S[B]\ \}$$

其中，A 和 B 分别为 R 和 S 上度数相等且可比的属性组，θ 是比较运算符。连接运算从 R 和 S 的广义笛卡儿积 $R\times S$ 中选取关系 R 在 A 属性组上的值与关系 S 在 B 属性组上的值满足比较关系 θ 的元组。

连接运算可以实现两个关系的横向合并，通过公共属性名连接成一个新的关系，在新的关系中可以反映出原来关系之间的关系。

连接运算中有两种最为重要也最为常用的连接，一种是等值连接（equal-join），另一种是自然连接（natural-join）。

当 θ 为“=”时的连接运算称为等值连接。它是从关系 R 与 S 的广义笛卡儿积中选取 A、B 属性值相等的那些元组。等值连接可记为：

$$R\underset{A=B}{\bowtie}S=\{\ \widehat{t_Rt_S}\mid t_R\in R\wedge t_S\in S\wedge t_R[A]=t_S[B]\ \}$$

（2）自然连接。自然连接是一种特殊连接。在连接运算中，以字段值对应相等条件进行的连接操作称为等值连接。自然连接是去掉重复属性的等值连接，即它是对行和列同时进行运算。若关系 R 和关系 S 具有相同的属性组 B，则关系 R 和 S 的自然连接可用下式表示：

$$R\bowtie S=\{\ \widehat{t_Rt_S}\mid t_R\in R\wedge t_S\in S\wedge t_R[B]=t_S[B]\ \}$$

具体计算过程如下：

①计算 $R\times S$。

②设 R 和 S 的公共属性是 A_1，A_2，…，A_k，挑选满足 $R.A_1=S.A_1$，$R.A_2=S.A_2$，…，$R.A_k=S.A_k$ 的那些元组。

③去掉 $S.A_1$，$S.A_2$，…，$S.A_k$ 的这些列。如果两个关系中没有公共属性，那么其自然连接就转化为笛卡儿积操作。

3. 关系模型的键

在关系模型中，键是用于唯一标识关系中的实体的属性或属性组合。关系模型中的键可以是单个属性，也可以是多个属性的组合。

单个属性键是指一个属性作为关系中实体的唯一标识符。例如，在一个学生和课程之间的关系中，学生的学号可以作为学生的唯一标识符，因此学号可以作为学生的键。

多个属性键是指多个属性作为关系中实体的唯一标识符。例如，在一个订单和订单项之间的关系中，订单号和订单项号可以作为订单的唯一标识符，因此订单号和订单项号可以作为订单的键。

关系模型中的键主要有以下几种。

1）超键

在关系中，能够唯一标识元组的属性集被称为关系模式的超键（super key）。一个属性可以作为一个超键，多个属性组合在一起也可以作为一个超键。超键包括候选键和主键。

（1）候选键。超键中最小的属性集，也就是没有冗余元素的超键，称为候选键（candidate key）。候选键通常是没有主键的属性集，但也可以有多个候选键同时存在，这时需要从中选择一个作为主键。候选键必须满足以下两个条件。

唯一性：候选键必须唯一标识关系中的每个实体。

非空性：候选键不能为空值。

（2）主键。在关系模式中，用户正在使用的候选键被称为主键（primary key）。主键用于在数据表中唯一和完整地标识数据对象，一个数据列只能有一个主键，且主键的取值不能缺失（即不能为空值）。主键是从候选键中选择的。主键可以结合外键来定义不同数据表之间的关系，并且可以加快数据查询的速度。主键分为两种类型：单字段主键和多字段联合主键。

2）外键

外键（foreign key）用来在两个表之间建立连接，外键可以是一列，也可以是多列。一个表可以有一个或者多个外键。外键对应的是参照完整性，一个表的外键可以为空，若不为空值，则该外键的值必须是另一个表中主键的值。外键的作用是保持数据的一致性和完整性，定义外键后，即不允许删除在另一个表中具有关联关系的行。

对于两个具有关联关系的表而言，相关联字段中主键所在的表为主表，外键所在的表为从表。

在关系模型中，键的选择是非常重要的，因为它决定了关系中实体的唯一性和完整性。如果键选择不当，可能会导致数据冗余、数据不一致等问题。

4. 关系模型的完整性约束

在关系模型中，有三类完整性约束，即实体完整性、参照完整性和用户自定义完整性。

1）实体完整性

实体完整性（entity integrity）是指关系模式中每个实体都必须有一个唯一标识符，并且每个标识符只能对应一个实体。这意味着每个实体都必须有一个唯一的主键，并且不能有重复的主键值。实体完整性可以通过定义主键、唯一约束、非空约束等方式来实现。

2）参照完整性

参照完整性（referential integrity）是指关系模式中的每个实体都必须有一个唯一的参

照实体，并且每个实体只能有一个参照实体。这意味着每个实体都必须有一个唯一的外键，并且不能有重复的外键值。参照完整性可以通过定义外键、唯一约束、非空约束等方式来实现。

3）用户自定义完整性

用户自定义完整性（user-defined integrity）是指在关系型数据库中，用户可以通过定义约束条件来限制数据的插入、更新和删除操作。用户自定义完整性可以提高数据的一致性和完整性，避免数据的错误和不一致。在关系型数据库中，用户自定义完整性通常通过创建触发器（trigger）来实现。触发器是一种特殊的存储过程，当满足特定条件时，自动执行预定义的操作，后续章节会对触发器进行详细讲解。

1.3.2 关系型数据库概述

根据数据模型的不同，数据库可以分为关系型数据库（relational database）和非关系型数据库（non-relational database）。

1. 关系型数据库的概念

关系型数据库是一种基于关系模型理论的数据库管理系统。它以表格的形式组织数据，每个表格由多个行和列组成，每行表示一个记录，每列表示一个属性。

关系型数据库使用 SQL（structured query language）作为查询语言，可以对数据进行增、删、改、查等操作。

2. 关系型数据库的特点

1）关系型数据库的优点

数据结构清晰：关系型数据库使用表格的形式组织数据，使得数据结构清晰易懂，易于维护和查询。

能够保证数据一致性：关系型数据库支持 ACID（原子性、一致性、隔离性、持久性）事务，保证了数据的一致性和可靠性。

能够保证数据安全性：关系型数据库支持用户权限管理，可以对不同用户进行访问控制，保证了数据的安全性。

可实现数据共享：关系型数据库支持多用户同时访问，可以方便地实现数据共享。

支持数据备份和恢复：关系型数据库支持数据备份和恢复，可以保证数据的完整性和可靠性。

2）关系型数据库的缺点

不适合非结构化数据：关系型数据库只能存储结构化数据，对于非结构化数据的存储和查询不太方便。

不适合大规模数据：关系型数据库在处理大规模数据时可能会出现性能瓶颈。

不适合复杂查询：关系型数据库的查询语言 SQL 比较简单，对于复杂查询的支持不太好。

知识魔方

非关系型数据库相关知识

1. 非关系型数据库的定义

非关系型数据库是一种基于非关系型数据模型的数据库系统，与传统的关系型数据库不同，非关系型数据库不使用表格结构，而是使用键值对、文档、图形等不同的数据模型。

非关系型数据库的数据操作和管理方式也不同于关系型数据库，通常使用特定的查询语言或应用程序编程接口进行数据操作。

2. 非关系型数据库的特点

（1）非关系型数据库的优点如下：

灵活性：非关系型数据库不依赖于表格结构，可以更加灵活地存储和查询数据，适用于不同类型和格式的数据。

可扩展性：非关系型数据库可以轻松地扩展存储空间和处理能力，易于适应不同规模和需求的应用。

高性能：非关系型数据库通常采用分布式存储和处理技术，可以提供更高的读写性能和并发处理能力。

高可用性：非关系型数据库通常具有高可用性和容错性，可以保证数据的安全和可靠性。

（2）非关系型数据库的缺点如下：

不支持事务：非关系型数据库不支持传统的 ACID 事务，这可能会导致数据不一致性和数据丢失的风险。

查询效率低：非关系型数据库的查询效率通常比关系型数据库低，因为它们不使用索引和关系模型。

数据一致性问题：由于非关系型数据库不使用表格结构，因此在处理复杂查询时可能会出现数据一致性问题。

缺乏标准化：非关系型数据库的标准和规范尚未完全统一，因此在使用和集成时可能需要做更多的工作。

1.3.3 关系型数据库管理系统概述

1. 关系型数据库管理系统的概念

数据库管理系统（DBMS）是数据库系统中对数据进行管理的软件系统，它是数据库系统的核心组成部分。对数据库的一切操作，包括定义、查询、更新及各种控制，都是通过数据库管理系统进行的。

数据库管理系统总是基于某种数据模型，因此，可以把数据库管理系统看成是某种数据模型在计算机系统上的具体实现。基于关系数据模型的数据库管理系统即为关系型数据库管理系统（relational database management system, RDBMS）。

2. 关系型数据库管理系统的构成

关系型数据库管理系统的体系结构如图 1-15 所示。

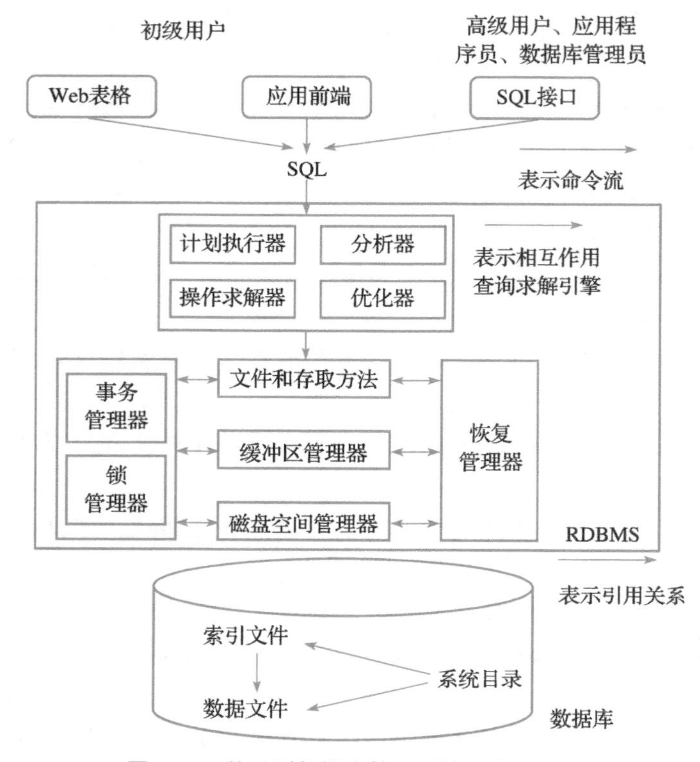

图 1-15　关系型数据库管理系统的体系结构

RDBMS 接收各种用户接口产生的 SQL 命令，生成查询求解计划，然后在数据库中执行这些计划，并返回结果。

当用户提出一个查询后，经过语法分析的查询被送至查询优化器。查询优化器借助数据存储的信息生成有效的求解查询的执行计划。执行计划通常表示为关系查询树。关系操作的实现代码位于文件和存取方法层之上，这一层包括支持文件概念的各种软件。在 RDBMS 中，文件是页和记录的集合。文件和存取方法层通常支持堆文件或无顺序页文件，以及索引。除了跟踪文件中的页，这一层还负责组织页内的信息。文件和存取方法层代码位于缓冲区管理器之上，缓冲区管理器的责任是把页从磁盘取入主存以满足读的需求。RDBMS 的底层处理实际存储数据的磁盘空间，其上层通过这层分配、回收、读和写页面。该层被称为磁盘空间管理器。

RDBMS 通过仔细调度用户请求和维护记录数据库所有变化的日志来支持并发控制和故障恢复。与并发控制和故障恢复相关的 RDBMS 构件包括事务管理器、锁管理器和恢复管理器。事务管理器确保事务依照一个合适的加锁协议来请求和释放锁，并调度执行事务。锁管理器跟踪对锁的需求，并当数据库对象可获得时在该对象上授权加锁。恢复管理器负责维护日志，并在系统崩溃后把系统恢复到一致性状态。

3. 常见的关系型数据库管理系统

常见的关系型数据库管理系统包括 Oracle、SQL Server、Access、MySQL 等。

（1）Oracle。Oracle 数据库被认为是业界目前比较成功的一种关系型数据库管理系统。甲骨文公司是世界第二大软件供应商，是数据库软件领域第一大厂商（大型机市场除外)，其数据库产品被认为是运行稳定、功能齐全、性能超群的高端产品。这一方面反映了它在技术方面的领先，另一方面也反映了它在价格定位上更着重于大型的企业数据库领域。对于数据量大、事务处理繁忙、安全性要求高的企业，Oracle 无疑是比较理想的选择。当然，用户必须在费用方面做出充足的考虑，因为 Oracle 数据库在同类产品中是比较贵的。随着因特网的普及，带动了网络经济的发展，甲骨文公司适时地将自己的产品紧密地和网络计算结合起来，成为在因特网应用领域数据库厂商的佼佼者。

（2）SQL Server。SQL Server 是微软公司开发的一种大型关系型数据库管理系统。SQL Server 的功能比较全面，效率高，可以作为大中型企业或单位的数据库平台。SQL Server 在可伸缩性与可靠性方面做了许多工作，近年来在许多企业的高端服务器上得到了广泛的应用。同时，该产品继承了微软产品界面友好、易学易用的特点，与其他大型数据库产品相比，在操作性和交互性方面独树一帜。SQL Server 可以与 Windows 操作系统紧密集成，这种安排使 SQL Server 能充分利用操作系统所提供的特性，无论是应用程序开发速度还是系统事务处理运行速度，都能得到较大的提升。另外，SQL Server 可以借助浏览器实现数据库查询功能，并支持内容丰富的扩展标记语言（XML)，提供了全面支持 Web 功能的数据库解决方案。对于在 Windows 平台上开发的各种企业级信息管理系统来说，无论是 C/S（客户端 / 服务器）架构还是 B/S（浏览器 / 服务器）架构，SQL Server 都是一个很好的选择。

（3）Access。Access 是微软 Office 办公套件中的一个重要成员。Access 简单易学，任何一个普通的计算机用户都能掌握并使用它。同时，Access 的功能也足以应付一般的小型数据管理及处理需要。无论用户是要创建一个个人使用的独立的桌面数据库，还是部门或中小公司使用的数据库，在需要管理和共享数据时，都可以使用 Access 作为数据库平台，提高工作效率。例如，可以使用 Access 处理公司的客户订单数据，管理自己的个人通讯录，记录和处理科研数据等。但 Access 只能在 Windows 系统下运行。

Access 最大的特点是界面友好，简单易用，和其他 Office 成员一样，极易被一般用户所接受。因此，在许多低端数据库应用程序中，经常使用 Access 作为数据库平台。在初次学习数据库系统时，很多用户也是从 Access 开始的。

（4）MySQL。MySQL 是由瑞典 MySQL AB 公司开发的开源关系型数据库产品，目前为甲骨文公司所有。MySQL 是一种关系型数据库管理系统，关系型数据库将数据保存在不同的表中，而不是将所有数据都放在一个大仓库内，这样就增加了速度并提高了灵活性。由于其体积小、速度快、总体拥有成本低，尤其是开放源码这一点，使得一般中小型网站的开发都愿意选择 MySQL 作为网站数据库。因此 MySQL 是目前最流行的关系型数据库管理系统之一，特别是在 Web 应用方面，MySQL 是一种很好的关系型数据库管理系统。

习题

一、选择题

1．长期存放在计算机内、有组织的、可共享的数据集合称为（　　）。

A．数据　　B．数据库

C．数据库系统　　D．数据库管理系统

2．为用户或应用程序提供访问数据库的方法，包括数据库的建立、查询、更新及各种数据控制和操作的系统是（　　）。

A．DB　　B．DBS

C．DBMS　　D．DBAS

3．下列有关数据库的描述，正确的是（　　）。

A．数据库是一个结构化的数据集合

B．数据库是一个关系

C．数据库是一个 DBF 文件

D．数据库是一组文件

4．下列不属于数据库系统的人员的是（　　）。

A．数据库管理员　　B．终端用户

C．数据库营销专员　　D．应用程序开发人员

5．在数据库的三级模式结构中，描述数据库中全部数据的全局逻辑结构和特征的是（　　）。

A．外模式　　B．内模式

C．存储模式　　D．概念模式

6．下列不属于数据模型组成要素的是（　　）。

A．数据定义　　B．数据操作

C．数据结构　　D．数据完整性约束

7．（　　）是用于唯一标识一个实体的属性或属性组合。

A．实体　　B．实体型　　C．键　　D．域

8．设有如下关系表：

R

A	*B*	*C*
1	1	2
2	2	3

S

A	*B*	*C*
3	1	3

T

A	*B*	*C*
1	1	2
2	2	3
3	1	3

则下列操作正确的是（　　）。

A．$T=R\cup S$　　B．$T=R\cap S$

C．$T=R\times S$　　D．$T=R/S$

9．从关系 R 中选择出若干属性（字段）组成新关系的一种运算称为（　　）。

A．集合运算　　B．选择运算

C．投影运算　　D．连接运算

10．（　　）是指关系模式中的每个实体都必须有一个唯一的参照实体，并且每个实体只能有一个参照实体。

A．实体完整性　　B．参照完整性

C．用户自定义完整性　　D．命名完整性

11．下列关于关系型数据库的描述，不正确的是（　　）。

A．关系型数据库支持 ACID（原子性、一致性、隔离性、持久性）事务，保证了数据的一致性和可靠性

B．关系型数据库支持用户权限管理，可以对不同用户进行访问控制，保证了数据的安全性

C．关系型数据库不依赖于表格结构，可以更加灵活地存储和查询数据，适用于不同类型和格式的数据

D．关系型数据库支持多用户同时访问，可以方便地实现数据共享

12．下列缩写中，代表关系型数据库管理系统的是（　　）。

A．DBMS　　B．DBAS

C．RDB　　D．RDBMS

13．RDBMS 的底层处理实际存储数据的磁盘空间，其上层通过这层分配、回收、读和写页面，该层称为（　　）。

A．文件和存取方法　　B．磁盘空间管理器

C．缓冲区管理器　　D．恢复管理器

14．下列不属于关系型数据库管理系统的是（　　）。

A．Oracle　　B．MongoDB

C．SQL Server　　D．Access

15．下列（　　）数据库管理系统不支持在 Windows 以外的系统上运行。

A．Oracle　　B．MySQL

C．SQL Server　　D．Access

二、填空题

1．________是一个实际可运行的存储、维护和为应用系统提供数据的软件系统，是存储介质、处理对象和管理系统的集合体。

2．数据库系统主要由 4 个部分构成：________、________、________和________。

3．数据库系统的体系结构主要包括________、________、________和________4 种。

4．根据 ANSI-SPARC 体系结构，三级模式是指数据库管理系统从三个层次来管理数据，分别是________、________和________。

5．在实际应用中，数据模型通常会被分为三个层次：________、________和________。

6．就两个实体型的联系来说，实体间的联系主要有________、________和________三种类型。

7．在 E-R 概念模型中，信息由________、________和________三种概念单元来表示。

8．传统的集合运算包括 4 种运算：________、________、________和________。

9．在关系模型中，有三类完整性约束，即________、________和________。

10．________是对逻辑数据模型进行最终实现的一种数据模型。

11．根据数据模型的不同，数据库可以分为________和________。

12．对数据库的定义、查询、更新及各种控制操作，都是通过________进行的。

13．基于关系数据模型的数据库管理系统即为________。

14．关系型数据库管理系统的体系结构中，执行计划通常表示为________。

15．常见的关系型数据库管理系统包括________、________、________、________等。

三、简答题

1．什么是数据库？什么是数据库系统？简述二者之间的区别和联系。

2．组成数据库系统的人员都有哪些？他们的主要任务分别是什么？

3．数据模型的组成要素都有什么？简要说明各组成要素的功能。

4．什么是关系型数据？它与非关系型数据库有什么区别？

5．什么是数据库管理系统？它有什么功能？

6．常见的关系型数据库管理系统有哪些？简述它们各自的特点。

>> 模块 2

MySQL 数据库管理系统

学习目标

（1）认识 MySQL，了解 MySQL 的版本及其优势。

（2）掌握 MySQL 的下载、安装、配置、卸载方法。

（3）熟悉 MySQL 的命令行工具及常用的图形化管理工具。

重点和难点

1. 重点

（1）MySQL 的版本及其优势。

（2）MySQL 的安装、产品配置及配置 Path 环境变量的方法。

（3）使用 MySQL 命令行工具连接数据库的方法、常用的图形化管理工具。

2. 难点

MySQL 的安装、产品配置及配置 Path 环境变量的方法。

导言

开源数据库管理系统因具有免费使用、配置简单、稳定性好、性能优良等特点，在中低端应用中占据了很大的市场份额，MySQL 就是开源数据库管理系统中的杰出代表。MySQL 是一个真正多用户、多线程的结构化查询语言数据库服务器。MySQL 技术的应用场景非常广泛，掌握这项技术不仅可以拓宽视野、培养开源精神，提升编程能力和逻辑思维能力，为同学们将来从事与数据库相关的职业提供更好的就业机会，而且学习 MySQL 技术需要同学们在小组中进行合作，共同完成项目，这可以培养团队协作精神和沟通能力，其中蕴含的创新精神更能鼓舞着同学们去探索更多的应用领域。

2.1 MySQL 概述

1. MySQL 简介

MySQL 是一款小型的数据库管理系统，最初由瑞典的 MySQL AB 公司开发，现在属于甲骨文公司旗下的产品。与其他的大型数据库管理系统（如 Oracle、DB2、SQL Server 等）相比，MySQL 虽然规模小、功能有限，但也具有体积小、运行速度快、执行效率高、成本低廉、稳定性好、操作简单的特点，而且它提供的功能对一般人群来说已经够用。这些优势使 MySQL 成为目前世界上非常流行的一种数据库管理系统。

2. MySQL 的版本

（1）商业版本。MySQL 提供了 MySQL HeatWave、MySQL Enterprise Edition、MySQL Standard Edition、MySQL Classic Edition、MySQL Cluster CGE、MySQL Workbench Enterprise Edition 等诸多版本。商业版本的 MySQL 需要用户付费使用，功能强大，且能够获得企业的技术支持。

（2）开源版本。除了商业版本，MySQL 还提供开源、免费的版本供用户使用，开源的版本有 MySQL Community Server、MySQL Workbench Community、MySQL NDB Cluster 等。其中，MySQL Community Server 即通常所说的 MySQL 社区版，该版本也是使用最为广泛的一种开源关系型数据库管理系统。社区版的 MySQL 服务器是完全免费的，在开源 GPL 许可证之下可以自由地使用，但是官方不提供技术支持。在 MySQL 社区版开发过程中，同时存在多个发布系列，每个发布系列处在不同的成熟阶段。截至 2023 年 10 月，已发布的最新系列为 MySQL 8.1，但是 MySQL 5.7、MySQL 8.0 仍是市场中较为常用的稳定版本，且 MySQL 8.0 具有更好的可读性、安全性和可扩展性等，因而本书基于社区版的 MySQL 8.0 系列服务器进行讲解和演示。

3. MySQL 的优势

社区版的 MySQL 服务器主要具有以下优势。

（1）速度快、体积小、容易使用。与其他大型数据库的设置和管理相比，MySQL 的复杂程度较低，易于学习。

（2）免费。社区版的 MySQL 完全免费，大多数中小型网站的开发都会优先选用 MySQL 作为网站数据库。

（3）可移植性强。MySQL 使用 C 和 C++ 编写，并使用了多种编译器进行测试，保证了源代码的可移植性。同时，MySQL 支持在几乎所有的操作系统上运行，如 Windows、Linux、UNIX、FreeBSD、macOS 和 Solaris 等，可以便利地从一个操作系统移植到其他操作系统。

（4）接口丰富。MySQL 提供了用于 C、C++、Eiffel、Java、Perl、PHP、Python、Ruby 和 Tcl 等语言的应用程序编程接口（application programming interface, API）。

（5）安全性和连接性佳。MySQL 具有十分灵活和安全的权限与密码系统，允许基于主机的验证。连接到服务器时，MySQL 的所有的密码均采用加密形式进行传输，从而保证了密码的安全性。由于 MySQL 是网络化的，因此可以通过因特网在任何地方访问数据库，大大提高了数据共享的效率。

（6）稳定性好。MySQL 拥有一个快速且稳定的基于线程的内存分配系统，可以持续使用而不必担心其稳定性。线程是轻量级的进程，它可以灵活地为用户提供服务，而不占用过多的系统资源。

（7）查询功能强大。MySQL 支持用于查询的 SELECT 和 WHERE 语句的全部运算符和函数，并且可以在同一查询中混用来自不同数据库的表，从而使查询变得快捷、方便。

2.2 MySQL 环境搭建

MySQL 支持在多种操作系统上运行，为用户提供了极大的灵活性和便利性。MySQL 在不同操作系统上的安装与配置过程不同，本书主要讲解在 Windows 操作系统上对 MySQL 进行各项操作。

2.2.1 MySQL 的下载

要下载社区版的 MySQL 服务器，用户需要首先打开浏览器，在浏览器的地址栏中输入网址“https://dev.mysql.com/downloads/mysql/”并按 Enter 键，即可进入 MySQL 的官网下载页面，如图 2-1 所示。

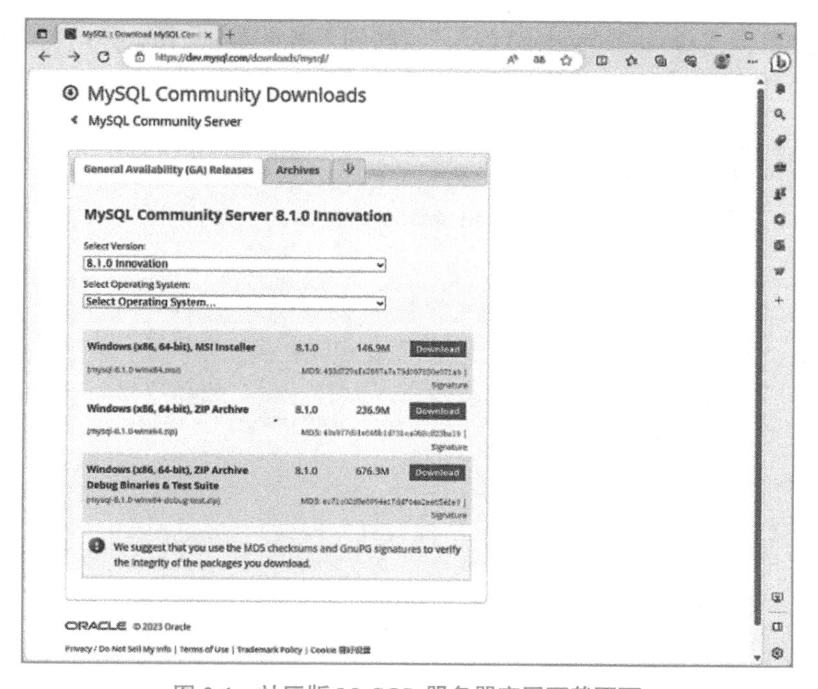

图 2-1 社区版 MySQL 服务器官网下载页面

在下载页面的“Select Version”（选择版本）下拉列表中选择“8.0.34”选项，在“Select Operating System”（选择操作系统）下拉列表中选择“Microsoft Windows”选项，如图 2-2 所示。

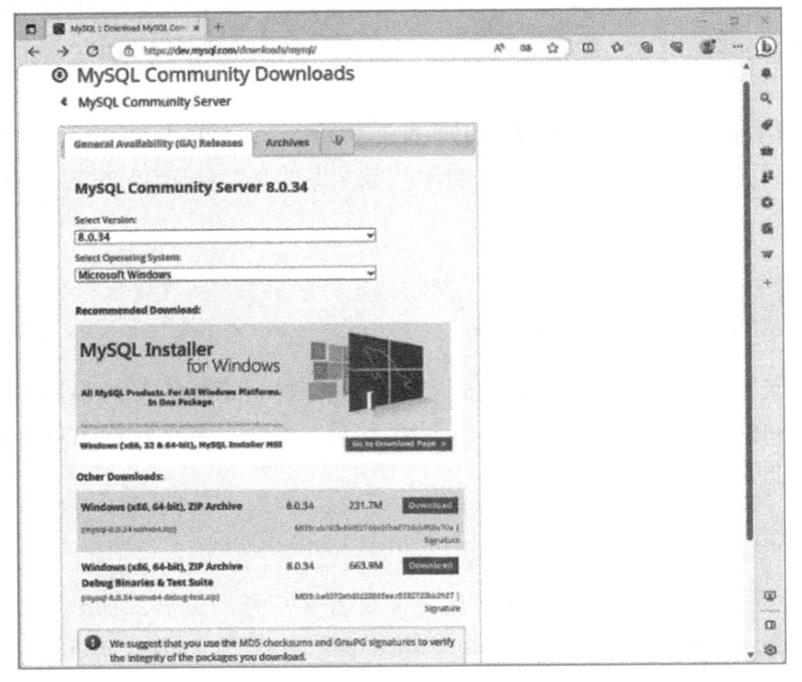

图 2-2　选择下载版本

在页面中单击“Go to Download Page”（转到下载页面）按钮，弹出图 2-3 所示的下载页面。

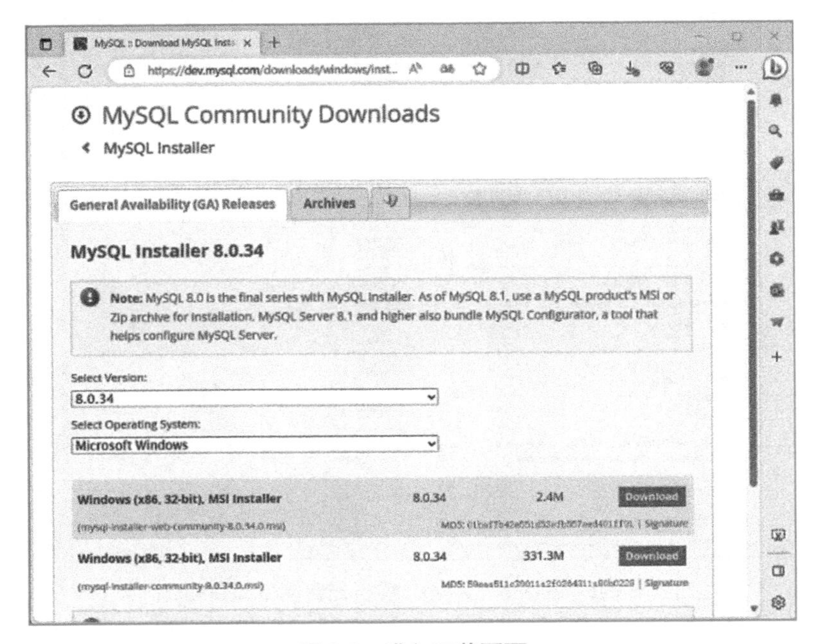

图 2-3　进入下载页面

单击“Download”（下载）按钮，会弹出登录注册提示页面，如图 2-4 所示。如果用户已有账户，输入账户名及密码登录之后即可下载；如果用户没有用户名和密码，则需要先注册后才可下载；如果不想注册新用户，也可单击“No thanks, just start my download.”链接直接下载文件。下载好的安装文件名为“mysql-installer-community-8.0.34.0.msi”。

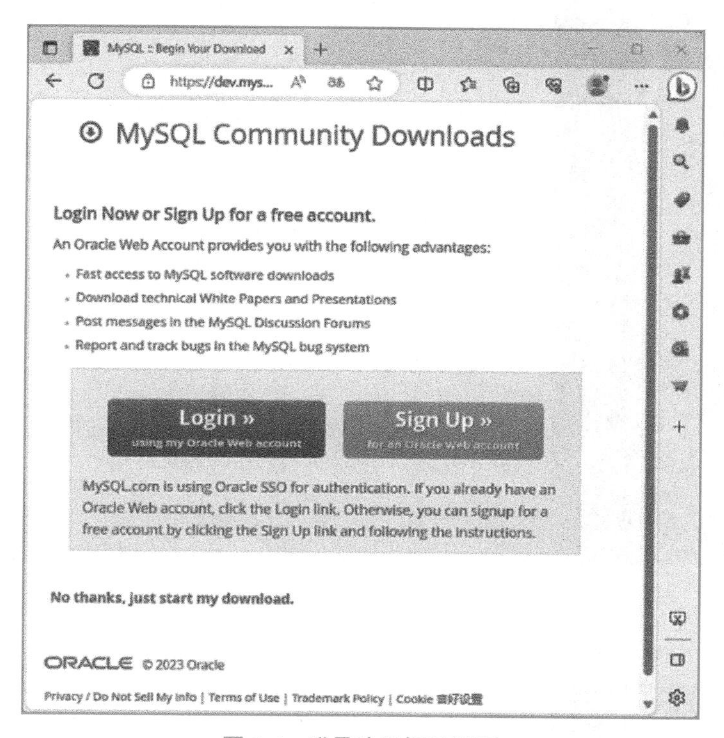

图 2-4　登录注册提示页面

2.2.2　MySQL 的安装与配置

1. MySQL 的安装

下面以在 Windows 11 操作系统中安装 MySQL 8.0.34 为例介绍 MySQL 软件的安装过程。Windows 可以将 MySQL 作为服务运行。在安装时，要求用户具有系统的管理员权限。

步骤 1：双击“mysql-installer-community-8.0.34.0.msi”安装包，打开安装向导对话框，可供选择的安装类型有 4 种：Server only（仅安装服务器）、Client only（仅安装客户端）、Full（完全安装）、Custom（自定义安装），如图 2-5 所示。此处选择“Custom”选项，然后单击“Next”(下一步）按钮。

步骤 2：在打开的“Select Products”(选择产品）界面可以选择自己需要安装的产品，此处选择“MySQL Server 8.0.34-X64”及“MySQL Workbench 8.0.34-X64”选项，然后单击“Next”按钮，如图 2-6 所示。此时若选中产品列表中的“MySQL Server 8.0.34-

X64”选项，然后单击列表框下面的“Advanced Options”（高级选项）链接（见图 2-7），则会弹出安装目录选择对话框，用户可以在此设置 MySQL 服务器的安装目录及数据存储目录（默认都在 C 盘），设置完成后单击“OK”按钮，如图 2-8 所示。

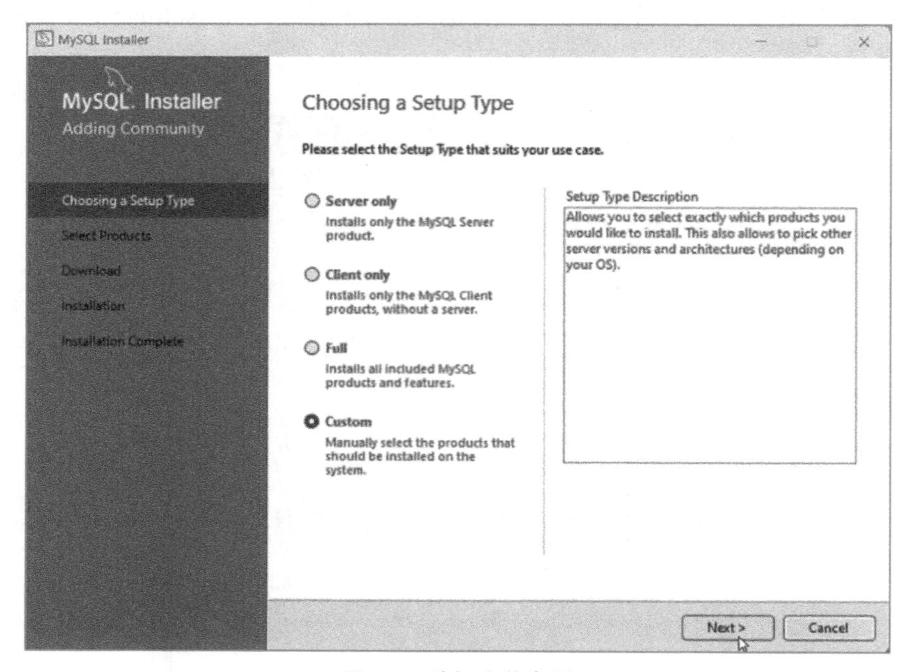

图 2-5　选择安装类型

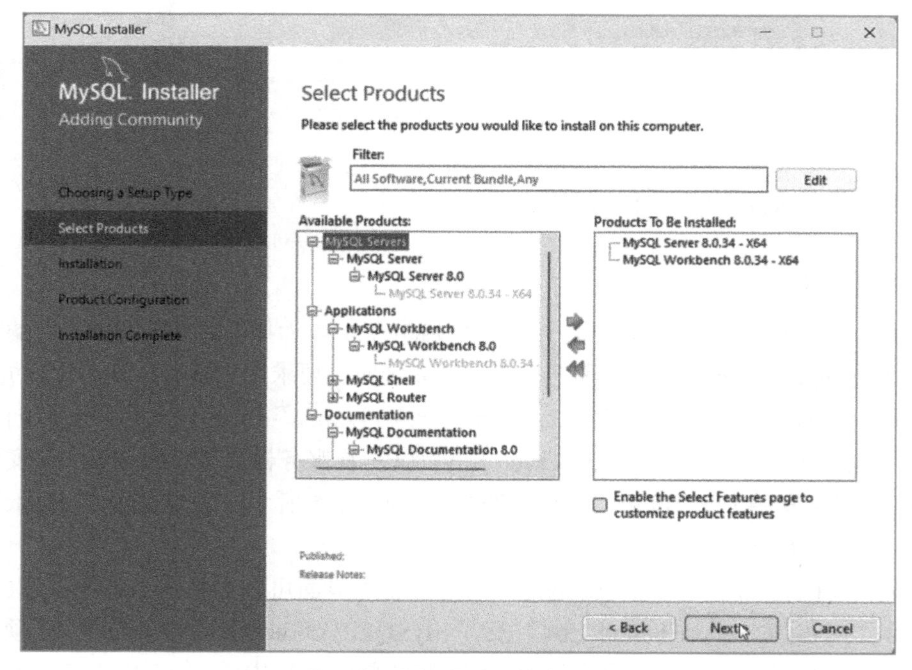

图 2-6　选择需要安装的产品

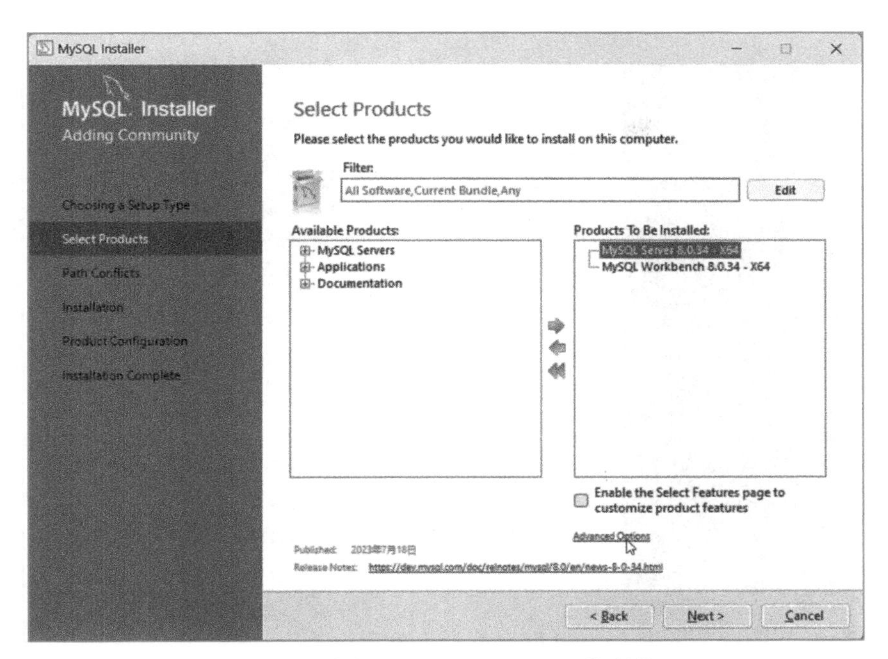

图 2-7　单击“Advanced Options”链接

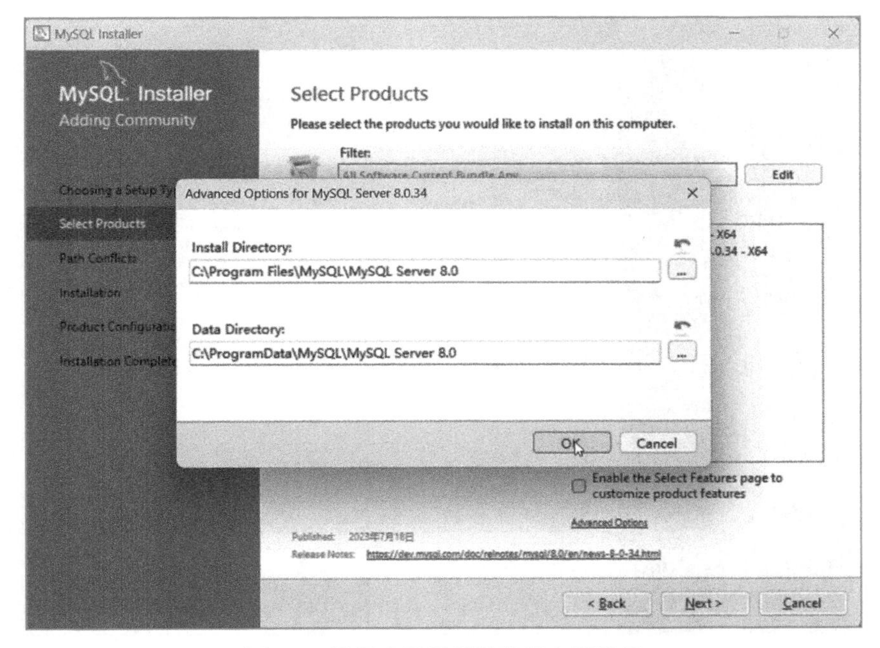

图 2-8　设置安装目录及数据存储目录

提示：在安装 MySQL 软件时，应避免将安装操作所涉及的文件夹命名为中文，以免导致后续初始化等操作时因中文解析乱码而失败。

步骤 3：单击“Next”按钮，进入安装界面，如图 2-9 所示。单击“Execute”(执行)按钮即可进入安装流程。安装完成后的界面如图 2-10 所示。

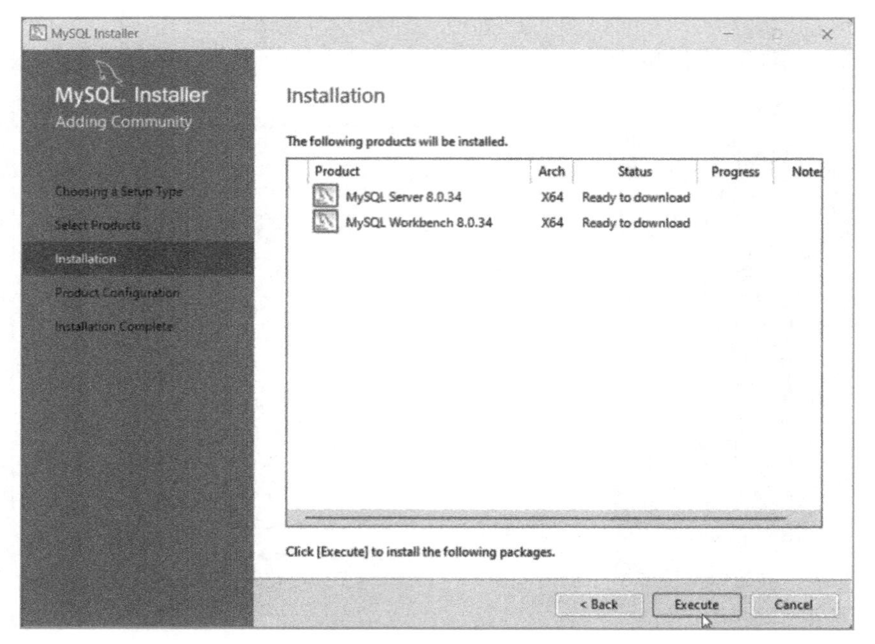

图 2-9　安装界面

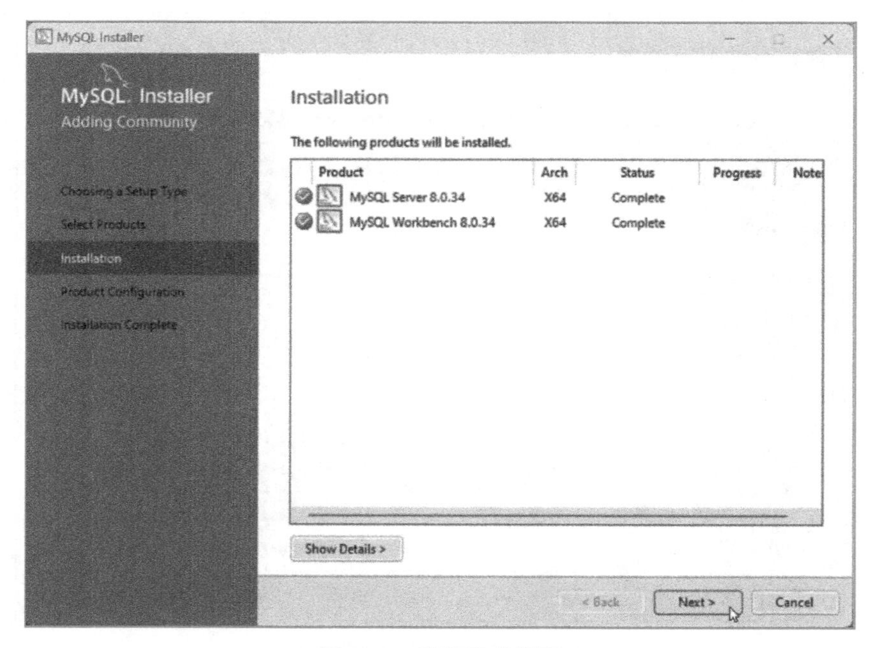

图 2-10　安装完成界面

2. MySQL 的产品配置

步骤 1：安装完成后，单击“Next”按钮，即进入“Product Configuration”（产品配置）界面，如图 2-11 所示。

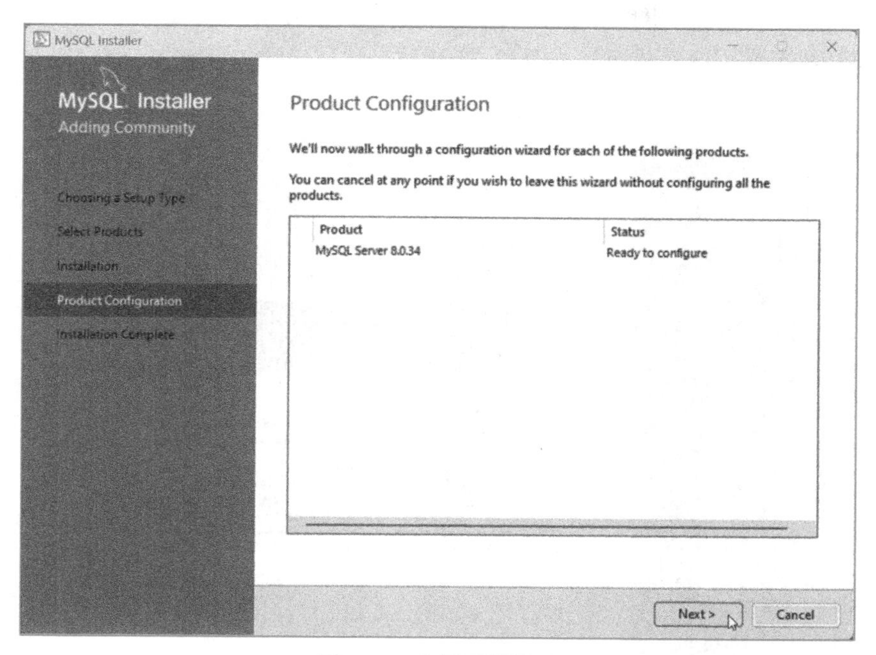

图 2-11　产品配置界面

步骤 2：单击“Next”按钮，进入“Type and Networking”（类型和网络）配置界面，如图 2-12 所示。

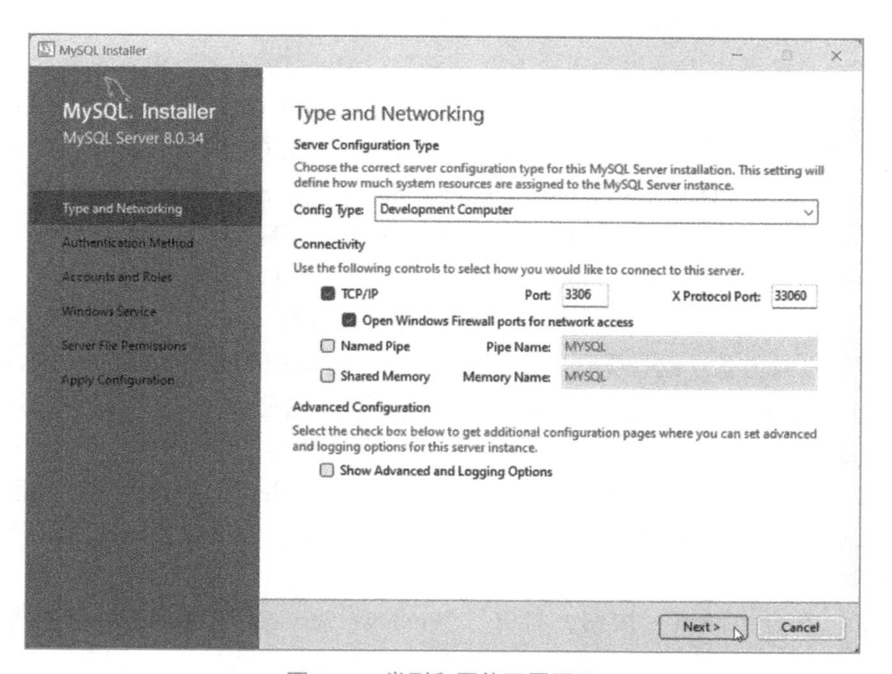

图 2-12　类型和网络配置页面

提示：“Config Type”（配置类型）选项用于设置服务器的类型，单击该选项右侧的下三角按钮，即可看到3个选项，如图2-13所示。

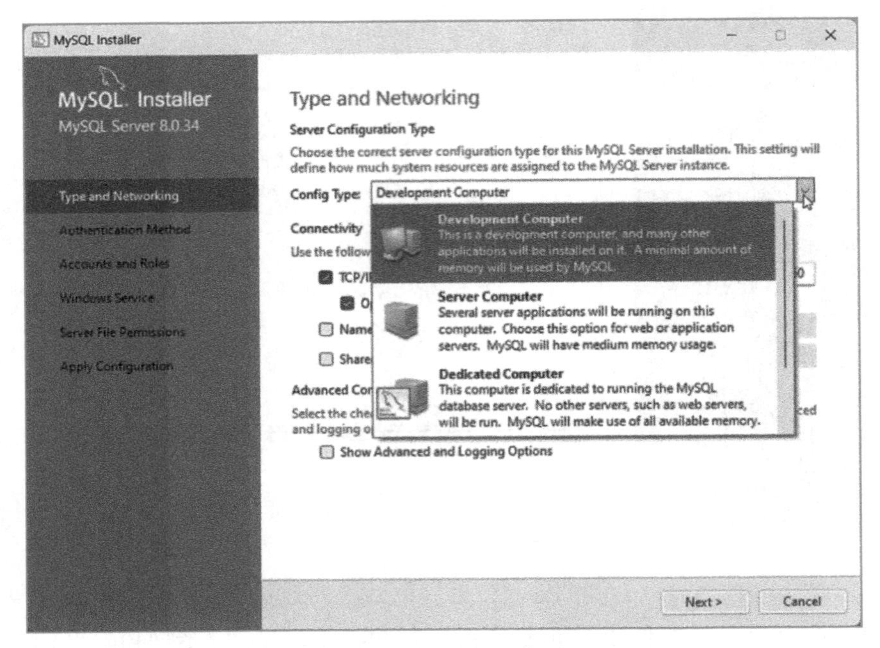

图2-13　服务器的类型

其中，“Development Computer”（开发者机器）选项代表典型个人用桌面工作站，选择该选项后，当机器上需要运行多个应用程序时，MySQL服务器将占用最少的系统资源；“Server Computer”（服务器）选项代表服务器，选择该选项，则MySQL服务器可以同其他服务器应用程序一起运行（如Web服务器等），MySQL服务器将被配置成占用适当比例的系统资源；“Dedicated Computer”（专用服务器）选项代表只运行MySQL服务的服务器，选择该选项，则MySQL服务器将被配置成使用所有可用系统资源。此处保持选择默认的“Development Computer”选项。

步骤3：单击“Next”按钮，打开“Authentication Method”（身份验证方法）界面，此时可以设置授权方式。选择默认的“Use Strong Password Encryption for Authentication (RECOMMENDED)”［使用强密码加密进行身份验证（建议）］选项即可，如图2-14所示。

步骤4：单击“Next”按钮，打开“Accounts and Roles”（账户及角色）配置界面，此处可以设置MySQL Root Password（root用户登录密码），注意两次输入的密码应一致，如图2-15所示。

步骤5：单击“Next”按钮，打开“Windows Service”（Windows服务）配置界面，如图2-16所示。可以看到，“Windows Service Name”（Windows服务名称）默认为“MySQL80”，此处保持默认配置。

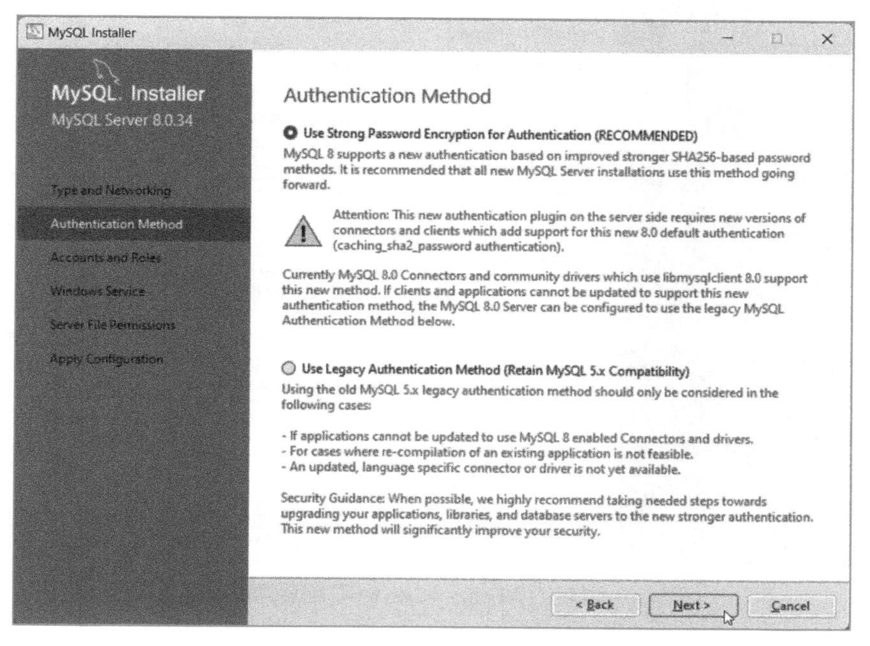

图 2-14　设置授权方式

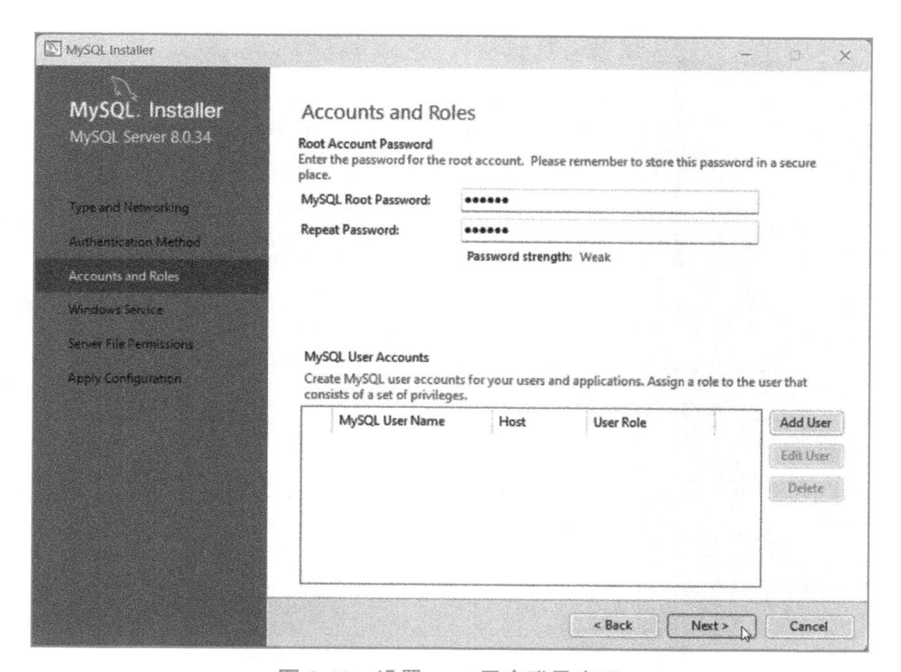

图 2-15　设置 root 用户登录密码

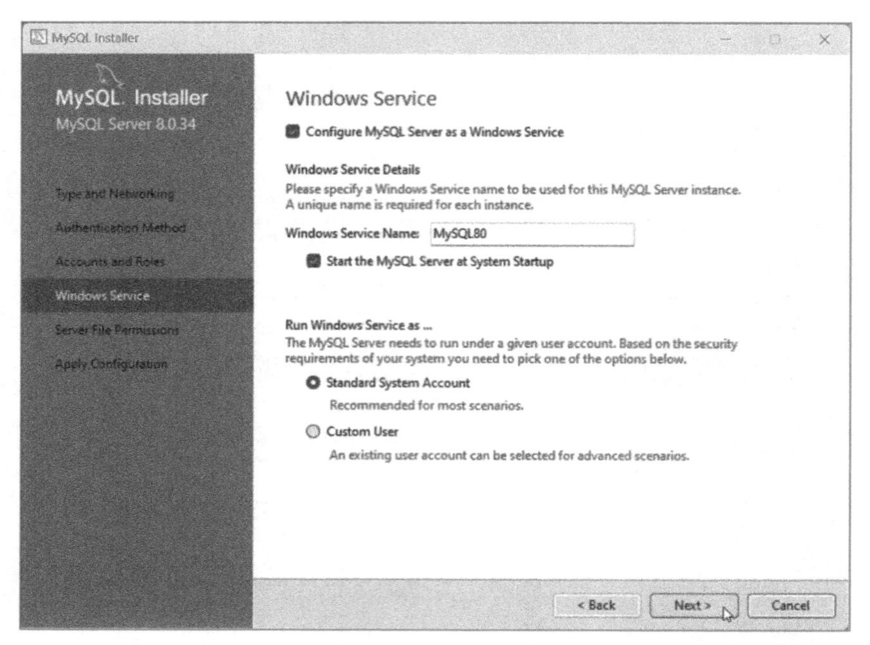

图 2-16 “Windows Service”配置界面

步骤 6：单击“Next”按钮，打开“Server File Permissions”（服务器文件权限）界面，如图 2-17 所示。此处保持默认配置。

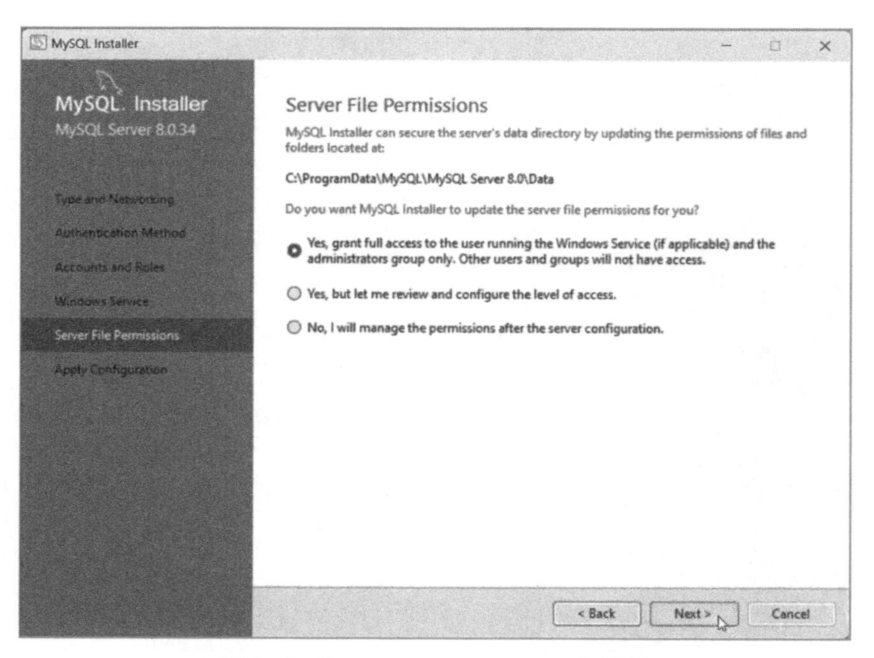

图 2-17 “Server File Permissions”界面

步骤 7：单击“Next”按钮，打开“Apply Configuration”（应用配置）界面，如图 2-18

所示。单击“Execute”按钮，开始应用配置，配置完成后的界面如图 2-19 所示。

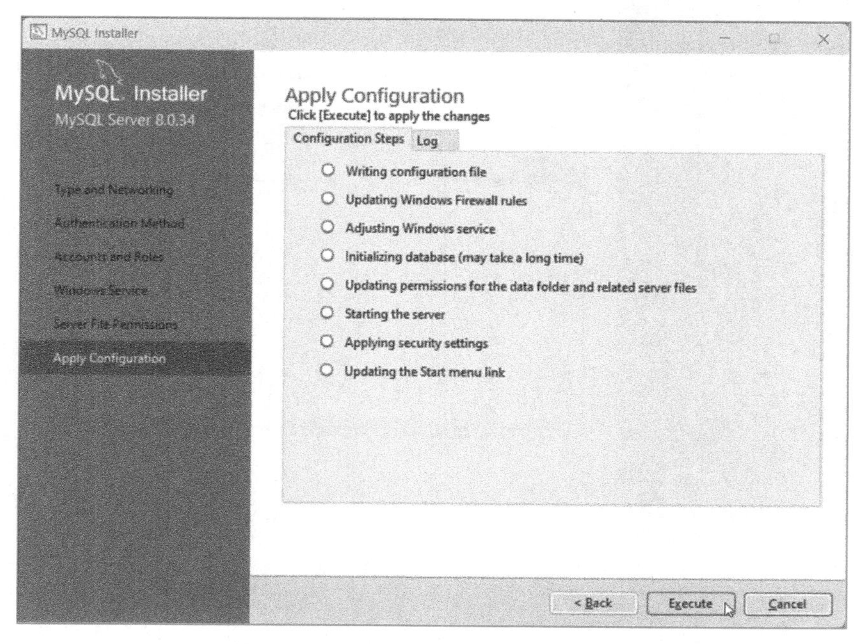

图 2-18 “Apply Configuration”界面

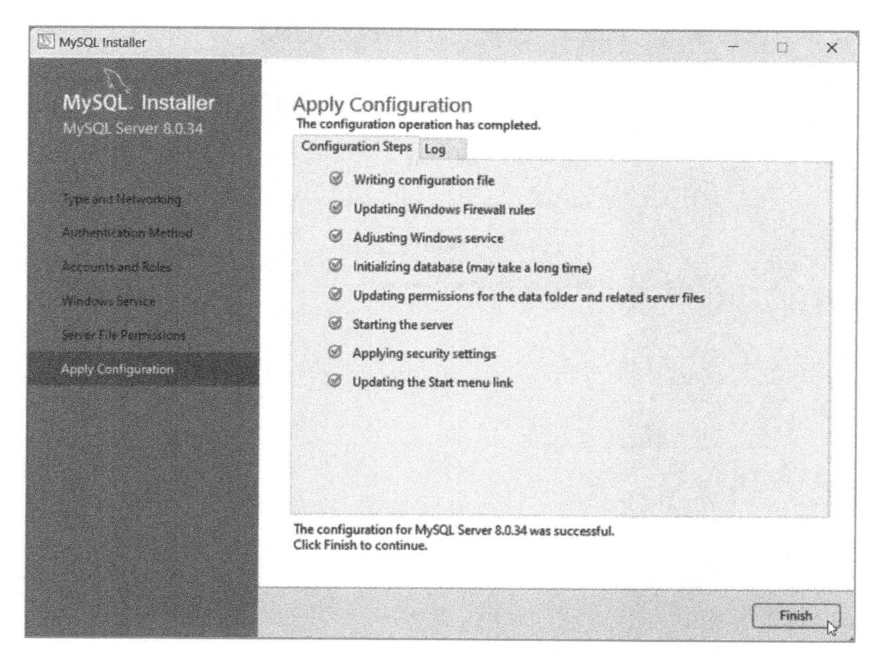

图 2-19 应用配置完成界面

步骤 8：单击“Finish”（完成）按钮，安装程序又回到了图 2-20 所示的“Product Configuration”界面，此时显示“Configuration complete”（配置完成）的提示。

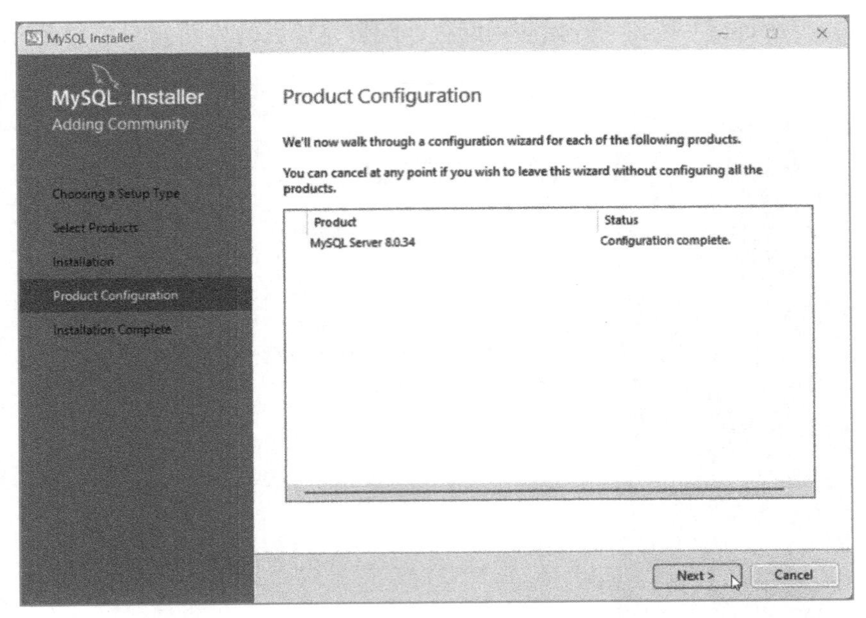

图 2-20　产品配置完成

步骤 9：单击“Next”按钮，打开“Installation Complete”（安装完成）界面，如图 2-21 所示。取消勾选“Start MySQL Workbench after setup”(在设置完成之后启动 MySQL 工作台）复选框，然后单击“Finish”按钮，即可完成 MySQL 的安装及配置操作。

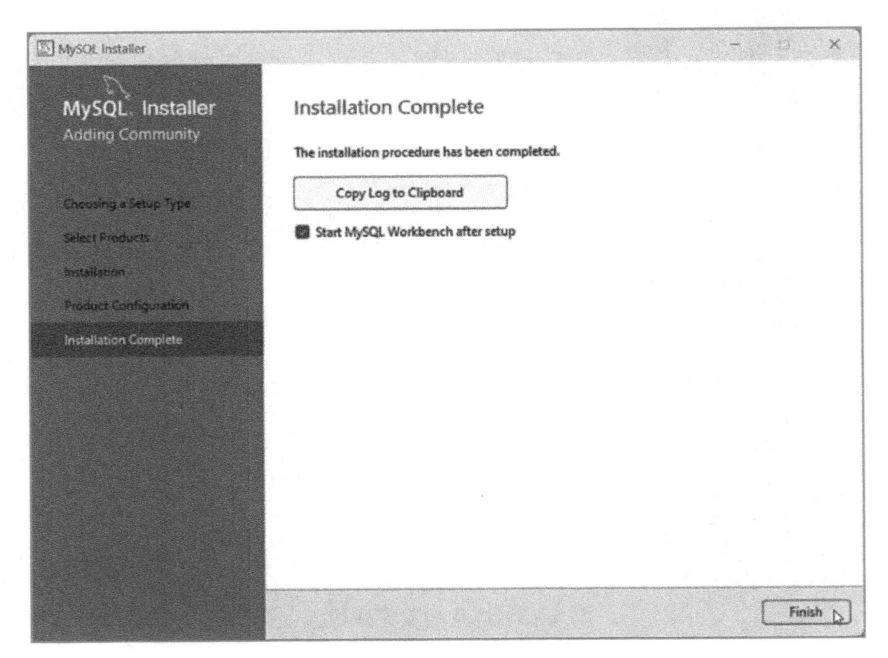

图 2-21　安装完成界面

步骤 10：按“Ctrl + Alt + Delete”组合键，打开“任务管理器”窗口，如果在“服务”选项界面中可以看到“MySQL80”服务的状态为“正在运行”（见图 2-22），则说明已经完成了在 Windows 操作系统中安装 MySQL 的全部操作。

图 2-22　MySQL 服务状态

3. 配置 Path 环境变量

在完成 MySQL 的产品配置后，还需要对 Path 环境变量进行配置，将 MySQL 的 bin 目录添加到系统的环境变量 Path 里，否则就不能在 MySQL 的 bin 目录之外的其他路径之下直接使用命令提示符输入“mysql”命令。配置 Path 环境变量的步骤如下：

步骤 1：在桌面的“此电脑”图标上右击，在右键快捷菜单中选择“属性”命令，找到并单击“高级系统设置”链接，打开“系统属性”对话框，如图 2-23 所示。

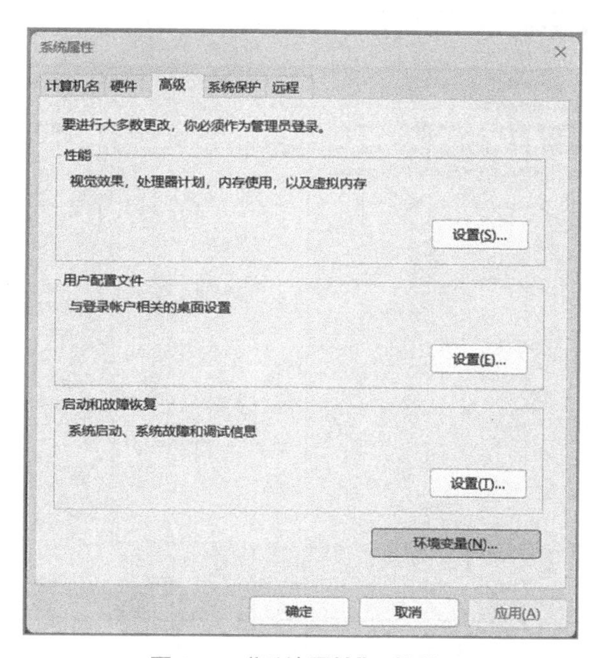

图 2-23　“系统属性”对话框

步骤 2：单击“高级”选项卡下的“环境变量”按钮，打开“环境变量”对话框，如图 2-24 所示。

图 2-24 “环境变量”对话框

步骤 3：在“环境变量”对话框的“系统变量”列表中选择“Path”变量，单击“编辑”按钮，弹出“编辑环境变量”对话框，如图 2-25 所示。

图 2-25 “编辑环境变量”对话框

步骤 4：在“编辑环境变量”对话框中，将 MySQL 服务器安装目录中的 bin 目录添加到变量值中（如本书的安装目录为“C:\Program Files\MySQL\MySQL Server 8.0\bin”），如图 2-26 所示。

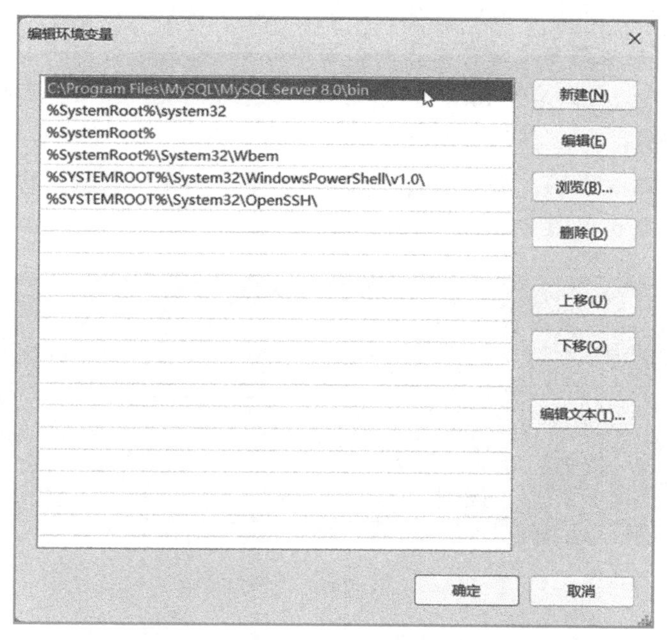

图 2-26　添加 MySQL 的 bin 目录到环境变量

步骤 5：单击“确定”按钮，返回上级菜单，再依次单击“确定”按钮后，即可将 MySQL 的 bin 目录添加到环境变量中。至此，便完成了 MySQL 的 Path 环境变量配置，用户就可以在命令提示符中使用“mysql”命令了。

知识魔方

通过命令提示符窗口登录数据库

在配置完 Path 环境变量以后，Windows 用户即可通过命令窗口来执行登录数据库的操作。具体操作步骤如下：

步骤 1：在系统搜索框中输入“cmd”，会显示“命令提示符”提示信息，选择“命令提示符”选项，即可打开命令提示符窗口，如图 2-27 所示。

图 2-27　命令提示符窗口

步骤 2：在命令提示符窗口输入命令如下：

```
mysql -h 127.0.0.1 -u root -p
```

其中，“mysql”是登录数据库的命令；“-h”后面需要加上服务器的 IP 地址，因为 MySQL 服务器是安装到本地计算机上的，所以其 IP 地址为 127.0.0.1；“-u”后面填写的是连接数据库的用户名“root”；-p 后面是设置的 root 用户的密码，通常不在 -p 后面直接输入密码，因为在一些系统中密码会被看到，难以保障其安全性。如果非要在此行命令中输入密码，那么在 -p 和密码之间不能输入空格。命令输入完成后，按“Enter”键，会出现图 2-28 所示的界面。

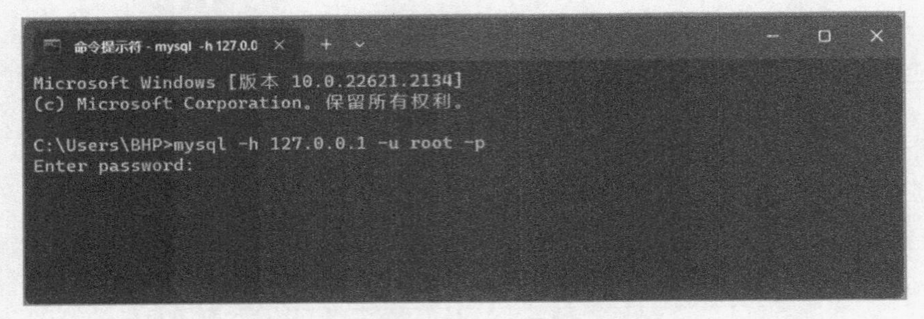

图 2-28　输入命令后的界面

步骤 3：根据提示输入在进行产品配置时设置的 MySQL 服务器的 root 用户登录密码，按“Enter”键确认，即可登录数据库，此时的命令界面如图 2-29 所示。

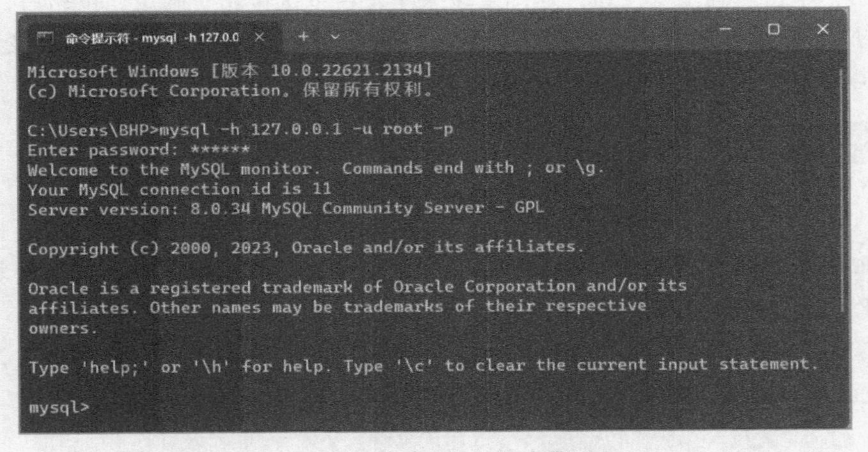

图 2-29　成功登录数据库界面

2.2.3　MySQL 的卸载

1. 通过控制面板卸载

在卸载 MySQL 8.0 服务器程序之前，需要先停止 MySQL 8.0 的服务。按“Ctrl + Alt +

Delete”组合键，打开“任务管理器”窗口，在“服务”选项界面中找到“MySQL80”服务。如果该服务现在处于“正在运行”状态，只需在其上右击，然后在右键快捷菜单中选择“停止”命令将其停止，如图 2-30 所示。

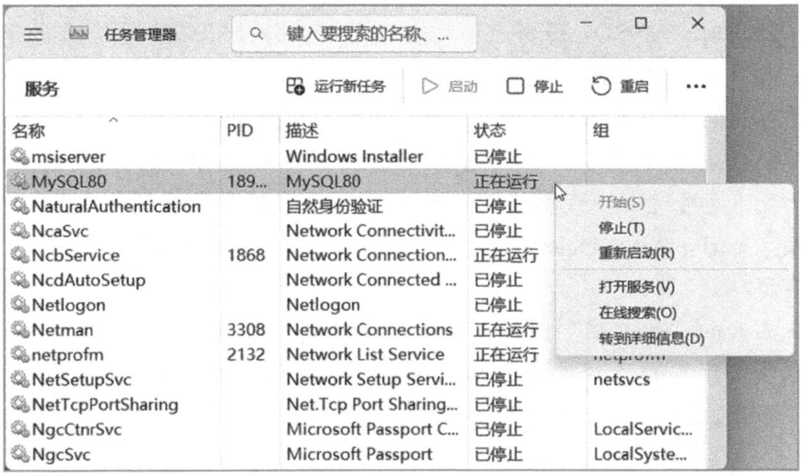

图 2-30　停止 MySQL 8.0 的服务

然后，按“Win + S”组合键，打开系统搜索框，在其中输入“控制面板”，在页面提示结果中选择“控制面板”选项，即可打开“控制面板”窗口。在“控制面板”窗口中单击“卸载程序”链接，在程序列表中找到 MySQL Server 8.0 服务器程序，在其上双击，弹出对话框询问“确实要卸载 MySQL Server 8.0 吗?”，如图 2-31 所示，单击“是”按钮，即可卸载服务器。使用这种方式卸载，数据目录下的数据不会跟着删除。

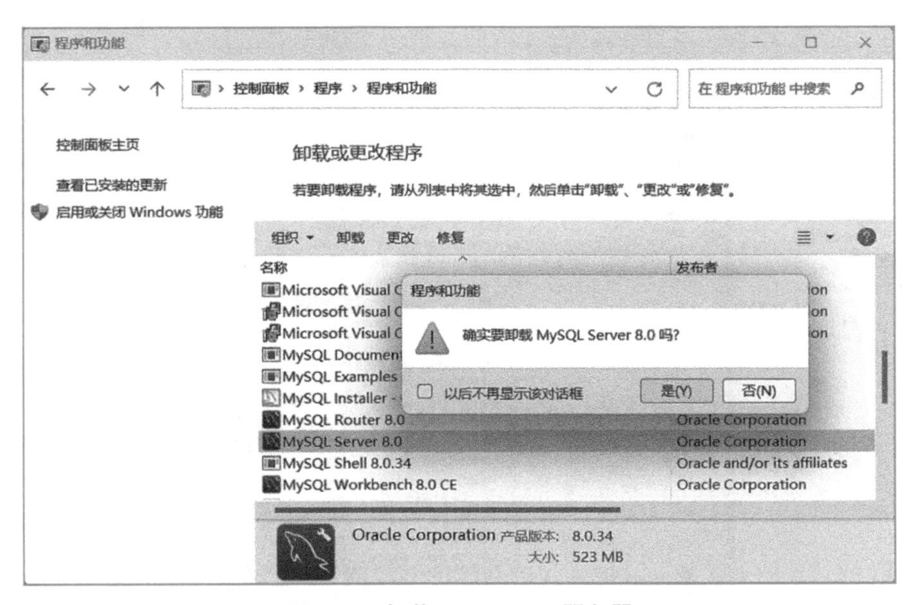

图 2-31　卸载 MySQL 8.0 服务器

知识魔方

停止和启动 MySQL 服务的方法

当用户完成 MySQL 的安装时，就已经将 MySQL 安装为 Windows 服务；当 Windows 服务启动、停止时，MySQL 服务也随之自动启动、停止。必要时，用户可以通过以下两种方法来停止和启动 MySQL 服务。

1. 通过 Windows 服务管理器来停止和启动 MySQL 服务

通过 Windows 服务管理器停止 MySQL 服务的方式在 MySQL 的卸载操作中已经介绍过，此处不再赘述。下面提供几种打开 Windows 服务管理器的方式。

（1）按“Ctrl + Alt + Delete”组合键，打开“任务管理器”窗口，切换到“服务”选项界面。

（2）在桌面的“此电脑”图标上右击，在弹出的右键菜单中选择“管理”命令，在“计算机管理”窗口选择“服务和应用程序”选项，然后双击右侧窗口中的“服务”选项（见图 2-32），即可查看服务列表（见图 2-33）。

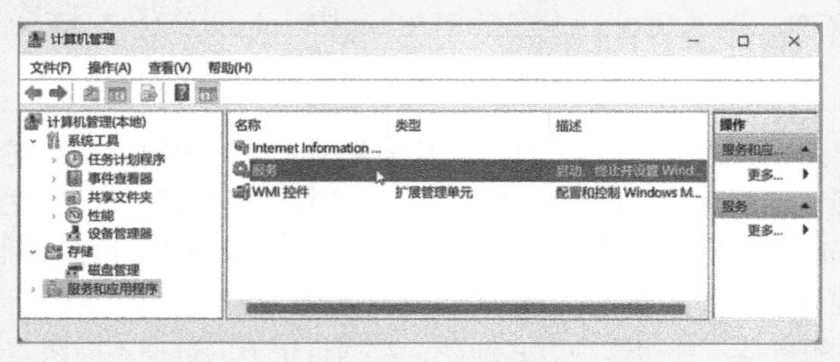

图 2-32 “计算机管理”窗口

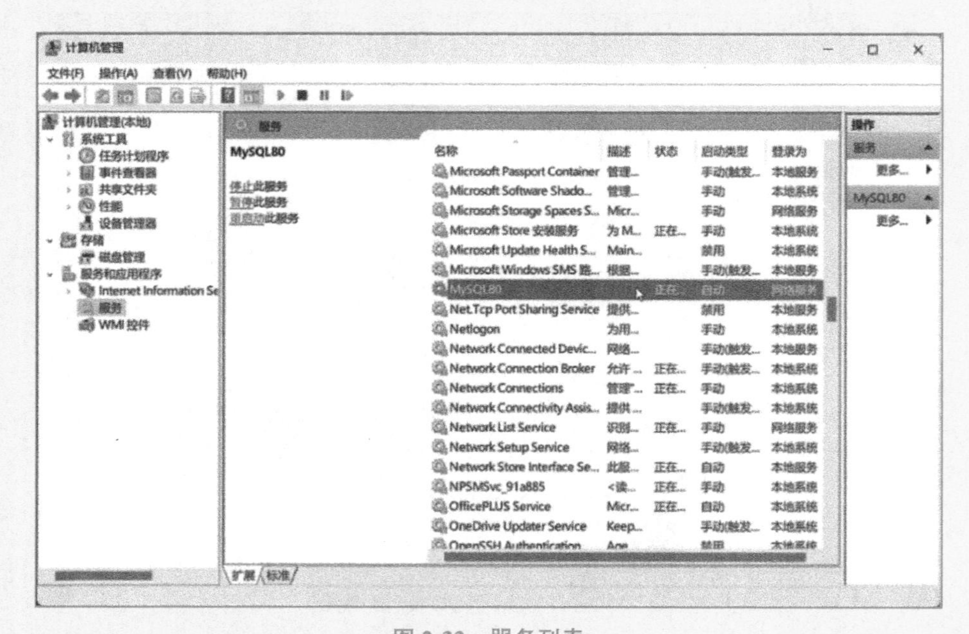

图 2-33 服务列表

（3）打开“控制面板”窗口，单击“系统和安全”→“Windows 工具”链接，在随后弹出的“Windows 工具”窗口中找到“服务”图标（见图 2-34）并双击，即可打开 Windows 服务管理器。

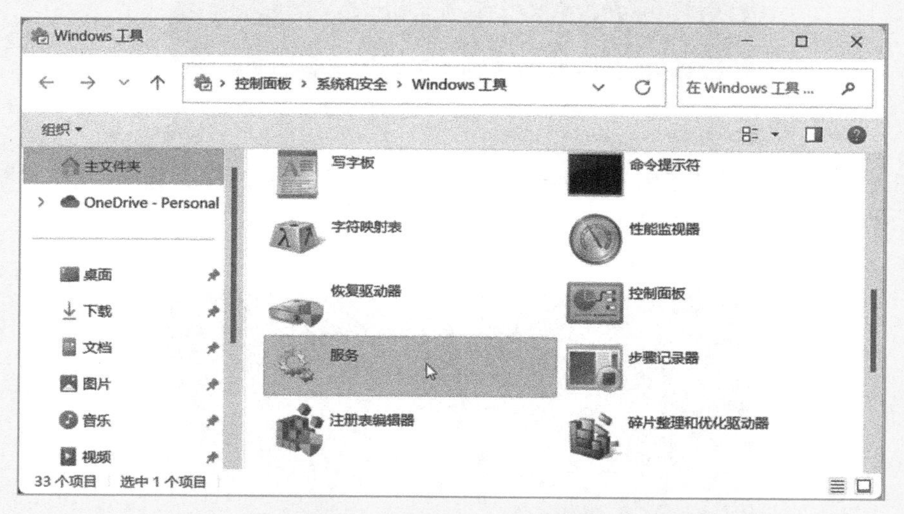

图 2-34 “Windows 工具”窗口

（4）按“Win +S”组合键，打开系统搜索框，在其中输入“services.msc”，按“Enter”键确定，即可直接打开 Windows 服务管理器。

若要重新启动 MySQL 服务，只需使用上述任意方式打开 Windows 服务管理器，找到已停止的“MySQL80”服务并右击，选择“开始”或“启动”命令即可重新启动 MySQL 服务。

2. 通过命令行方式来停止和启动 MySQL 服务

在系统搜索框中输入“cmd”，会显示“命令提示符”提示信息（见图 2-35），直接选择右侧提示信息中的“以管理员身份运行”选项或者在“命令提示符”选项上右击，在右键快捷菜单中选择“以管理员身份运行”命令，即可打开命令提示符窗口，如图 2-36 所示。

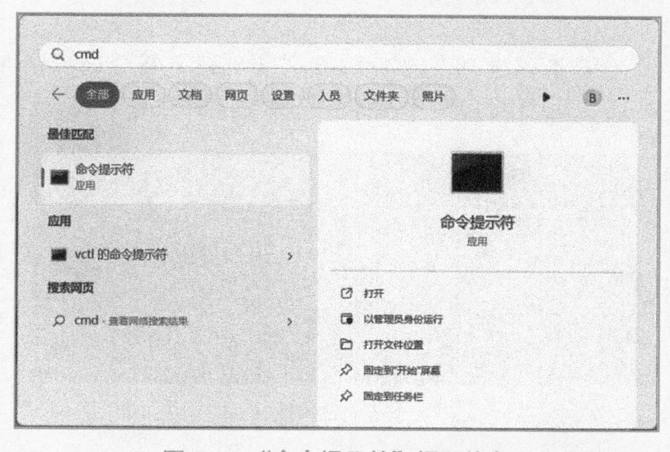

图 2-35 “命令提示符”提示信息

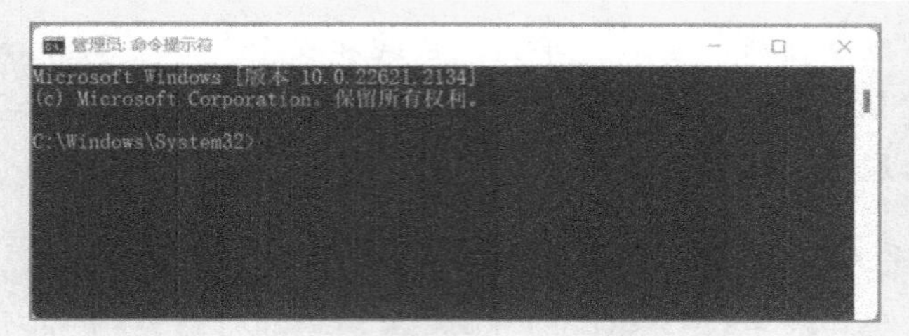

图 2-36　命令提示符窗口

在命令提示符窗口中输入“net stop MySQL80”命令，按“Enter”键，即可停止 MySQL 服务，如图 2-37 所示。

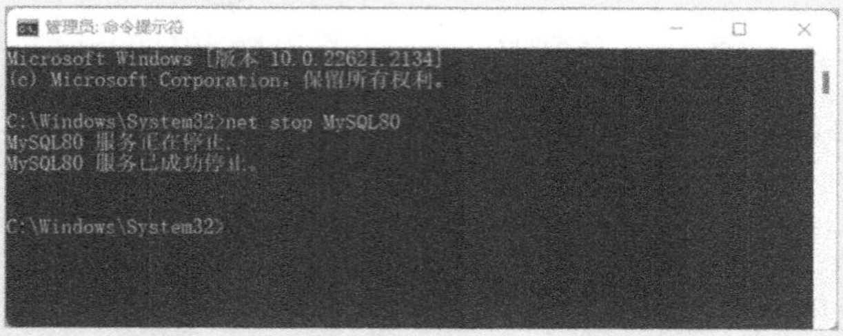

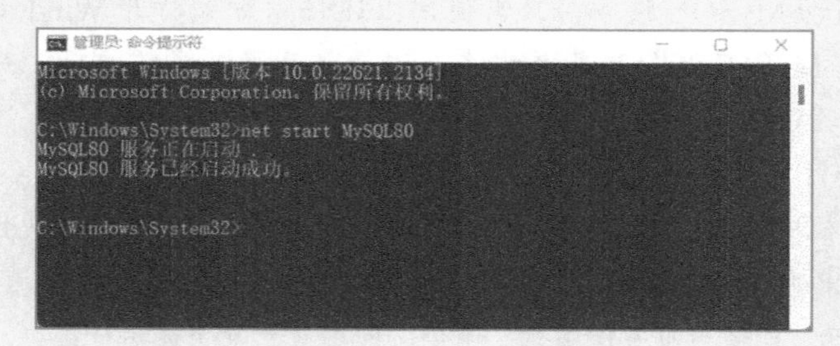

图 2-37　使用命令提示符停止 MySQL 服务

在命令提示符窗口中输入“net start MySQL80”命令，按“Enter”键，即可启动 MySQL 服务，如图 2-38 所示。

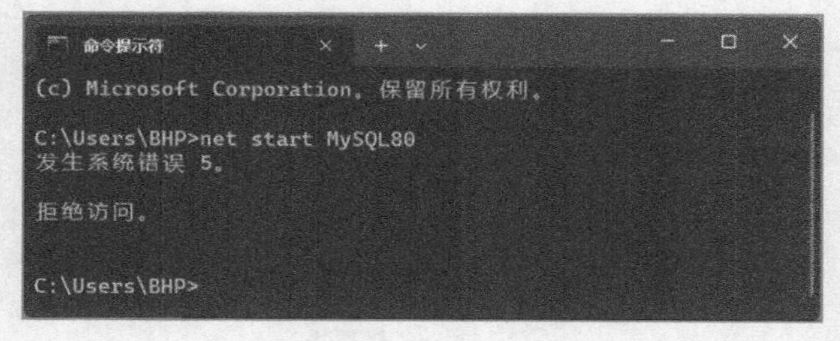

图 2-38　使用命令提示符启动 MySQL 服务

需要注意的是，若未以管理员身份运行“命令提示符”选项，在执行命令时会提示“发生系统错误”“拒绝访问”等信息，如图 2-39 所示。

```
(c) Microsoft Corporation。保留所有权利。

C:\Users\BHP>net start MySQL80
发生系统错误 5。

拒绝访问。


C:\Users\BHP>
```

图 2-39　提示错误信息

2. 通过安装向导卸载

用户也可以通过安装向导程序卸载 MySQL 8.0 服务器程序。

步骤 1：双击“mysql-installer-community-8.0.34.0.msi”文件，系统会弹出对话框询问“你要允许此应用对你的设备进行更改吗?”，单击“是”按钮，稍等片刻，即可打开安装向导，如图 2-40 所示。安装向导会自动检测已安装的 MySQL 服务器程序。

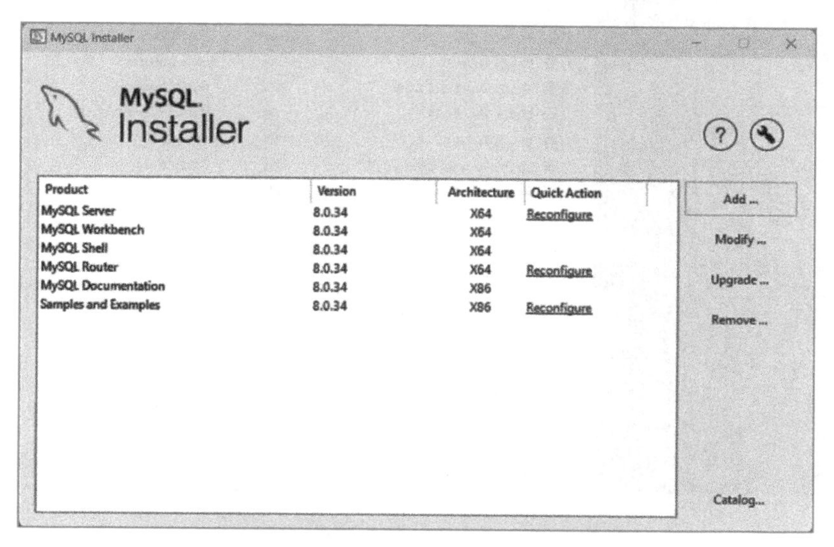

图 2-40　打开安装向导

步骤 2：选择要卸载的 MySQL Sever 程序，单击“Remove”(移除) 按钮，如图 2-41 所示。

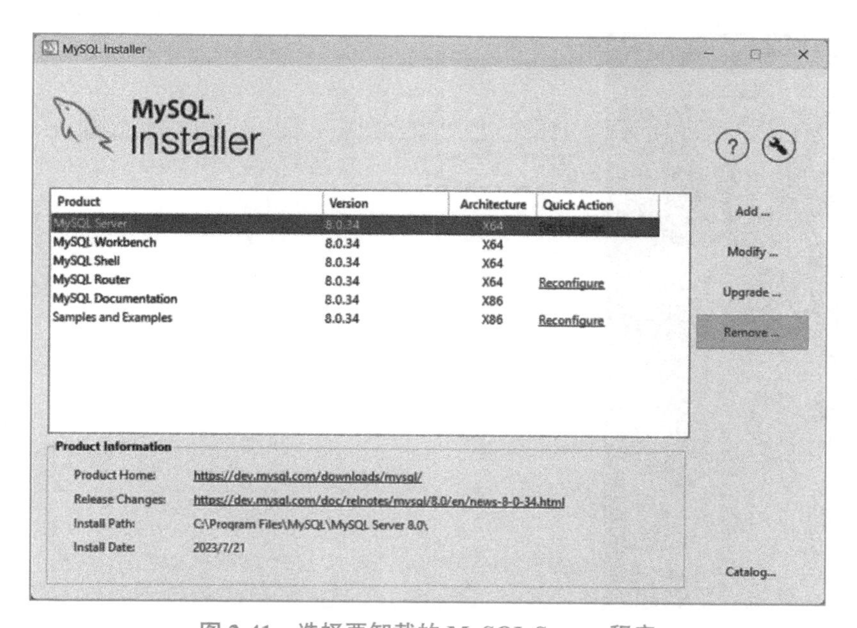

图 2-41　选择要卸载的 MySQL Server 程序

步骤3：在弹出的界面中选中所有要卸载的MySQL组件，单击“Next”按钮，如图2-42所示。

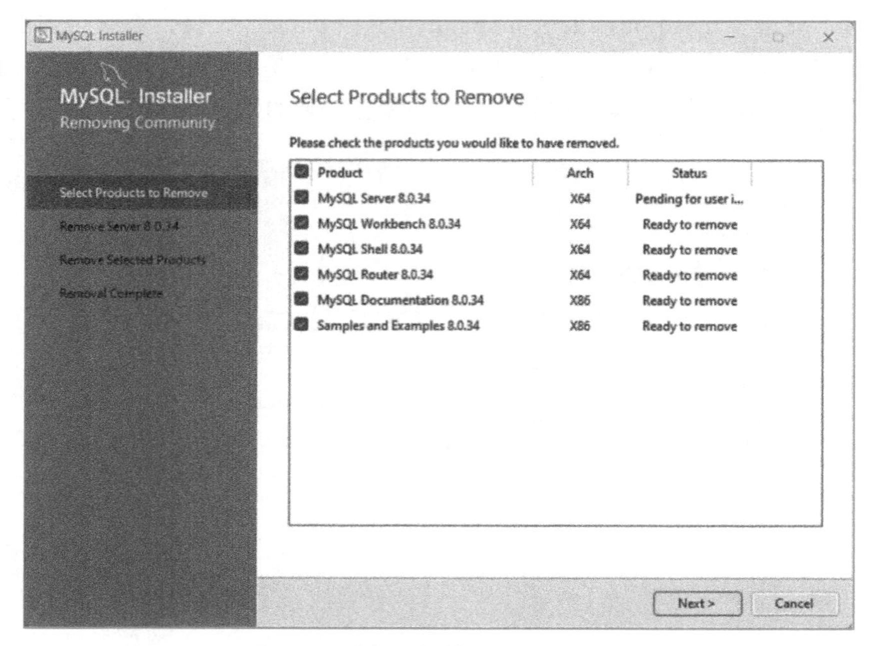

图2-42　选择要卸载的MySQL组件

步骤4：弹出选择是否同时移除数据目录窗口。如果想要同时删除MySQL服务器中的数据，则勾选“Remove the data directory”(移除数据目录）选项，如图2-43所示。

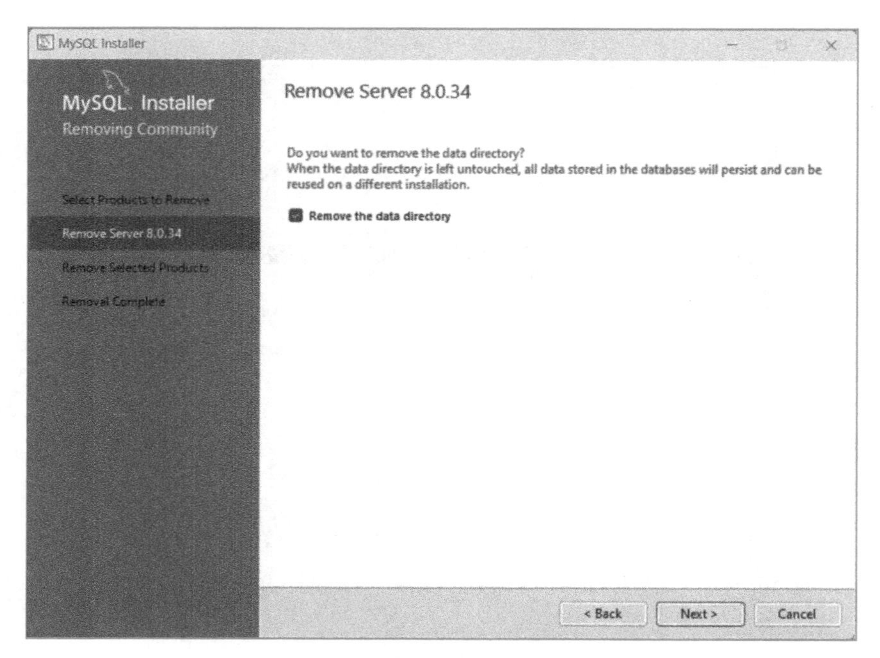

图2-43　勾选移除数据目录选项

步骤 5：在弹出的卸载步骤界面中单击“Execute”按钮即可执行卸载，如图 2-44 所示。

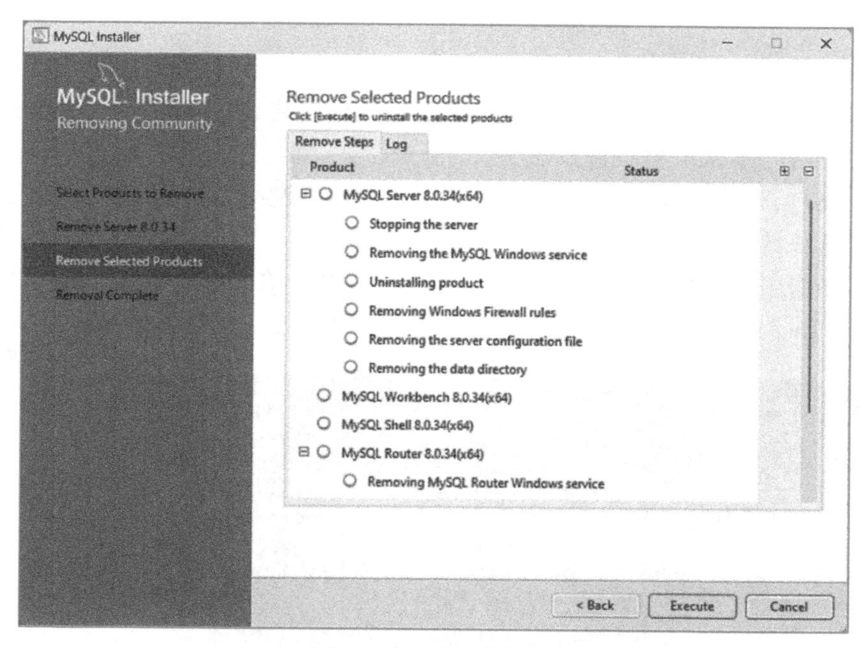

图 2-44　卸载步骤界面

步骤 6：完成卸载。如果想要同时卸载 MySQL 8.0 的安装向导程序，则勾选“Yes, uninstall MySQL Installer”选项即可，如图 2-45 所示。单击“Finish”按钮完成所有操作。

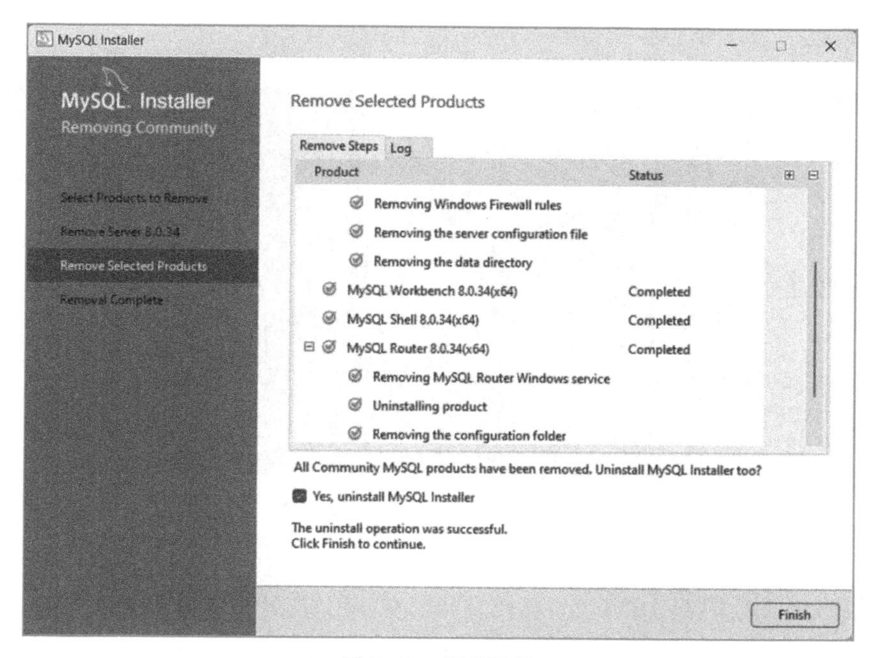

图 2-45　完成卸载

2.3 MySQL的工具

2.3.1 命令行工具

MySQL服务器安装完成后，用户就可以通过其自带的MySQL 8.0 Command Line Client工具来操作MySQL数据库系统了。

由于MySQL未在系统桌面创建快捷方式，用户需要到“开始”菜单中找到命令行工具将其打开，具体操作如下：单击“开始”按钮，打开“开始”菜单，选择“所有应用”选项，在应用程序列表中找到“MySQL”文件夹，单击将其打开，选择“MySQL 8.0 Command Line Client”选项，即可弹出命令行工具窗口，如图2-46所示。

图2-46　命令行工具窗口

输入在进行产品配置时所设置的root用户登录密码，即可登录到MySQL服务器，如图2-47所示。

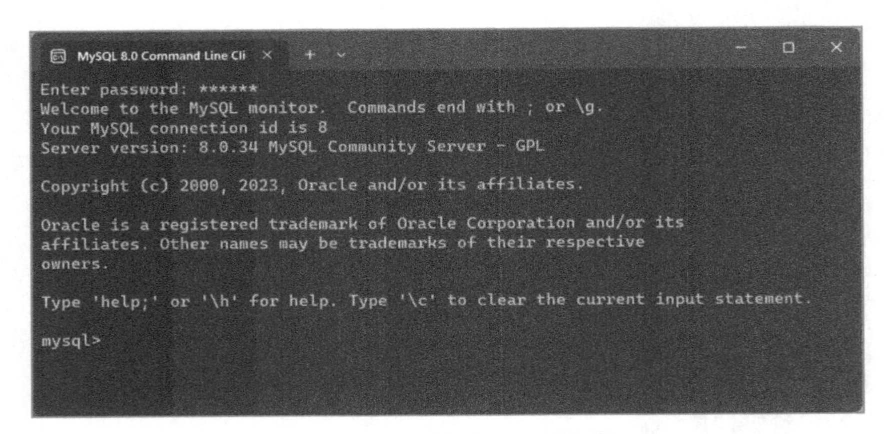

图2-47　登录到MySQL服务器

2.3.2 图形化管理工具

图形化管理工具可以极大地提升用户操作与管理数据库的便利性，常用的MySQL

图形化管理工具有 MySQL Workbench、phpMyAdmin、Navicat、SQLyog、DBeaver 等。其中，MySQL Workbench 是 MySQL 官方提供的图形化界面管理工具，是英文操作界面，而 phpMyAdmin、SQLyog、Navicat、DBeaver 为第三方工具，提供中文操作界面。

1. MySQL Workbench

MySQL Workbench 是一种跨平台的数据库设计和管理工具，由 MySQL 官方开发。它提供了直观的图形用户界面，可用于创建、修改和管理 MySQL 数据库，是一款功能强大、易于使用的数据库设计和管理工具，适用于开发人员、数据库管理员和数据分析师等不同的用户群体。MySQL Workbench 的欢迎界面如图 2-48 所示。

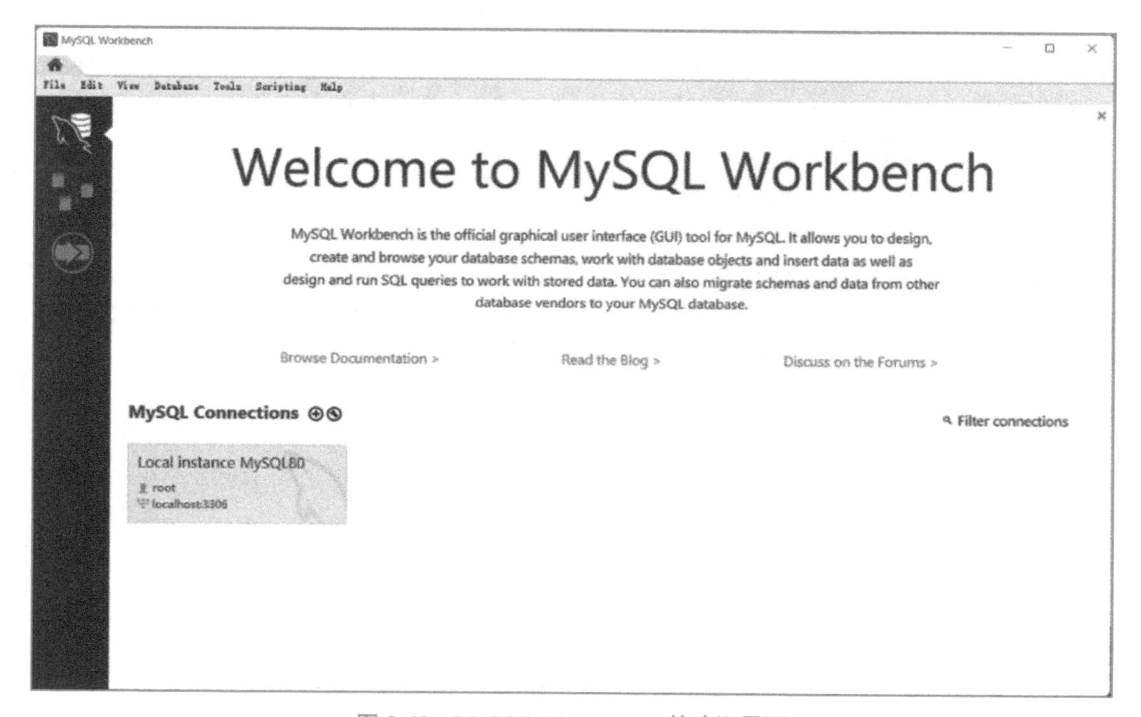

图 2-48 MySQL Workbench 的欢迎界面

MySQL Workbench 具有以下优势。

（1）数据库设计：MySQL Workbench 提供了直观的图形界面和丰富的工具，可帮助用户快速设计和创建数据库模式。它支持 E-R 图、关系模型和数据字典等多种数据建模方法，并支持多种数据库对象的创建和修改，如表、列、索引、触发器、视图等。

（2）SQL 开发：MySQL Workbench 支持 SQL 查询和脚本的编辑与执行，并提供了代码补全、语法高亮、错误检查和调试等功能。它还支持多个查询窗口和会话管理，可方便地在不同的数据库之间切换。

（3）数据管理：MySQL Workbench 支持数据导入和导出、备份和恢复、数据同步和复制等功能，可帮助用户轻松地管理数据库的数据。

（4）服务器管理：MySQL Workbench 提供了对 MySQL 服务器的管理和监控功能，

包括连接管理、服务器配置、性能监控、安全管理等。

（5）扩展功能：MySQL Workbench 还支持多种扩展功能，如版本控制集成、代码分析、测试工具、数据库部署等，可帮助用户更好地管理和维护数据库。

MySQL Workbench 有两个版本，即社区版和商业版。社区版是免费的。商业版需要收取费用，但提供额外的企业功能，如数据库文档生成，还提供技术支持服务。

2. phpMyAdmin

phpMyAdmin 是众多 MySQL 图形化管理工具中应用最广泛的一种，是一款使用 PHP 语言开发的 B/S 模式的 MySQL 客户端软件，该工具是基于 Web 跨平台的管理程序，并且支持简体中文。phpMyAdmin 为 Web 开发人员提供了易于使用的图形化数据库操作界面，用户可以轻松地使用 phpMyAdmin 进行创建数据库和数据表、备份和还原数据库等操作。此外，phpMyAdmin 还支持生成 MySQL 数据库脚本文件，以便在不同的环境中轻松地部署和迁移数据库。

需要注意的是，应用 phpMyAdmin 图形化管理工具有一个前提条件，即必须在本机中搭建 PHP 运行环境，将其作为一个项目在 PHP 开发环境中运行应用。当 PHP 开发环境配置完成后，在浏览器地址栏中输入“http://localhost/phpMyAdmin/”并按“Enter”键，即可进入 phpMyAdmin 的欢迎界面，如图 2-49 所示。按照网页提示输入用户名和密码，即可进入 phpMyAdmin 的图形化管理主页，继而对 MySQL 数据库进行操作。

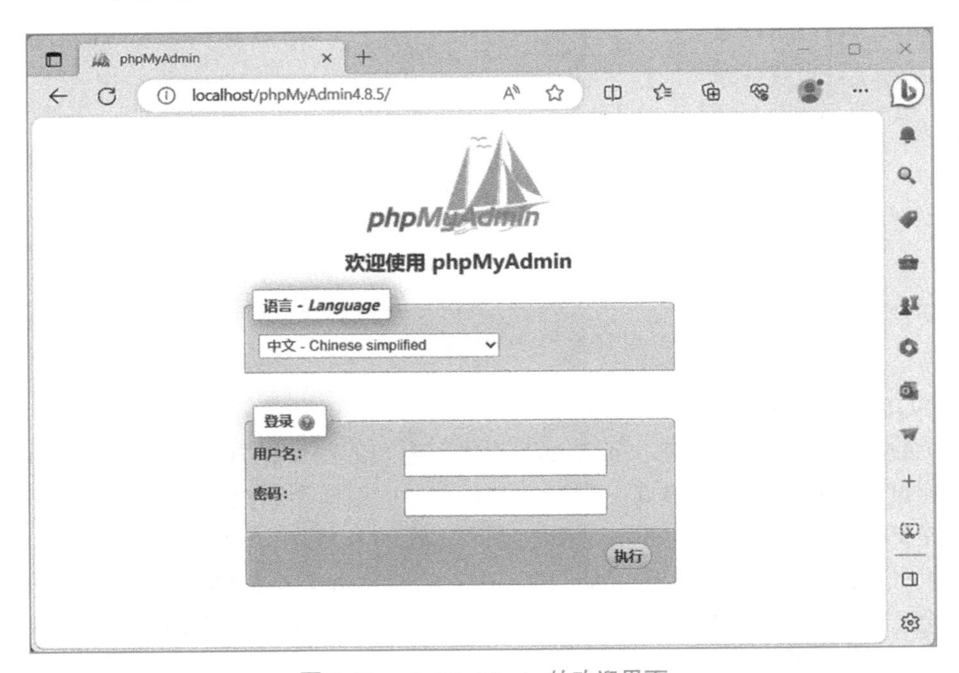

图 2-49 phpMyAdmin 的欢迎界面

3. Navicat

Navicat 是一套快速、可靠的图形化数据库管理和开发工具，支持多种数据库类型，包括 MySQL、Redis、MariaDB、MongoDB、SQL Server、SQLite、Oracle 和 PostgreSQL 等。它是一套多连接数据库开发工具，可以在单一应用程序中同时连接多种类型的数据库，并且可以一次快速方便地访问所有数据库。Navicat 功能强大且易于使用，非常符合数据库管理员、开发人员及中小企业的使用需求。

Navicat 具有直观易用的图形化界面，支持多种操作，包括数据导入导出、表格和视图的创建与修改、SQL 查询和脚本编辑等。此外，Navicat 还提供了丰富的数据可视化工具，如数据报表、图表和数据比较等，以帮助用户更好地理解和分析数据库中的数据。Navicat 还提供了许多高级功能，如数据库同步、数据备份和恢复、数据库迁移、数据同步和版本控制等。这些功能可以帮助用户更好地管理和维护数据库，并提高开发效率。

Navicat 的主界面如图 2-50 所示。

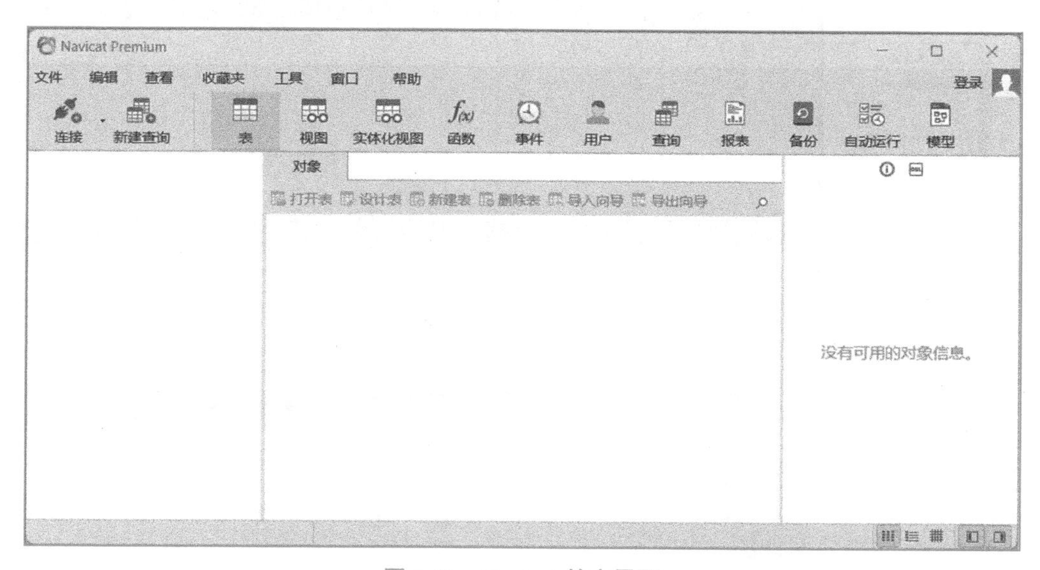

图 2-50　Navicat 的主界面

4. SQLyog

SQLyog 是一款开源的 MySQL 管理工具，由 Webyog 公司推出，提供了图形化的用户界面和多种功能，可以方便有效地管理 MySQL 数据库，进行数据库、数据表、视图、索引创建，SQL 脚本编辑，数据插入、更新和删除，数据库备份和恢复等操作。SQLyog 简捷高效，功能强大，不仅可以通过 SQL 文件进行大量文件的导入和导出，还可以导入和导出 XML、HTML 和 CSV 等多种格式的数据。

SQLyog 的主界面如图 2-51 所示。

5. DBeaver

DBeaver 是一个通用的数据库管理工具和 SQL 客户端，支持所有流行的数据库，包括 MySQL、PostgreSQL、SQLite、Oracle、DB2、SQL Server、Sybase、MS Access、Teradata、Firebird、Apache Hive、Phoenix、Presto 等。DBeaver 比大多数 SQL 管理工具要轻量，

而且支持中文界面。DBeaver 社区版作为一个免费开源的产品，和其他类似的软件相比，在功能和易用性上都毫不逊色。DBeaver 的下载和安装都非常简单，唯一需要注意的是，DBeaver 是用 Java 编程语言开发的，所以需要拥有 JDK（Java development kit）环境。JDK 是 Java 语言开发工具包，也是整个 Java 的核心，包括运行环境、工具和基础类库等。如果计算机上没有 JDK，在选择安装 DBeaver 组件时，勾选“ Include Java”选项即可。

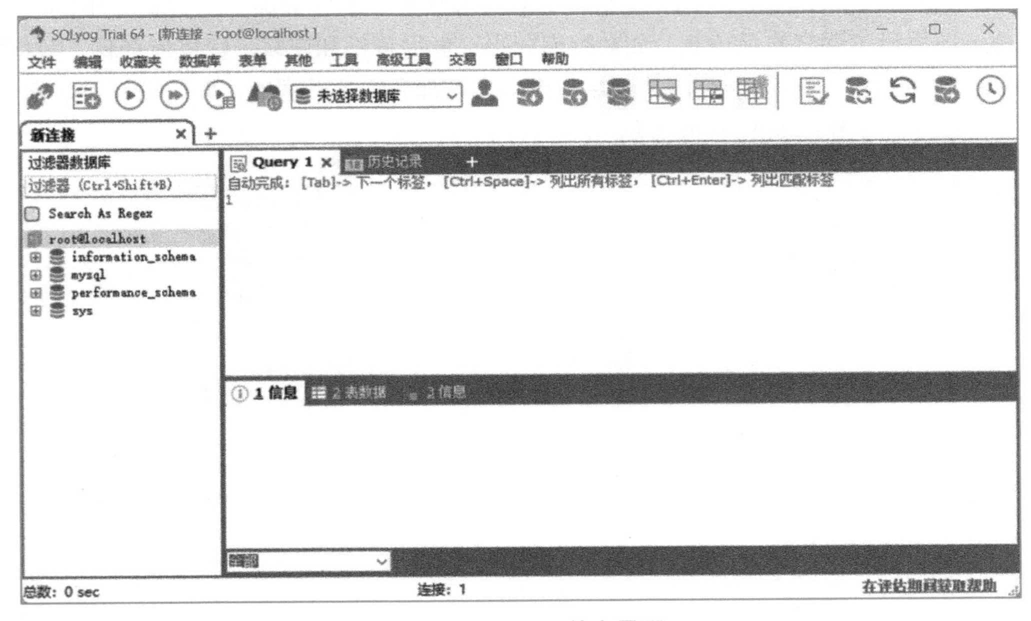

图 2-51　SQLyog 的主界面

DBeaver 的主界面如图 2-52 所示。

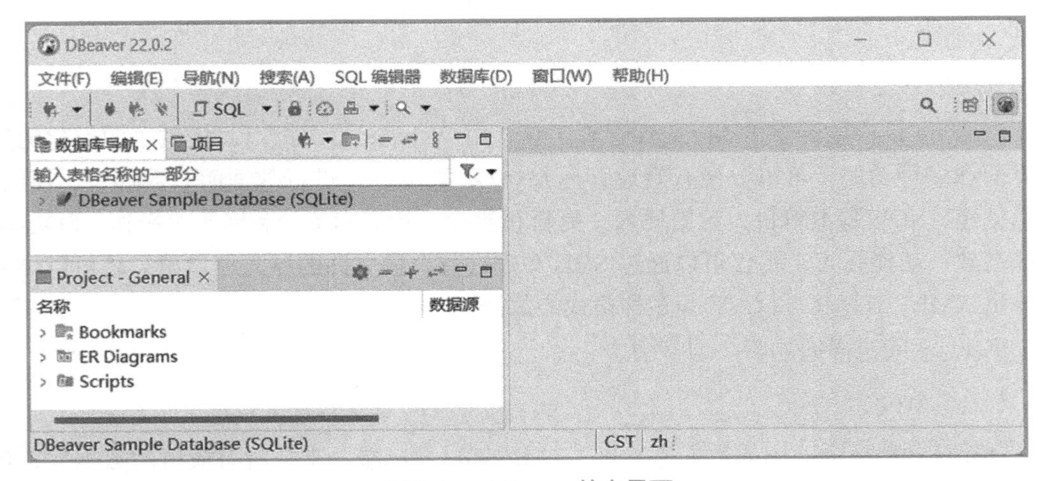

图 2-52　DBeaver 的主界面

2.4 MySQL 的编程接口

MySQL 发行版包含了多个客户端程序，如 mysqldump 程序用于导出数据表定义和内容，mysqlimport 程序用于将数据文件导入数据表中，mysqladmin 程序用于执行管理操作，mysql 程序用于与 MySQL 服务器通信。然而，有些应用程序的需求超出了标准客户端程序的能力范围。为了解决这些问题，MySQL 服务器提供了一个客户端应用程序编程接口（application programming interface, API），它可以访问 MySQL 服务器并满足应用程序的特殊需求。

2.4.1 MySQL 支持的 API

MySQL 服务器提供了一个本地的客户端 / 服务器协议，用于定义客户端程序如何与 MySQL 服务器建立连接和通信。为了支持不同的应用程序开发，MySQL 提供了一个用 C 语言编写的客户端库，称为 C 客户端库 API（C API），它包含一组数据结构和函数，用于实现各种本地协议操作。此外，MySQL 还提供了与其他编程语言的接口，包括 Perl、PHP、Python、Ruby、C++、Tcl 等语言，这些接口可以将 C API 链接到语言处理器中，使得开发人员可以方便地使用 MySQL 数据库。其中，有些接口直接实现了用本地客户端 / 服务器协议来处理通信，而有些则使用了 C API。

MySQL 提供了多种编程语言的接口，每种接口都定义了相应的访问规则。此处介绍最为常用的三种 API。

1. C 客户端库 API

C 客户端库 API 是 MySQL 提供的最基本的编程接口之一，它定义了 MySQL 服务器和客户端之间的通信协议，以及如何使用 C 语言编写客户端程序来访问和操作 MySQL 服务器。许多 MySQL 提供的标准化客户端程序，如 mysql、mysqladmin 和 mysqldump，都是使用该 API 实现的。使用 C 客户端库 API，开发人员可以在 C 语言中编写自己的 MySQL 客户端程序，实现对 MySQL 服务器的访问和操作。该 API 提供了一组函数，用于实现连接 MySQL 服务器、执行 SQL 语句、处理结果集等操作。此外，该 API 还提供了一些常量、变量和数据结构，用于配置和管理连接、事务、状态等信息。C 客户端库 API 是 MySQL 编程的基础，对于熟悉 C 语言的开发人员来说，是使用 MySQL 进行编程的首选接口。

2. Perl DBI API

Perl DBI API 是 Perl 语言中用于访问 MySQL 数据库的一个接口。DBI 被实现为一个 Perl 模块，该模块需要与数据库驱动程序（database driver, DBD）层的其他模块配合使用，每个 DBD 模块提供了相应的数据访问机制，其中专门提供 MySQL 支持的模块是 DBD::mysql。使用 DBI 和 DBD::mysql 模块，开发人员可以在 Perl 语言中编写自己的 MySQL 客户端程序，以实现对 MySQL 服务器的访问和操作。Perl DBI API 具有良好的可移植性和灵活性，可以在不同的操作系统和平台上运行，是Perl语言中访问MySQL数据库的重要接口之一。同时，通过使用Web界面，可以将Perl DBI API集成到Web应用程序中，实现动态的Web页面和数据交互。

3. PHP API

PHP提供了一种将程序嵌入Web页面的简便方式，通过在服务器端使用PHP处理页面，可以实现动态内容的生成。PHP提供了许多内置函数和扩展，可以方便地与各种类型的数据库进行交互，包括MySQL、PostgreSQL、Oracle等。除了特定于某个数据库引擎的接口，PHP还提供了一种通用的接口，称为PDO（PHP data object）。PDO是一个轻量级的、高效的数据库抽象层，支持多种数据库类型，并提供了一组统一的API，使得开发人员可以使用相同的方式访问不同类型的数据库。通过使用PDO，开发人员可以在PHP程序中轻松地访问各种类型的数据库，而无须了解底层数据库的细节。

2.4.2 如何选择API

在选择适合特定任务的API时，需要考虑多个因素，包括执行环境、性能、开发工作的难易程度和可移植性等。这些因素相互影响，因此在选择API时需要综合考虑。

1. 执行环境

在开始编写应用程序之前，需要考虑应用程序将在哪种执行环境中运行。例如，如果应用程序需要通过命令行界面启动运行或将应用程序添加到系统的cron服务中，以便在指定的时间间隔内自动运行应用程序，那么需要编写一个不需要执行环境提供太多信息的独立程序。如果应用程序是为Web服务器调用的，那么需要从执行环境中获取很多具体信息，如浏览器类型、访问者输入的参数，以及访问个人信息时输入的口令是否正确等。

不同的API适合用在不同类型的应用程序中。C语言适用于编写通用的独立程序，但不太适用于Web编程。Perl既适合用来编写独立程序，也适合用在Web站点环境里。而PHP是人们为了编写Web应用程序而设计的一种程序设计语言，具有处理文本和内存管理的功能，并且可以轻松地与MySQL和Web交互，因而最适合在Web环境里使用。综上所述，C和Perl是编写独立应用程序时的最佳候选语言。对于Web应用程序，还是用Perl或PHP最合适。如果需要同时编写这两种类型的应用程序，则Perl应该是最佳选择。

2. 性能

在实际工作中，程序的性能往往与使用频率有关。对于每个月只在后半夜作为cron任务运行一次的应用程序来说，性能的影响可能微乎其微。但对于在访问量极大的Web站点上每秒运行多次的程序，性能的好坏会带来巨大的影响。性能评估是一个复杂的问题，最好的方法是使用该API编写应用程序并测试它。对于以解释方式执行的脚本，将解释器作为Web服务器的一个模块来运行通常比作为另一个进程来运行更好。编译出来的程序比以解释方式执行的脚本执行得更快。在编写程序时，需要考虑如何优化它以减少内存占用并提高性能。

1）编译型语言与解释型语言

通常情况下，使用编译型语言编写的应用程序（简称编译型程序）比使用解释型语言编写的应用程序（简称解释型程序）更高效，使用的内存更少，执行速度更快。这是因为解释型语言需要使用解释器引擎来执行脚本，这会导致额外的开销。C 是一种编译型语言，而 Perl 和 PHP 是解释型语言，因此 C 程序通常比 Perl 或 PHP 脚本运行得更快。但是，编译型程序和解释型程序之间的性能差距并不总是很大，这取决于具体的应用程序和使用场景。如果一个脚本型应用程序大部分时间都在执行已经编译并链接到解释器引擎中的代码，那么编译型程序和解释型程序的性能差距就会减小。因此，在选择编写程序的语言时，需要考虑具体情况，综合考虑性能和开发效率等因素。

2）脚本语言解释器：独立版本与模块版本

Web 应用程序中的脚本语言解释器通常有两种使用方式：作为单独的 CGI 程序运行或作为 Apache 模块运行。使用 CGI 方式启动解释器会导致性能下降，而使用模块方式启动解释器可以显著提高性能。使用模块方式启动解释器时，Apache 进程可以同时处理多个请求，而每个进程启动开销只会发生一次。此外，使用模块方式启动解释器时，脚本不需要每次都启动解释器，因此可以节省大量的时间和资源。虽然 Perl 和 PHP 的支持者都声称自己的解释器更快，但实际上使用哪种解释器取决于具体的应用程序和使用情况。为了获得最佳性能和效率，建议在 Web 应用程序中使用 Perl 或 PHP 解释器时，尽可能将其作为 Apache 模块运行，而不是使用 CGI 方式调用解释器进程。只有当解释器的模块版本无法满足特定需求时，才考虑使用其独立版本。在这种情况下，可以使用 Apache 的 suEXEC 机制在指定用户 ID 下启动解释器来处理脚本。这样可以避免频繁启动解释器进程带来的性能损失，并提高 Web 应用程序的响应速度和效率。

3. 开发工作的难易程度

在选择应用程序开发语言时，需要考虑执行效率、开发时间和性能等因素。虽然编译语言通常比解释语言更快，但使用解释语言编写程序可以更快速地搭建原型，并且更容易编写和维护。此外，使用解释语言编写程序的开发周期比编译语言更短，因为不需要每次修改程序都重新编译。然而，在应用程序变得越来越大、越来越难以维护的时候，编译语言的严格约束和更好的类型检查会更有价值。最终的选择应该基于应用程序的具体需求和开发环境。

在选择 API 时，应该考虑应用程序需要完成的任务，以及每种 API 可以提供的帮助程度。例如，在内存管理方面，C 语言需要手动处理动态分配的数据结构，而 Perl 和 PHP 则可以自动处理内存管理问题。在文本处理方面，Perl 比 PHP 更擅长，而 C 语言则相对较弱。在使用 C 语言编写程序时，可以创建函数库来封装任务，但这会增加调试的负担，并且需要确保使用的算法足够好。相比之下，Perl 和 PHP 等解释型语言中的算法已经经过大量的检查和优化，因此在这些方面可能更加优秀。但是，使用解释型语言编写程序可能存在解释器本身就存在 Bug 的情况，而使用 C 语言编写程序可以更细致地控制程序的行为。因此，在选择 API 时，需要根据应用程序的具体需求和开发环境进行权衡。

4. 可移植性

可移植性是指将一个应用程序从一个数据库引擎迁移到另一个数据库引擎所需修改的工作量。在选择 API 时，需要考虑可移植性，因为未来可能需要将应用程序迁移到其他数据库引擎。DBI API 是与数据库无关的，因此具有最佳的可移植性。使用 PDO 数据库接口扩展模块编写的 PHP 脚本和使用底层数据库接口函数库编写的 PHP 脚本具有较好的可移植性，但仍然需要修改应用程序的逻辑和函数名。使用 C 客户端库 API 编写的应用程序在数据库之间的可移植性最差，因为它是专门为 MySQL 数据库设计的。如果需要在同一个应用程序中访问多个不同种类的数据库系统，则需要特别注意可移植性。

习题

一、选择题

1．下列关于 MySQL 的描述，不正确的是（　　）。

A．MySQL 是一款大型的数据库管理系统

B．MySQL 具有体积小、运行速度快、稳定性好、操作简单等特点

C．MySQL 支持在几乎所有的操作系统上运行

D．MySQL 提供了非常丰富的应用程序编程接口

2．下列 MySQL 提供的组件中，可供用户免费使用的是（　　）。

A．MySQL HeatWave　　B．MySQL Enterprise Edition

C．MySQL Community Server　　D．MySQL Classic Edition

3．下列关于安装 MySQL 时的注意事项，说法不正确的是（　　）。

A．在安装 MySQL 软件时，要求用户具有系统的管理员权限

B．可供选择的安装类型有 Server only、Client only、Custom 三种

C．在安装 MySQL 软件时，应避免将安装操作所涉及的文件夹命名为中文

D．当系统服务中的 MySQL80 服务状态为“正在运行”时，说明 MySQL 安装完成

4．下列（　　）方式不能打开服务管理器。

A．按“Ctrl + Alt + Delete”组合键→“任务管理器”

B．“此电脑”→“管理”→“计算机管理”→“服务和应用程序”→“服务”

C．“控制面板”→“系统和安全”→“Windows 工具”→“服务”

D．按“Win + S”组合键→输入“services.msc”→按“Enter”键

5．下列图形化工具中只能用英文界面操作的是（　　）。

A．phpMyAdmin　　B．MySQL Workbench

C．SQLyog　　　　D．Navicat

6．MySQL 支持的 API 中，(　　) 是最基本的编程接口。

A．Perl DBI API　　　　B．PHP API

C．C 客户端库 API　　　　D．ODBC API

二、简答题

1．简要叙述 MySQL 的优点。

2．安装完 MySQL 服务器后，为什么要配置 Path 环境变量？

3．启动和停止 MySQL 服务器的方法有哪些？

三、操作题

1．在 PC 上下载 MySQL 软件并安装，然后进行产品配置及 Path 环境变量配置。

2．在 PC 上完成启动服务器、停止服务器等操作。

3．在 PC 上使用命令行工具登录到 MySQL 数据库。

>> 模块 3

MySQL 编程基础

学习目标

（1）了解 SQL 语言的概念及其功能，掌握 SQL 语句的元素。
（2）掌握数据类型的分类，熟悉各个数据类型的作用及存储范围。
（3）掌握常量和变量的概念及分类，熟悉常量和变量各自的用途。
（4）掌握表达式和运算符的概念、分类及用途，了解运算符的优先级。
（5）掌握系统内置函数的概念及分类，熟悉系统内置函数的用途。

重点和难点

1. 重点

（1）SQL 语言的概念及其功能，SQL 语句的元素。
（2）数据类型的分类及作用。
（3）常量和变量的概念、分类及用途。
（4）表达式的概念，运算符的分类及优先级。
（5）系统内置函数的分类及用途。

2. 难点

SQL 语句的元素、数据类型的作用、变量的分类及用途、运算符的优先级、系统内置函数的分类及用途。

导言

编程是现代社会不可或缺的一项技能，它不仅可以帮助我们实现各种实用功能，还可以提高我们的逻辑思维能力和解决问题的能力。同时，学习编程也有助于我们更好地理解和应用现代科技，对于个人的职业发展和个人成长都具有重要意义。

在学习编程的过程中，必须掌握一些基础知识，如编程语言的语法、数据类型、控制结构、函数和模块等。这些基础知识是学习更高级编程的基础，也是进行代码调试和优化的基础。只有打好这些基础，才能够更好地应对实际编程工作中遇到的各种问题。

3.1 SQL 语言

在正式学习 MySQL 的各项操作之前，有必要先学习一些关于 MySQL 编程的基础知识，为后面的学习做好铺垫。首先介绍 SQL 语言方面的知识。

3.1.1 SQL 语言概述

当用户面对一个数据库管理系统时，通常需要一种方式能与其进行交互，以完成自己的工作，此时就需要用到结构化查询语言（structured query language, SQL）。

SQL 语言是一种面向集合的数据库查询语言，是 RDBMS 能够听懂的语言，它告诉 RDBMS 如何完成各种数据管理操作。因此，要想有效地与 RDBMS 交流，就必须熟练掌握 SQL 语言。当用户使用某个程序（如 MySQL Command Line Client）的时候，该程序本质上只是一种能够把要执行的 SQL 语句发送到服务器上去的工具而已。如果用户使用某种具备编程接口（如 Perl DBI 模块或 PHP PDO 扩展）的语言编写程序，它将能够通过发出 SQL 语句与服务器进行交流。

SQL 语言有如下几个特点。

（1）SQL 语言是类似于英语的自然语言，简洁易用。

（2）SQL 语言是一种非过程语言，即用户只要提出“干什么”即可，而不必关心具体的操作过程，也不必了解数据的存取路径，只要指明所需的数据即可。

（3）SQL 语言是一种面向集合的语言，每个命令的操作对象是一个或多个关系，结果也是一个关系。

（4）SQL 语言既是自含式语言，又是嵌入式语言；既可独立使用，也可嵌入宿主语言中。自含式语言可以独立使用交互命令，适用于终端用户、应用程序员和数据库管理员；嵌入式语言嵌入在高级语言中，供应用程序员开发应用程序使用。

3.1.2 SQL 语言的功能

SQL 语言具有数据定义（definition）、数据操纵（manipulation）、数据控制（control）和数据查询（query）4 种功能。

1. 数据定义

SQL 语言使用 DDL（data definition language，数据定义语言）来实现其数据定义功能。DDL 可以实现诸如创建数据库、删除数据库、创建数据表、修改数据表、删除数据表、创建索引、创建视图等功能。DDL 语句的关键字包括 CREATE、ALTER、DROP 等。

2. 数据操纵

SQL 语言使用 DML（data manipulation language，数据操纵语言）来实现其数据操纵功能。DML 可以实现诸如插入数据、更新数据、删除数据、选择数据、排序数据、连接数据等基本功能，还可以实现存储过程、触发器等高级功能。DML 语句的关键字包括 INSERT、UPDATE、DELETE、SELECT 等。

3. 数据控制

SQL 语言使用 DCL（data control language，数据控制语言）来实现其数据控制功能。DCL 可以实现诸如用户授权、数据备份与恢复、日志记录等功能，以确保数据的完整性、安全性和可靠性。DCL 语句的关键字包括 GRANT、REVOKE 等。

4. 数据查询

SQL 语言使用 DQL（data query language，数据查询语言）来实现其数据查询功能。DQL 可以实现诸如单表查询、连接查询、嵌套查询、集合查询等功能。DQL 语句的关键字包括 SELECT 等。

3.1.3 SQL 语句

1. SQL 语句的元素

在创建一条 SQL 语句时有多种选项可供选择。通常，SQL 语句都是由关键字、表、列和函数组成的。

- 关键字：每一条 SQL 语句都是以一个关键字（如 SELECT、INSERT 或者 UPDATE 等）作为开始，它告知命令处理器即将要执行的操作类型。剩下那些在表名之前的关键字则指明要使用哪些数据参与操作，以及这些数据将要进行的特定操作等。在编写程序代码时，关键字一般使用大写字母表示，但是 SQL 语言并不区分大小写。
- 表：SQL 语句当中包含的当前命令要操作的表的名称。
- 列：SQL 语句当中包含的当前命令要影响的列的名称。
- 函数：函数是一个小程序，是 SQL 语言的一部分。每一个函数只执行一个操作。例如，函数 AVG 用于计算数字值的平均值。

所有的 SQL 语句都要求有关键字和表。根据要执行的操作类型，列是可选的。合法的 SQL 语句不强求函数，但若要获得指定结果时可能就必须使用函数了。

2. 语句块

在 SQL 语言中，语句块通常由一组相关联的 SQL 语句组成，它们可以按照某种逻辑组合在一起执行。语句块可以由一对关键字 BEGIN...END 或 START TRANSACTION...COMMIT 包围起来，其语法格式如下：

```
BEGIN
    SQL 语句 | SQL 语句块
END
```

说明：

- BEGIN...END 包含了该语句块的所有处理操作，且允许语句块嵌套。

- 在 MySQL 中，单独使用 BEGIN...END 语句块没有任何意义，只有将其封装在存储过程、存储函数、触发器等存储程序中才有意义。

3. 注释

注释是在编程语言中用来解释代码的文本，以便其他的程序开发人员更好地理解代码的含义及用途，提高程序代码的可读性。注释内的文字并不会被程序执行。在 SQL 语言中，注释有单行注释和多行注释两种形式。

- 单行注释：使用两个减号加上一个空格（-- ）作为标记。注意：在 MySQL 中，还可以使用“#”进行单行注释。示例：

```
SHOW DATABASES;   -- 显示所有数据库，这是一个单行注释
```

或

```
SHOW DATABASES;  # 显示所有数据库，这是一个单行注释
```

- 多行注释：以“/*”开头，以“*/”结尾。示例：

```
/*
这是一个多行注释
可以跨越多行
*/
SELECT column1, column2
FROM table1;
```

3.2 数据类型

数据类型是数据的一种属性，用以决定数据的存储格式、有效范围及其约束。MySQL 支持的数据类型主要有数值类型、字符串类型、日期 / 时间类型、空间类型及 JSON 类型等。

3.2.1 字符串类型

MySQL 中的字符串类型用于保存文本字符串数据，还可以存储二进制字符串。MySQL 的字符串类型主要有 CHAR、VARCHAR、BINARY、VARBINARY、TEXT、BLOB、ENUM、SET 等。

1. CHAR 和 VARCHAR 类型

CHAR 和 VARCHAR 类型都用来保存字符串数据。不同的是，VARCHAR 可以存储可变长度的字符串。在 MySQL 中，定义 CHAR 类型的语法为 CHAR(M)，定义 VARCHAR 类型的语法为 VARCHAR (M)。其中，M 指的是字符串的最大长度。

下面以 CHAR(4) 和 VARCHAR(4) 为例来对比二者的区别，如表 3-1 所示。

表 3-1　CHAR(4) 和 VARCHAR(4) 的区别

插入值	CHAR(4) 的存储需求	VARCHAR(4) 的存储需求
''	4 字节	1 字节
'ab'	4 字节	3 字节
'abc'	4 字节	4 字节
'abcd'	4 字节	5 字节

从表 3-1 可以看出，对于 CHAR(4)，无论插入值的长度是多少，其所占用的存储空间都是 4 字节，而 VARCHAR(4) 占用的字节数为实际长度加 1。

2. BINARY 和 VARBINARY 类型

BINARY 和 VARBINARY 类型类似于 CHAR 和 VARCHAR，不同的是，它们所表示的是二进制数据。定义 BINARY 类型的语法为 BINARY(M)，定义 VARBINARY 类型的语法为 VARBINARY(M)。其中，M 指的是二进制数据的最大字节长度。

需要注意的是，BINARY 类型的长度是固定的，如果数据的长度不足最大长度，将在数据的后面用“\0”补齐，最终达到指定长度。例如，指定数据类型为 BINARY(3)，当插入字符 a 时，实际存储的数据为“a\0\0”，当插入字符 ab 时，实际存储的数据为“ab\0”。

3. TEXT 类型

TEXT 类型用于保存大文本数据，如文章内容、评论等比较长的文本。TEXT 类型又分为 TINYTEXT、TEXT、MEDIUMTEXT、LONGTEXT 几种，这几种类型的存储范围如表 3-2 所示。

表 3-2　TEXT 类型的存储范围

数据类型	存储范围
TINYTEXT	$0 \sim 2^{8}-1$ 字节
TEXT	$0 \sim 2^{16}-1$ 字节
MEDIUMTEXT	$0 \sim 2^{24}-1$ 字节
LONGTEXT	$0 \sim 2^{32}-1$ 字节

由表 3-2 可知，TEXT 类型所能保存的最大字符数量取决于字符串实际占用的字节数。

4. BLOB 类型

BLOB 类型用于保存数据量很大的二进制数据，如图片、PDF 文档等。BLOB 类型又分为 TINYBLOB、BLOB、MEDIUMBLOB、LONGBLOB 等几种，这几种类型的存储范围如表 3-3 所示。

表 3-3 BLOB 类型的存储范围

数据类型	存储范围
TINYBLOB	0~2^8–1 字节
BLOB	0~2^{16}–1 字节
MEDIUMBLOB	0~2^{24}–1 字节
LONGBLOB	0~2^{32}–1 字节

BLOB 类型与 TEXT 类型很相似，但 BLOB 类型数据是根据二进制编码进行比较和排序的，而 TEXT 类型数据是根据文本模式进行比较和排序的。

需要注意的是，BLOB 类型在查询时区分大小写。

5. ENUM 类型

ENUM 类型又称枚举类型，定义 ENUM 类型的语法为 ENUM('值 1', '值 2', '值 3', …, '值 n')，其中，('值 1', '值 2', '值 3', …, '值 n') 称为枚举列表。ENUM 类型的数据只能从枚举列表中取，并且只能取一个。

在 MySQL 中，枚举列表最多可以有 65 535 个值，每个值都有一个顺序编号，实际保存在记录中的是顺序编号，而不是列表中的值，因此不必担心过长的值占用空间。但在使用 SELECT、INSERT 等语句进行操作时，仍然使用的是列表中的值。

6. SET 类型

SET 类型用于保存字符串对象，定义 SET 类型的语法为 SET('值 1', '值 2', '值 3', … , '值 n')。

SET 类型的列表中最多可以有 64 个值，且列表中的每个值都有一个顺序编号，为了节省空间，实际保存在记录中的也是顺序编号，但在使用 SELECT、INSERT 等语句进行操作时，仍然要使用列表中的值。

SET 类型与 ENUM 类型的区别在于，SET 类型可以从列表中选择一个或多个值来保存，多个值之间用英文状态的逗号“,”分隔。

3.2.2 数值类型

在数据库中，经常需要存储一些数字，如商品的库存、销量、价格等，适合用数值类型来保存这些数据。数值类型包括整数类型、小数类型、位类型等。不同的数值类型提供不同的取值范围，可以存储的值范围越大，所需的存储空间也越大。

1. 整数类型

MySQL 中的整数类型用于保存整数。根据取值范围的不同，整数类型可分为 5 种：TINYINT、SMALLINT、MEDIUMINT、INT、BIGINT。不同整数类型所对应的字节大小和取值范围如表 3-4 所示。

表 3-4　MySQL 的整数类型

数据类型	字节数	无符号数的取值范围	有符号数的取值范围
TINYINT	1	0~255	−128~127
SMALLINT	2	0~65 535	−32 768~32 767
MEDIUMINT	3	0~16 777 215	−8 388 608~8 388 607
INT	4	0~4 294 967 295	−2 147 483 648~2 147 483 647
BIGINT	8	0~18 446 744 073 709 551 615	−9 233 372 036 854 775 808~ 9 233 372 036 854 775 807

需要注意的是，若使用无符号数据类型，需要在数据类型右边加上 UNSIGNED 关键字来修饰，例如，INT UNSIGNED 表示无符号 INT 类型。

在 MySQL 中，定义整数类型的列的语法格式如下：

```
column_name INT
```

其中，column_name 是列的名称，INT 是整数类型的关键字，表示该列存储的是整数值。

如果需要指定整数类型的长度，则可以在 INT 后面添加数字，表示该列存储的整数值的位数。例如，定义一个占用 4 个字节的整数类型的列，可以使用以下语法：

```
column_name INT(11)
```

其中，INT(11) 表示该列存储的整数值最大可以达到 11 位，超过 11 位时会被截断。在实际使用中，需要根据具体需求选择合适的整数类型长度，以确保数据的存储和处理效率。

2. 小数类型

MySQL 中的小数类型用于保存小数，分为浮点数类型和定点数类型（DECIMAL）。浮点数类型又分为单精度浮点数（FLOAT）类型和双精度浮点数（DOUBLE）类型。

浮点数和定点数都可以用 (M,D) 来表示。其中，M 是精度，表示该值总共显示 M 位，包括整数位和小数位，对于 FLOAT 和 DOUBLE 类型来说，M 的取值范围为 0 ～ 255，而对于 DECIMAL 来说，M 的取值范围为 0 ～ 65；D 是标度，表示小数的位数，取值范围为 0 ～ 30，同时必须不大于 M。

定点数类型实际是以字符串形式存放的，在对精度要求比较高的时候（如科学数据、货币等）使用定点数类型更好。当长度一定时，相对于定点数类型，浮点数类型能够表示更大的数据范围，但会引起精度问题。不同小数类型的取值范围如表 3-5 所示。

表 3-5　不同小数类型的取值范围

数据类型	字节数	取值范围	说明
FLOAT	8 或 4	+（−）3.402 823 466E+38	单精度浮点数
DOUBLE	8	+（−）1.797 693 134 862 315 7E+308 +（−）2.225 073 858 507 201 4E−308	双精度浮点数
DECIMAL	自定义长度	可变	定点小数

3. 位类型

MySQL 中的位类型（BIT）用于保存二进制数，语法为 BIT(M)，其中 M 表示位数，取值范围为 1~64。如果不写 (M)，则默认是 1 位。

3.2.3 日期 / 时间类型

MySQL 中的日期 / 时间类型用于保存日期和时间，分为 YEAR、DATE、DATETIME、TIME 和 TIMESTAMP 等类型。各类型的取值范围如表 3-6 所示。

表 3-6　日期 / 时间类型的取值范围

数据类型	日期格式	说明	取值范围	零值	字节数
YEAR	YYYY	年份	1901~2155	0000	1
DATE	YYYY-MM-DD	日期	1000-01-01~ 9999-12-31	0000-00-00	4
TIME	HH:MM:SS	时间	–838:59:59~ 838:59:59	00:00:00	3
DATETIME	YYYY-MM-DD HH:MM:SS	日期和时间	1000-01-01 00:00:00~ 9999-12-31 23:59:59	0000-00-00 00:00:00	8
TIMESTAMP	YYYY-MM-DD HH:MM:SS	时间标签	1970-01-01 00:00:01~ 2038-01-19 03:14:07	0000-00-00 00:00:00	4

需要注意的是，如果输入的数值不合规范，系统会自动将对应的零值插入数据表中。

3.2.4 空间类型

MySQL 空间类型扩展支持地理特征的生成、存储和分析。这里的地理特征表示世界上具有位置的任何东西，可以是一个实体（如一座山），可以是空间（如一座办公楼），也可以是一个可定义的位置（如一个十字路口）等。MySQL 的空间数据类型包括 GEOMETRY、POINT、LINESTRING、POLYGON 等单值类型，以及 MULTIPONT、MULTILINESTRING、MULTIPOLYGON、GEOMETRYCOLLECTION 这 4 种存放不同几何值的集合类型。各类型分别解释如下：

- GEOMETRY：表示所有空间集合类型的基类，其他类型如 POINT、LINESTRING、POLYGON 等都是 GEOMETRY 的子类。
- POINT：表示点，有一个坐标值。例如，POINT(121.213342 31.234532)，POINT(30 10)，坐标值支持 DECIMAL 类型，经度（longitude）在前，纬度（latitude）在后，用空格分隔。
- LINESTRING：表示线，由一系列点连接而成。如果线从头至尾没有交叉，就说这个线是简单的（SIMPLE）；如果起点和终点重叠，就说这个线是封闭的（CLOSED）。例如，LINESTRING(30 10,10 30,40 40)，点与点之间用逗号分隔，一个点中的经纬度用空格分隔，与 POINT 格式一致。

- POLYGON：表示多边形。可以是一个实心平面形，即没有内部边界；也可以有空洞，类似纽扣的形状。最简单的就是只有一个外边界的情况，如 POLYGON((0 0,10 0,10 10,0 10))。
- MULTIPONT、MULTILINESTRING、MULTIPOLYGON、GEOMETRYCOLLECTION 这 4 种类型都是集合类，由多个 POINT、LINESTRING 或 POLYGON 组合而成。

空间数据的数据格式包括两种标准的格式：文本格式（well-known text, WKT）和二进制格式（well-known binary, WKB）。MySQL 中需要使用特定的创建函数才能将 WKT 串转换为对应格式。以下是几个常用的创建空间类型对象的函数。

- ST_GeomFromText(WKT)：创建一个任何类型的几何对象。
- ST_PointFromText(WKT)：创建一个点对象。
- ST_LineStringFromText(WKT)：创建一个线对象。
- ST_PolygonFromTcxt(WKT)：创建一个多边形对象。

3.2.5 JSON 类型

随着信息化进程的加速，软件行业也必须不断更新以适应不断变化的市场需求。例如，在已上线的功能中，客户或项目经理可能需要增加一些新的合理需求，这需要通过添加新字段来解决，或者通过增加字段来降低实现的复杂性。但是，这些更改会影响到线上数据库表的结构，一旦进行修改就会导致表被锁住，从而导致所有写入操作被阻塞，直到表锁被释放。特别是对于数据量大的热点表，添加一个字段可能会导致锁表时间过长，从而使部分请求超时，这可能会对企业造成经济损失。为避免这个问题，可以预留一些字段，这些字段可以设置为具有良好扩展性的 JSON 类型。这样，当需要添加新的字段时，就可以直接在 JSON 类型的字段中添加新的键值对，而无须对数据库表结构进行修改。这样不仅可以避免锁表的问题，还可以提高系统的扩展性和灵活性。

JSON 类型是一种轻量级的数据交换格式，基于 ECMAScript（欧洲计算机协会制定的 JavaScript 规范）标准而设计。它采用完全独立于编程语言的文本格式来存储和表示数据，易于人阅读和编写，同时也易于机器解析和生成，可以有效地提升网络传输效率。

JSON 类型可以表示任何支持的数据类型，包括字符串、数字、对象、数组等。对象和数组是 JSON 类型中比较特殊且常用的两种类型。在 JSON 中，对象使用大括号“{ }”包裹起来，数据结构为键值对结构，键名可以使用整数和字符串来表示，值的类型可以是任意类型，数据结构为 {key1:value1,key2:value2, ... }。数组使用中括号“[ ]”包裹起来，数据结构为索引结构，值的类型也可以是任意类型，其数据结构为 [value1, value2, …, valueN]。

3.3 常量和变量

3.3.1 常量

常量指在程序运行过程中值始终不变的量，又称文字值或标量值。常量的使用格式取决于值的数据类型，可分为字符串常量、数值常量、日期 / 时间常量、布尔值常量和 NULL 值。其中，字符串常量又分为 ASCII 字符串常量和 Unicode 字符串常量；数值常量又可以分为整型常量（二进制常量、十进制常量、十六进制常量）和实数型常量（定点数、浮点数）。

常量的表示方法如表 3-7 所示。

表 3-7　常量的表示方法

常量类型	表示方法	示例
ASCII 字符串常量	使用单引号（''）或双引号（""）括起来的字符序列表示，推荐使用单引号	'Hello'、"Hello"、' 你好 '
Unicode 字符串常量	Unicode 字符串常量的表示方法与 ASCII 字符串常量相似，但是需要加上前缀“N”（“N”必须为大写字母），且后面只能用单引号括起字符串	N'Hello'、N' 你好 '
十进制整数常量	使用不带小数点的十进制数据表示	123、+123、–123
二进制常量	使用前缀 b 后跟二进制数字串表示	b'1' 对应“笑脸”，b'11' 对应“心”
十六进制常量	使用前缀 0x 后跟十六进制数字串表示	X'41' 表示大写字母 A，也可以表示为 x'41' 或 0x41
定点数常量	使用带小数部分的数表示	5.22、–123.08
浮点数常量	使用科学记数法表示，其中 E 或 e 后面跟随的整数代表指数，表示 10 的幂次	19E24（表示 19×10^{24}）、–81E2（表示 -81×10^{2}）
日期常量	使用符合日期标准的字符串表示	'2023-08-05'、'2023/08/05'
时间常量	使用符合时间标准的字符串表示	'11:32:25'、"11:32:25"
布尔值常量	布尔值只包含两个值：TRUE 和 FALSE。TRUE 的数值是 1，FALSE 的数值是 0	TRUE/ FALSE
NULL 值	NULL 值适用于各种数据类型，它通常用来表示“没有值”或“无数据”等意义，并且不同于数字类型的 0 或字符串类型的空字符串	NULL/null

3.3.2 变量

变量用于临时存放数据，变量中的数据会随着程序的运行而变化。在 MySQL 中，变量分为系统变量（以 @@ 开头）和用户定义变量。

1. 系统变量

系统变量由系统定义，属于服务器层面。系统变量分为全局变量和会话变量，全局变量影响服务器整体操作，而会话变量影响具体客户端连接的操作。

1）全局变量

当 MySQL 启动时，所有的全局变量都会被服务器自动初始化为默认值，其作用域为服务器的整个生命周期。全局变量会影响整个 MySQL 实例的全局设置，对全局变量的修改会影响到整个服务器。大部分全局变量都是作为 MySQL 的服务器调节参数存在。全局变量的显示方法如下：

```
SHOW GLOBAL variables;
```

2）会话变量

服务器为每个连接的客户端维护一系列会话变量。大多数会话系统变量的名字和全局系统变量的名字相同，当启动会话时，每个会话系统变量都和同名的全局系统变量的值相同。但会话系统变量只适用于当前的会话，其作用域仅限于当前连接，即每个连接中的会话变量是独立的。一个会话系统变量的值是可以改变的，但是这个新的值仅适用于正在运行的会话，不适用于所有其他会话。显示方法如下：

```
SHOW SESSION variables;
```

2. 用户定义变量

用户定义变量分为局部变量（不以 @ 开头）和用户变量（以 @ 开头）。

1）局部变量

局部变量一般用在 SQL 语句块中的存储过程或自定义函数里，作用范围在 BEGIN 到 END 语句块之间，其作用域仅限于该语句块，在该语句块执行完毕后，局部变量就消失了。定义形式如下：

```
DECLARE <局部变量名> <数据类型> [DEFAULT 默认值];
```

2）用户变量

用户变量作用于整个会话，即整个会话期间都是有效的。用户变量可以作用于当前整个连接，但是当前连接断开后，其所定义的用户变量都会消失。声明并初始化的格式如下：

格式 1：

```
SET @用户变量名 = 值 [, @用户变量名2 = 值2...];
```

格式 2：

```
SET @用户变量名 := 值 [, @用户变量名2 := 值2...];
```

格式 3：

```
SELECT @用户变量名 := 值 [, @用户变量名2 := 值2...];
```

3.4 表达式和运算符

3.4.1 表达式

在 SQL 语言中，表达式是由常量、变量、列名、运算符和函数等组成的数学式，用于描述数值之间的关系和计算，可以对其求值并获得结果。例如，可以将表达式用作查询检索数据中的一部分，也可以用作查找数据时的搜索条件。

表达式可以分为简单表达式和复杂表达式。简单表达式可以由单个常量、变量、列名等组成，而复杂表达式则是由运算符连接的一个或多个简单表达式。两个表达式可以由一个运算符组合起来，只要它们具有该运算符支持的数据类型，并且满足至少下列一个条件。

- 两个表达式有相同的数据类型。
- 优先级低的数据类型可以隐式转换为优先级高的数据类型。
- CAST 函数能够显式地将优先级低的数据类型转化成优先级高的数据类型，或者转换为一种可以隐式地转化成优先级高的数据类型的过渡数据类型。
- 如果没有支持的隐式或显式转换，则两个表达式将无法组合。

表达式结果可以从以下两种情形来看。

（1）简单表达式的结果。对于由单个常量、变量、列名等组成的简单表达式，其数据类型、排序规则、精度、小数位数和值就是它所引用的元素的数据类型、排序规则、精度、小数位数和值。

（2）复杂表达式的结果。用比较运算符或逻辑运算符组合两个表达式时，生成的值为布尔值常量，即 TRUE 或 FALSE；由多个符号和运算符组成的复杂表达式的计算结果为单值结果。

3.4.2 运算符

运算符即连接表达式中的各个操作数的符号，用以指明对操作数所进行的运算。运用运算符可以更加灵活地使用表中的数据。MySQL 支持的运算符主要分为算术运算符、比较运算符、逻辑运算符和位运算符。

1. 算术运算符

算术运算符用于各类数值运算，包括加、减、乘、除、求余（或称模运算）。算术运算符的符号和注解如表 3-8 所示。

表 3-8 算术运算符的符号和注解

符号	注解
+	加法运算
-	减法运算

（续表）

符号	注解
*	乘法运算
/	除法运算
%	求余运算
DIV	除法运算，返回商，同“/”
MOD	求余运算，返回余数，同“%”

需要注意的是，加（+）、减（–）和乘（*）可以同时运算多个操作数。除（/）和求余运算符（%）也可以同时计算多个操作数，但不建议使用。DIV 和 MOD 这两个运算符只有两个参数。在进行除法和求余运算时，除数是不允许为零的，若为零则计算结果会返回 NULL。运算符 DIV 的运算结果必须是整数。

2. 比较运算符

比较运算符的表达式通常用于条件判断，计算结果是逻辑真（1）或逻辑假（0），其中，逻辑真（1）表示条件成立，逻辑假（0）表示条件不成立。在 MySQL 中查询数据时常用比较运算符，以判断表中的哪些记录是符合条件的。比较运算符的符号和注解如表 3-9 所示。

表 3-9　比较运算符的符号和注解

符号	注解
=	等于
<=>	安全等于
<> 或 !=	不等于
<=	小于或等于
>=	大于或等于
>	大于
<	小于
IS NULL	判断一个值是否为空
IS NOT NULL	判断一个值是否为不空
BETWEEN x AND y	判断一个值是否在 [x,y] 之间
NOT BETWEEN x AND y	判断一个值是否不在 [x,y] 之间
IN	判断一个值是否是列表中的任意一个值
NOT IN	判断一个值是否不是列表中的任意一个值
LIKE	模糊匹配，LIKE 一般会搭配通配符“%”或“_”使用，其中“%”表示任意个字符，“_”表示一个字符
REGEXP 或 RLIKE	正则表达式匹配

知识魔方

正则表达式

正则表达式通常被用来检索或替换那些符合某个模式的文本内容，根据指定的正则模式匹配文本中符合要求的特殊字符。例如，从一个文本文件中提取电话号码，或者查找一篇文章中重复的单词，或者替换用户输入的某些敏感词语等，这些地方都可以使用正则表达式。正则表达式强大且灵活，可以应用于非常复杂的查询。MySQL 中使用 REGEXP 关键字指定正则表达式的字符串匹配模式。表 3-10 列出了正则表达式常用字符匹配列表。

表 3-10　正则表达式常用字符匹配列表

选项	说明	例子	匹配值示例
^	匹配文本的开始字符	'^a'，即匹配以字母 a 开头的字符串	atguigu, apple
$	匹配文本的结束字符	'u$'，即匹配以字母 u 结尾的字符串	atguigu, you
.	匹配任何单个字符	'y.u'，即匹配 y 和 u 之间有任意一个字符的字符串	you, ylu, ybu
*	匹配前面的字符出现 0 ～ n 次	'a*u'，即匹配 u 之前 a 出现 0 次或多次的字符串	you, atguigu, aou
+	匹配前面的字符出现 1 ～ n 次	'a+'，即匹配 a 出现 1 次或多次的字符串	atguigu, aau
文本	匹配包含指定文本的字符串	'rg'，即匹配包含 rg 的字符串	jrgl, ergn
[字符集合]	匹配字符集合中的任意一个字符	' [abc] '，即匹配包含 a 或 b 或 c 的字符串	atguigu, book, car
[^ 字符集合]	匹配不在字符集合中的任何字符	' [^a-z] '，即匹配包含 a~z 以外的任意字符的字符串	a#bc, d56k
字符串 {n,}	匹配前面的字符串至少 n 次	'a{2,} '，即匹配连续出现 2 次或更多次 a 的字符串	baad, aaaaaato
字符串 {n,m}	匹配前面的字符串至少 n 次，至多 m 次	'a {2,4}'，即匹配连续出现至少 2 次、至多 4 次 a 的字符串	baad, aaato
\d	匹配数字	'\\d'，即匹配包含 0 ～ 9 的任意数字的字符串	342, agg3lda

3. 逻辑运算符

逻辑运算符又称布尔运算符，用来判断表达式的真假。如果表达式是真，结果返回 1；如果表达式是假，结果返回 0。MySQL 中支持 4 种逻辑运算符：与、或、非、异或。

逻辑运算符的符号和注解如表 3-11 所示。

表 3-11　逻辑运算符的符号和注解

<table>
<tr><th>名称</th><th>符号</th><th>注解</th></tr>
<tr><td>与</td><td>AND 或 &&</td><td>&& 和 AND 是与运算的两种表示符号。如果与运算符两边的所有数据不为 0 且不为空值（NULL），结果返回 1；如果存在任何一个数据为 0，结果返回 0；如果存在一个数据为 NULL 且没有数据为 0 时，结果返回 NULL。与运算符支持多个数据同时进行运算</td></tr>
<tr><td>或</td><td>OR 或 ||</td><td>|| 或 OR 表示或运算。如果或运算符两边的所有数据中存在任何一个数据为非 0 的数字时，结果返回 1；如果数据中不包含非 0 的数字，但包含 NULL，结果返回 NULL；如果数据中包含 0，结果返回 0。或运算符也可以同时操作多个数据</td></tr>
<tr><td>非</td><td>NOT 或 !</td><td>! 或 NOT 表示非运算。通过非运算，将返回与操作数据相反的结果。如果操作数据是非 0 的数字，结果返回 0；如果操作数据是 0，结果返回 1；如果操作数据是 NULL，结果返回 NULL</td></tr>
<tr><td>异或</td><td>XOR</td><td>XOR 表示异或运算。只要异或运算符两侧任何一个操作数据为 NULL，结果返回 NULL；如果两侧操作数据都是非 0 值，或者都是 0，则结果返回 0；如果一侧操作数据为 0，另一侧操作数据为非 0 值，结果返回 1</td></tr>
</table>

4. 位运算符

位运算符是在二进制数上进行计算的运算符。位运算时会先将操作数变成二进制数再进行运算，然后将计算结果从二进制数转换回十进制数。MySQL 中支持 6 种位运算符，分别是按位与、按位或、按位取反、按位异或、按位左移和按位右移。位运算符的符号及注解如表 3-12 所示。

表 3-12　位运算符的符号和注解

<table>
<tr><th>名称</th><th>符号</th><th>注解</th></tr>
<tr><td>按位与</td><td>&</td><td>进行该运算时，数据库系统会先将十进制数转换为二进制数，然后在对应操作数的每个二进制位上进行与运算（1 和 1 相与得 1，1 和 0 相与得 0）。运算完成后再将二进制数转换回十进制数</td></tr>
<tr><td>按位或</td><td>|</td><td>将操作数转换为二进制数后，每位都进行或运算。1 和任何数进行或运算的结果都是 1，0 与 0 进行或运算的结果为 0</td></tr>
<tr><td>按位取反</td><td>~</td><td>将操作数转换为二进制数后，每位都进行取反运算。1 取反后变成 0，0 取反后变成 1</td></tr>
<tr><td>按位异或</td><td>^</td><td>将操作数转换为二进制数后，每位都进行异或运算。相同的数异或的结果是 0，不同的数异或的结果为 1</td></tr>
<tr><td>按位左移</td><td><<</td><td>m<<n 表示将 m 的二进制数向左移 n 位，右边补上 n 个 0。例如，二进制数 001 左移 1 位后将变成 010</td></tr>
<tr><td>按位右移</td><td>>></td><td>m>>n 表示将 m 的二进制数向右移 n 位，左边补上 n 个 0。例如，二进制数 011 右移 1 位后变成 001，最后一个 1 直接被移除</td></tr>
</table>

知识魔方

运算符的优先级

运算符优先级可以理解为运算符在一个表达式中参与运算的先后顺序，优先级越高，则越早参与运算；优先级越低，则越晚参与运算。在 MySQL 中，运算符的优先级如表 3-13 所示。在 MySQL 中，若一个表达式中的运算符优先级相同，一般按照从左到右的顺序进行运算；若表达式中有括号，则先对括号内的表达式进行求值；若表达式中有嵌套的括号，则首先对嵌套最深的表达式求值。

表 3-13　MySQL 中运算符的优先级

优先级	运算符（同一行中的运算符具有相同的优先级）
1	!
2	-（负号）、~
3	^
4	*、/、%、DIV、MOD
5	+、-（减号）
6	<<、>>
7	&
8	|
9	=（比较运算符）、<=>、<、<=、>、>=、!=、<>、IS、LIKE、IN、REGEXP
10	BETWEEN
11	NOT
12	&&、AND
13	XOR
14	||、OR
15	=（赋值运算符）、:=

3.5 系统内置函数

在 MySQL 中，函数相当于一段预定义的程序，这段程序可以根据既定的逻辑做相应的数据处理，调用这段程序就是为了获取一个计算结果。MySQL 提供了大量丰富的函数，在进行数据库管理以及数据的查询和操作时将会经常用到各种函数，调用函数往往能使用户的数据处理工作事半功倍。

如果调用的函数对 SQL 语句影响的每一行都进行处理，并针对这些行都各返回一个结果，即 SQL 语句影响多少行就返回多少个结果，这样的函数称为单行函数。如果调用的函数对 SQL 语句影响的所有行进行综合处理，最终返回一个结果，即无论 SQL 语句影响了多少行都只返回一个结果，这样的函数称为聚合函数或多行函数、组函数。

3.5.1 单行函数

单行函数根据其功能不同，可以分为数学函数、字符串函数、日期和时间函数、系统信息函数、流程控制函数、加密函数、数据类型转换函数、JSON 函数、窗口函数和格式化函数等。

1. 数学函数

数学函数主要用于处理数值数据。MySQL 内置的数学函数及其说明如表 3-14 所示。

表 3-14　MySQL 内置的数学函数及其说明

函数	说明
ABS(x)	返回 x 的绝对值
CEIL(x)、CEILING(x)	返回大于或等于 x 的最小整数
FLOOR(x)	返回小于或等于 x 的最大整数
RAND()	返回 (0,1) 之间的随机数
RAND(x)	返回 (0,1) 之间的随机数，如果 x 的值不变，则每次返回的随机数都是相同的
PI()	返回圆周率
TRUNCATE(x,y)	返回 x 保留到小数点后 y 位的值，直接截断，不进行四舍五入
ROUND(x)	将 x 四舍五入为整数
ROUND(x,y)	返回 x 保留到小数点后 y 位的值，但截断时要进行四舍五入
POW(x,y)、POWER(x,y)	返回 x 的 y 次方（x^y）
SQRT(x)	返回 x 的平方根
EXP(x)	返回 e 的 x 次方（e^x）
MOD(x,y)	返回 x 除以 y 的余数
LOG(x)	返回 x 的自然对数（以 e 为底的对数）
LOG10(x)	返回 x 的以 10 为底的对数（$\log_{10}x$）
RADIANS(x)	将角度转换为弧度
DEGREES(x)	将弧度转换为角度
SIN(x)	求 x 的正弦值
ASIN(x)	求 x 的反正弦值
COS(x)	求 x 的余弦值
ACOS(x)	求 x 的反余弦值
TAN(x)	求 x 的正切值

（续表）

函数	说明
ATAN(x)	求 x 的反正切值
COT(x)	求 x 的余切值

2. 字符串函数

字符串函数主要用于处理数据库中的字符串数据。MySQL 内置的字符串函数及其说明如表 3-15 所示。

表 3-15　MySQL 内置的字符串函数及其说明

函数	说明
ORD(s)、CHAR(n)	字符与 ASCII 码之间的相互转换
CHAR_LENGTH(s)	返回字符串 s 的字符数，一个多字节字符占一个字符
LENGTH(s)	返回字符串 s 的字节长度；在 UTF-8 编码中，一个汉字占 3 个字节
CONCAT(s1,s2,...)	将字符串 s1、s2 等多个字符串合并为一个字符串
CONCAT_WS(x,s1,s2,...)	同 CONCAT(s1,s2,...) 函数，但是要使用连接符 x 来连接每个字符串
INSERT(s1,n,len,s2)	使用字符串 s2 替换字符串 s1 中的第 n 个位置开始的长度为 len 的字符串，s1 中的第 1 个字符的位置为 1
UPPER(s)、UCASE(s)	将字符串 s 的所有字母都变成大写字母
LOWER(s)、LCASE(s)	将字符串 s 的所有字母都变成小写字母
LEFT(s,n)	返回字符串 s 的前 n 个字符
RIGHT(s,n)	返回字符串 s 的后 n 个字符
LPAD(s1,len,s2)	使用字符串 s2 填充字符串 s1 的开始处，使字符串的长度达到 len
SPAD(s1,len,s2)	使用字符串 s2 填充字符串 s1 的结尾处，使字符串的长度达到 len
LTRIM(s)	去除字符串 s 开始处的空格
RTRIM(s)	去除字符串 s 结尾处的空格
TRIM(s)	去除字符串 s 开始和结尾处的空格
TRIM(s1 FROM s)	去除字符串 s 开始和结尾处的字符串 s1
REPEAT(s,n)	将字符串 s 重复 n 次
SPACE(n)	返回 n 个空格
REPLACE(s,s1,s2)	用字符串 s2 替代字符串 s 中的字符串 s1
STRCMP(s1,s2)	比较字符串 s1 和 s2，如果 s1 大于 s2，返回 1；如果 s1 等于 s2，返回 0；如果 s1 小于 s2，返回 –1
SUBSTRING(s,n,len)、MID(s,n,len)	获取从字符串 s 中的第 n 个位置开始的长度为 len 的字符串

（续表）

函数	说明
LOCATE(s1,s)、POSITION(s1 IN s)、INSTR(s,s1)	返回字符串 s1 在 s 中的开始位置
REVERSE(s)	将字符串 s 的顺序颠倒过来
ELT(n,s1,s2,...)	返回字符串 s1、s2 等多个字符串中的第 n 个字符串
FILED(s,s1,s2,...)	返回字符串 s1、s2 等多个字符串中的第 1 个与字符串 s 匹配的字符串的位置
FIND_IN_SET(s1,s)	返回字符串 s 中与字符串 s1 匹配的字符串的位置，s 是一个包含了若干个用逗号隔开的字符串的列表

3. 日期和时间函数

日期和时间函数主要用于处理日期和时间，一般的日期函数除了可以使用 DATE 类型的参数，还可以使用 DATETIME 或者 TIMESTAMP 类型的参数，但会忽略这些值的时间部分。与之类似，TIME 类型值为参数的函数，可以接收 TIMESTAMP 类型的参数，但会忽略日期部分，许多日期和时间函数可以同时接收数字和字符串类型两种参数。MySQL 内置的日期和时间函数及其说明如表 3-16 所示。

表 3-16　MySQL 内置的日期和时间函数及其说明

函数	说明
CURDATE()、CURRENT_DATE()	返回当前日期
CURTIME()、CURRENT_TIME()	返回当前时间
NOW()、CURRENT_TIMESTAMP()、LOCALTIME()、SYSDATE()、LOCALTIMESTAMP()	返回当前日期和时间
UNIX_TIMESTAMP()	以 UNIX 时间戳的形式返回当前时间
UNIX_TIMESTAMP(d)	将普通格式的时间 d 以 UNIX 时间戳的形式返回
FROM_UNIXTIME(d)	把 UNIX 时间戳的时间 d 转换为普通格式的时间
UTC_DATE()	返回 UTC 日期
UTC_TIME()	返回 UTC 时间
MONTH(d)	返回日期 d 中的月份值（1 ～ 12）
MONTHNAME(d)	返回日期 d 中的月份名称（如 January、February 等）
DAYNAME(d)	返回日期 d 是星期几（如 Monday、Tuesday 等）
DAYOFWEEK(d)	返回日期 d 是星期几（星期日至星期六分别用 1 ～ 7 表示）
WEEKDAY(d)	返回日期 d 是星期几（星期一至星期日分别用 0 ～ 6 表示）
WEEK(d)	返回日期 d 是本年的第几个星期（1 ～ 53），星期日是一个星期的第 1 天
WEEKOFYEAR(d)	返回日期 d 是本年的第几个星期（1 ～ 53），星期一是一个星期的第 1 天

（续表）

函数	说明
DAYOFYEAR(d)	返回日期 d 是本年的第几天
DAYOFMONTH(d)	返回日期 d 是本月的第几天
YEAR(d)	返回日期 d 中的年份值
QUARTER(d)	返回日期 d 是本年的第几季度（1 ～ 4）
HOUR(t)	返回时间 t 中的小时值
MINUTE(t)	返回时间 t 中的分钟值
SECOND(t)	返回时间 t 中的秒钟值
EXTRACT(type FROM d)	从日期 d 中获取指定值，type 用于指定返回值的类型，如 YEAR、HOUR 等
TIME_TO_SEC(t)	将时间 t 转换为秒
SEC_TO_TIME(s)	将以秒为单位的时间 s 转换为时分秒的格式
TO_DAYS(n)	返回从 0000 年 1 月 1 日开始到日期 n 的天数
FROM_DAYS(n)	返回从 0000 年 1 月 1 日开始 n 天后的日期
DATEDIFF(d1,d2)	返回日期 d1 与 d2 之间间隔的天数，如果 d1 大于 d2，则为正数，反之为负数
ADDDATE(d,n)	返回由日期 d 加上 n 天后的日期
ADDDATE(d,INTERVAL expr type)、DATE_ADD(d,INTERVAL expr type)	返回由日期 d 加上一个时间段后的日期，expr 是时间段长度的表达式，该表达式与后面的日期间隔类型 type 对应
SUBDATE(d,n)	返回由日期 d 减去 n 天后的日期
SUBDATE(d,INTERVAL expr type)	返回由日期 d 减去一个时间段后的日期，expr 是时间段长度的表达式，该表达式与后面的日期间隔类型 type 对应
ADDTIME(t,n)	返回由时间 t 加上 n 秒后的时间
SUBTIME(t,n)	返回由时间 t 减去 n 秒后的时间
DATE_FORMAT(d,f)	按照表达式 f 的格式要求显示日期 d
TIME_FORMAT(d,f)	按照表达式 f 的格式要求显示时间 d

MySQL 的日期间隔类型如表 3-17 所示。

表 3-17　MySQL 的日期间隔类型

类型	含义	expr 表达式的形式
YEAR	年	YY
MONTH	月	MM
DAY	日	DD
HOUR	时	hh
MINUTE	分	mm
SECOND	秒	ss

（续表）

类型	含义	expr 表达式的形式
YEAR_MONTH	年和月	YY 和 MM 之间用任意符号隔开
DAY_HOUR	日和时	DD 和 hh 之间用任意符号隔开
DAY_MINUTE	日和分	DD 和 mm 之间用任意符号隔开
DAY_SECOND	日和秒	DD 和 ss 之间用任意符号隔开
HOUR_MINUTE	时和分	hh 和 mm 之间用任意符号隔开
HOUR_SECOND	时和秒	hh 和 ss 之间用任意符号隔开
MINUTE_SECOND	分和秒	mm 和 ss 之间用任意符号隔开

MySQL 的日期时间格式如表 3-18 所示。

表 3-18　MySQL 的日期时间格式

格式	含义	取值示例
%Y	以 4 位数字表示年份	2022、2023 等
%y	以 2 位数字表示年份	17、18 等
%m	以 2 位数字表示月份	01 ～ 12
%c	以数字表示月份	1 ～ 12
%M	月份的英文名	January、February……
%b	月份的英文缩写	Jan、Feb……
%U	以 2 位数字表示年中的第几个星期，其中星期日是一个星期的第 1 天	01 ～ 53
%u	以 2 位数字表示年中的第几个星期，其中星期一是一个星期的第 1 天	01 ～ 53
%j	以 3 位数字表示年中的第几天	001 ～ 366
%d	以 2 位数字表示月中的几号	01 ～ 31
%e	以数字表示月中的几号	1 ～ 31
%D	以英文后缀表示月中的几号	1st、2nd……
%w	以数字的形式表示星期几	0 ～ 6，分别表示星期日至星期六
%W	星期几的英文名	Monday ～ Sunday
%a	星期几的英文缩写	Mon ～ Sun
%T	24 小时制的时间形式	00:00:00 ～ 23:59:59
%r	12 小时制的时间形式	12:00:00AM ～ 11:59:59PM
%p	上午（AM）或下午（PM）	AM 或 PM
%k	以数字表示 24 小时	0 ～ 23
%l	以数字表示 12 小时	1 ～ 12

（续表）

格式	含义	取值示例
%H	以 2 位数字表示 24 小时	00 ～ 23
%h、%I	以 2 位数字表示 12 小时	01 ～ 12
%i	以 2 位数字表示分	00 ～ 59
%S、%s	以 2 位数字表示秒	00 ～ 59
%%	标识符 %	%

4. 系统信息函数

系统信息函数主要用于查询 MySQL 数据库的系统信息。MySQL 内置的系统信息函数及其说明如表 3-19 所示。

表 3-19　MySQL 内置的系统信息函数及其说明

函数	说明
VERSION()	获取数据库的版本号
CONNECTION_ID()	获取服务器的连接数
DATABASE()、SCHEMA()	获取当前数据库名
USER()、SYSTEM_USER()、SESSION_USER()、CURRENT_USER()、CURRENT_USER	获取当前用户名
CHARSET(str)	获取字符串 str 的字符集
COLLATION(str)	获取字符串 str 的字符排列方式
LAST_INSERT_ID()	获取最近生成的 AUTO_INCREMENT 值

5. 流程控制函数

流程控制函数也称条件判断函数，主要用于在 SQL 语句中进行条件判断，根据满足的不同条件，执行相应的流程。MySQL 内置的流程控制函数及其说明如表 3-20 所示。

表 3-20　MySQL 内置的流程控制函数及其说明

函数	说明
IF(expr,v1,v2)	如果表达式 expr 成立，则执行 v1，否则执行 v2
IFNULL(v1,v2)	如果 v1 不为空，则显示 v1 的值，否则显示 v2 的值
CASE WHEN expr1 THEN v1 [WHEN expr2 THEN v2 ...][ELSE vn] END	CASE 表示函数开始，END 表示函数结束。如果表达式 expr1 成立，则返回 v1 的值；如果表达式 expr2 成立，则返回 v2 的值，以此类推。最后遇到 ELSE 时，返回 vn 的值。它的功能与 PHP 中的 switch 语句类似
CASE expr WHEN e1 THEN v1 [WHEN e2 THEN v2 ...][ELSE vn] END	CASE 表示函数开始，END 表示函数结束。如果表达式 expr 取值为 e1，则返回 v1 的值；如果表达式 expr 取值为 e2，则返回 v2 的值，以此类推。最后遇到 ELSE，则返回 vn 的值

6. 加密函数

加密函数主要用于对数据进行加密处理，以保证某些重要数据不被别人获取。加密函数在保证数据库的安全性上发挥了重要的作用。MySQL 中提供的加密 / 解密函数非常多，主要分为三大类：

- 第一类是只支持正向加密不支持反向解密的函数。
- 第二类是支持加密和解密的函数，例如普通加密和解密算法的加密函数 COMPRESS() 和解密函数 UNCOMPRESS()、支持 AES 算法的加密函数 AES_ENCRYPT() 和解密函数 AES_DECRYPT()、支持签名的加密函数 ASYMMETRIC() 和解密函数 ASYMMETRIC_DECRYPT() 等。
- 第三类是创建公钥的 CREATE_ASYMMETRIC_PUB_KEY() 函数和创建私钥的 CREATE_ASYMMETRIC_PRIV_KEY() 函数、生成随机向量值的 RANDOM_BYTES() 函数等。

鉴于本书主要讲解 MySQL 基础知识，所以下面只介绍第一类加密函数，如表 3-21 所示。

表 3-21　MySQL 内置的加密函数及其说明

函数	说明
PASSWORD(str)	返回字符串 str 的加密字符串，是 41 位十六进制值的密码字符串（MySQL 8.0 已经不支持）
MD5(str)	返回字符串 str 的 MD5 算法加密字符串，是 32 位十六进制值的密码字符串
SHA(str)	返回字符串 str 的 SHA 算法加密字符串，是 40 位十六进制值的密码字符串
SHA2(str,hash_length)	返回字符串 str 的 SHA 算法加密字符串，密码字符串的长度是 hash_length/4。hash _length 可以是 224、256、384、512、0，其中 0 等同于 256

7. 数据类型转换函数

数据类型转换函数主要用于对指定的数据类型进行转换，以获取想要的结果。MySQL 内置的数据类型转换函数及其说明如表 3-22 所示。

表 3-22　MySQL 内置的数据类型转换函数及其说明

函数	说明
CONVERT(x,type)	以 type 类型返回 x
CONVERT(x USING 字符集)	以指定字符集返回 x 数据
CAST(x As type)	以 type 类型返回 x
UNHEX(x)	将 x 转换为十六进制数字，然后再转换为由数字表示的字符

8. JSON 函数

JSON 函数主要用于对 JSON 类型的数据进行操作。MySQL 内置的 JSON 函数及其说明如表 3-23 所示。

表 3-23　MySQL 内置的 JSON 函数及其说明

函数	说明
JSON_ARRAY()	创建 JSON 数组
JSON_OBJECT()	创建 JSON 对象
JSON_CONTAINS()	检验 JSON 文档中是否包含路径中的指定对象
JSON_CONTAINS_PATH()	检验 JSON 文档中是否包含路径中的任意数据
JSON_EXTRACT()	从 JSON 文档返回数据
JSON_KEYS()	从 JSON 文档中获取数组中的键
JSON_SEARCH()	获取 JSON 文档中值的路径
JSON_ARRAY_APPEND()	将数据追加到 JSON 文档的指定路径中
JSON_ARRAY_INSERT()	将数据插入 JSON 数组指定路径前
JSON_DEPTH()	获取 JSON 文档的最大深度
JSON_INSERT()	将数据插入 JSON 文档
JSON_LENGTH()	获取 JSON 文档中元素的数量
JSON_MERGE_PATCH()	合并 JSON 文档，替换重复键的值
JSON_MERGE_PRESERVE()	合并 JSON 文档，保留重复的键
JSON_PRETTY()	以友好的格式打印 JSON 文档
JSON_REMOVE()	从 JSON 文档中删除数据
JSON_REPLACE()	替换 JSON 文档中的值
JSON_SET()	向 JSON 文档中插入数据
JSON_TYPE()	获取 JSON 值的类型
JSON_VALID()	判断 JSON 值是否有效

9. 窗口函数

窗口函数主要用于对数据进行实时分析处理。窗口函数会对每条记录都进行分析，开始时有几条记录参与执行，执行完后记录仍为几条。MySQL 内置的窗口函数及其说明如表 3-24 所示。

表 3-24　MySQL 内置的窗口函数及其说明

函数分类	函数	说明
序号函数	ROW_NUMBER()	顺序排序，每行按照不同的分组逐行编号，如 1,2,3,4
	RANK()	并列排序，每行按照不同的分组进行编号，同一个分组中排序字段值出现重复值时，并列排序会跳过重复序号，如 1,1,3,4,4,6（原本序号 2 和 5 的位置被重复序号 1 和 4 占了）
	DENSE_RANK()	并列排序，每行按照不同的分组进行编号，同一个分组中排序字段值出现重复值时，并列排序不跳过重复序号，如 1,1,2,3,4,4,5（序号 1 和 4 虽然出现了重复，但并没有跳过序号 2 和 5）

（续表）

函数分类	函数	说明
分布函数	PERCENT_RANK()	排名百分比，每行按照公式 (rank-1)(rows-1) 进行计算。其中，rank 为 RANK() 函数产生的序号，rows 为当前窗口的记录总行数
	CUME_DIST()	累积分布值，表示每行按照当前分组内小于或等于当前 rank 值的行数 / 分组内总行数
前后函数	LAG(expr, n)	返回位于当前行的前 n 行的 expr 值
	LEAD(expr, n)	返回位于当前行的后 n 行的 expr 值
首尾函数	FIRST_VALUE(expr)	返回当前分组第一行的 expr 值
	LAST_VALUE(expr)	返回当前分组每一个 rank 最后一行的 expr 值
其他函数	NTH_VALUE(expr, n)	返回当前分组第 n 行的 expr 值
	NTILE(n)	用于将分区中的有序数据分为 n 个等级，记录等级数

10. 格式化函数

格式化函数主要用于对数字或日期时间进行格式化处理。MySQL 内置的格式化函数及其说明如表 3-25 所示。

表 3-25　MySQL 内置的格式化函数及其说明

函数	说明
FORMAT(x,n)	用于将数字进行格式化，将指定数字 x 保留小数点后指定位数 n，四舍五入并返回
DATE_FORMAT(date,format)	用于将日期时间数据按照指定格式进行格式化，根据 format 格式化 date 值

3.5.2 聚合函数

用户在使用数据库时，有时并不需要返回实际表中的数据，而只需要对数据进行统计分析。MySQL 提供了一些函数，用以对获取的数据进行分析和报告。这些函数的功能有：计算数据表中筛选记录行的总数、计算某个字段数据的总和、计算表中某个字段或表达式的最大值 / 最小值、计算表中某个字段或表达式的平均值等。调用这些函数会对 SQL 语句影响的所有行进行综合处理，最终只返回一个结果。MySQL 中内置的聚合函数及其说明如表 3-26 所示。

表 3-26　MySQL 中内置的聚合函数及其说明

函数	说明
COUNT(x)	返回某列 x 的行数
SUM(x)	返回某列 x 的总和
MAX(x)	返回某列 x 的最大值
MIN(x)	返回某列 x 的最小值
AVG(x)	返回某列 x 的平均值

习题

一、选择题

1．下列关于 SQL 语言的特点，叙述不正确的是（　　）。

A．SQL 语言是类似于英语的自然语言，简洁易用

B．SQL 语言是一种过程语言

C．SQL 语言是一种面向集合的语言，每个命令的操作对象是一个或多个关系

D．SQL 语言既是自含式语言，又是嵌入式语言

2．下列关于数据类型的叙述，不正确的是（　　）。

A．字符串类型用于保存文本字符串数据，还可以存储二进制字符串

B．数值类型包括整数类型、小数类型、位类型等

C．若用户输入的日期 / 时间类型的数值不合规范，系统不会输入任何字符

D．JSON 类型可以表示任何支持的数据类型，包括字符串、数字、对象、数组等

3．下列关于常量和变量的描述，不正确的是（　　）。

A．常量指在程序运行过程中值始终不变的量

B．变量用于临时存放数据，变量中的数据会随着程序的运行而变化

C．对全局变量的修改会影响到整个服务器

D．用户变量可以作用于当前整个连接，当前连接断开后，用户变量不会消失

4．下列运算符中优先级最高的是（　　）。

A．~　　B．MOD　　C．||　　D．%

5．下列系统内置函数中，属于聚合函数的是（　　）。

A．RAND()　　B．NOW()

C．COUNT()　　D．JSON_TYPE()

二、填空题

1．________是一种面向集合的数据库查询语言，是用来告诉 RDBMS 如何完成各种数据管理操作的手段。

2．SQL 语言具有________、________、________和________4 种功能。

3．SQL 语句的元素通常由________、________、________和________组成。

4．常量的使用格式取决于值的数据类型，可分为________、________、________、________和________。

5．在字符串类型中，________用于保存大文本数据，________用于保存数据量很大的二进制数据。

6．MySQL 中的________用于保存小数，分为________和________。

7．系统变量由系统定义，属于服务器层面。系统变量分为________和________。

8．在 SQL 语言中，________用于描述数值之间的关系和计算，可以对其求值并获得结果。

9．MySQL 支持的运算符主要分为________、________、________和________。

10．________主要用于处理数值数据，________主要用于处理数据库中的字符串数据，________主要用于处理日期和时间，________主要用于对数据进行加密处理。

三、简答题

1．SQL 语言的功能有哪些？分别可以实现什么操作？

2．简述数据类型的分类及其作用。

3．怎样区分常量和变量？它们是如何分类的？

4．列举一些 MySQL 提供的系统内置函数。

>> 模块 4

MySQL 数据库操作

学习目标

（1）了解 MySQL 中数据库的分类，理解数据库对象的概念。
（2）掌握数据库的创建、查看、选择、修改、删除、使用等操作方法。

重点和难点

1. 重点

（1）MySQL 中数据库的分类，数据库对象的概念。
（2）数据库的创建、查看、选择、修改、删除、使用等操作方法。

2. 难点

数据库的创建、查看、选择、修改、删除、使用等操作方法。

导言

MySQL 是一个实际应用非常广泛的数据库管理系统，学习它的基础操作需要进行实际操作和实验。通过实践操作，同学们可以更好地掌握数据库的基本概念和操作方法，并将其应用于实际中，从而增强实践经验和技能水平。同时，MySQL 的基础操作需要不断地实践和探索，这需要同学们具备自主学习和自我反思的能力，发现自己的不足之处，并通过不断的学习和实践来提高自己的能力。

4.1 MySQL 数据库和数据库对象

当连上 MySQL 服务器之后，用户即可操作数据库中存储到数据库对象里的数据。

4.1.1 MySQL 数据库

数据库是存储数据库对象的容器，在 MySQL 中，数据库可以分为系统数据库和用户数据库两大类。

1. 系统数据库

系统数据库是指安装完MySQL服务器后自动附带的一些数据库，如图4-1所示。系统数据库会记录一些必需的信息，用户不能直接修改这些系统数据库。各系统数据库的作用介绍如下：

- information_schema：提供了访问数据库元数据的各种视图，包括数据库的名称、数据库中的表、访问权限、数据库表字段的数据类型，以及数据库索引的信息等。
- mysql：MySQL服务器的核心数据库，其中存储了MySQL服务器的系统数据和配置信息。
- performance_schema：用于监控MySQL服务器的性能和状态，包括查询、I/O、连接、锁定等方面的性能指标。

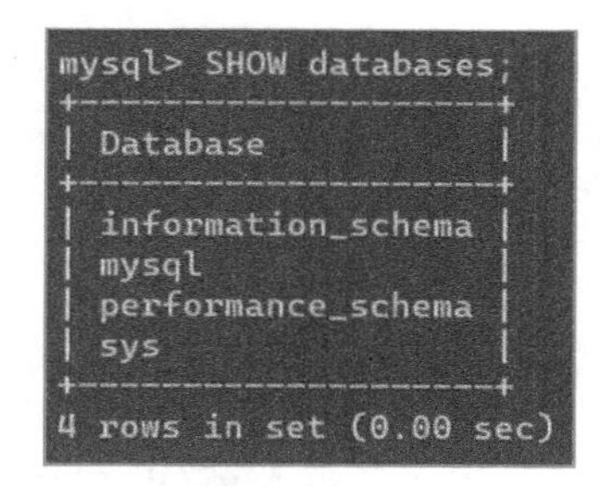

```
mysql> SHOW databases;
+--------------------+
| Database           |
+--------------------+
| information_schema |
| mysql              |
| performance_schema |
| sys                |
+--------------------+
4 rows in set (0.00 sec)
```

图4-1　查看系统数据库

- sys：存储了MySQL服务器的系统数据和状态信息，包含一系列方便DBA和开发人员利用performance_schema性能数据库进行性能调优和诊断的视图。

2. 用户数据库

用户数据库是由一个或多个用户根据实际需求创建的数据库，其中包含了用户自己的数据和对象。每个数据库都有一个唯一的名称，并且可以包含多个表、视图、存储过程、触发器和其他数据库对象等。

MySQL中的用户数据库通常用于存储应用程序的数据，如Web应用程序的用户数据、电子商务网站的订单数据、社交网络的用户信息等。通过将数据存储在用户数据库中，可以使不同的应用程序之间共享数据，并且可以很容易地进行备份和恢复操作。

4.1.2　MySQL数据库对象和数据库文件

1. 数据库对象

所谓数据库对象，是指存储、管理和使用数据的不同结构形式，主要包括表、视图、索引、存储过程、触发器、约束和事件等。这些数据库对象是数据库设计和管理的基础，可以通过SQL语言进行创建、修改和删除。在使用数据库时，需要合理地设计和使用这些对象，以提高数据的存储效率、查询效率和管理效率。

2. 数据库文件

在数据库服务器中可以存储多个数据库文件。每个数据库都有唯一的数据库文件名，用以区别其他的数据库。

MySQL数据库的各种数据均以文件的形式保存在系统中，而每个数据库文件也都保存在以数据库名命名的文件夹中。MySQL配置文件（my.ini）中的datadir参数用于指定数据库文件的存储位置。如果要更改该存储位置，可在配置文件中修改该参数，然后将原存储位置上的系统数据库移动到新的存储位置，最后重启 MySQL 数据库服务器即可。

4.1.3 MySQL 的字符集和排序规则

字符集（character set）是指字符以及字符的编码，排序规则（collation）是指比较字符的规则。MySQL 中可以使用多种字符集存储字符串，也允许使用多种排序规则来比较字符串。系统可用的字符集和默认排序规则可以使用 SHOW CHARACTER SET、SHOW COLLATION 命令查看，如图 4-2 所示。

```
mysql> SHOW CHARACTER SET;
+----------+---------------------------------+---------------------+--------+
| Charset  | Description                     | Default collation   | Maxlen |
+----------+---------------------------------+---------------------+--------+
| armscii8 | ARMSCII-8 Armenian              | armscii8_general_ci |      1 |
| ascii    | US ASCII                        | ascii_general_ci    |      1 |
| big5     | Big5 Traditional Chinese        | big5_chinese_ci     |      2 |
| binary   | Binary pseudo charset           | binary              |      1 |
| cp1250   | Windows Central European        | cp1250_general_ci   |      1 |
| cp1251   | Windows Cyrillic                | cp1251_general_ci   |      1 |
| cp1256   | Windows Arabic                  | cp1256_general_ci   |      1 |
| cp1257   | Windows Baltic                  | cp1257_general_ci   |      1 |
| cp850    | DOS West European               | cp850_general_ci    |      1 |
| cp852    | DOS Central European            | cp852_general_ci    |      1 |
| cp866    | DOS Russian                     | cp866_general_ci    |      1 |
| cp932    | SJIS for Windows Japanese       | cp932_japanese_ci   |      2 |
| dec8     | DEC West European               | dec8_swedish_ci     |      1 |
| eucjpms  | UJIS for Windows Japanese       | eucjpms_japanese_ci |      3 |
| euckr    | EUC-KR Korean                   | euckr_korean_ci     |      2 |
| gb18030  | China National Standard GB18030 | gb18030_chinese_ci  |      4 |
| gb2312   | GB2312 Simplified Chinese       | gb2312_chinese_ci   |      2 |
| gbk      | GBK Simplified Chinese          | gbk_chinese_ci      |      2 |
| geostd8  | GEOSTD8 Georgian                | geostd8_general_ci  |      1 |
| greek    | ISO 8859-7 Greek                | greek_general_ci    |      1 |
| hebrew   | ISO 8859-8 Hebrew               | hebrew_general_ci   |      1 |
| hp8      | HP West European                | hp8_english_ci      |      1 |
| keybcs2  | DOS Kamenicky Czech-Slovak      | keybcs2_general_ci  |      1 |
| koi8r    | KOI8-R Relcom Russian           | koi8r_general_ci    |      1 |
| koi8u    | KOI8-U Ukrainian                | koi8u_general_ci    |      1 |
| latin1   | cp1252 West European            | latin1_swedish_ci   |      1 |
| latin2   | ISO 8859-2 Central European     | latin2_general_ci   |      1 |
| latin5   | ISO 8859-9 Turkish              | latin5_turkish_ci   |      1 |
| latin7   | ISO 8859-13 Baltic              | latin7_general_ci   |      1 |
| macce    | Mac Central European            | macce_general_ci    |      1 |
| macroman | Mac West European               | macroman_general_ci |      1 |
| sjis     | Shift-JIS Japanese              | sjis_japanese_ci    |      2 |
| swe7     | 7bit Swedish                    | swe7_swedish_ci     |      1 |
| tis620   | TIS620 Thai                     | tis620_thai_ci      |      1 |
| ucs2     | UCS-2 Unicode                   | ucs2_general_ci     |      2 |
| ujis     | EUC-JP Japanese                 | ujis_japanese_ci    |      3 |
| utf16    | UTF-16 Unicode                  | utf16_general_ci    |      4 |
| utf16le  | UTF-16LE Unicode                | utf16le_general_ci  |      4 |
| utf32    | UTF-32 Unicode                  | utf32_general_ci    |      4 |
| utf8mb3  | UTF-8 Unicode                   | utf8mb3_general_ci  |      3 |
| utf8mb4  | UTF-8 Unicode                   | utf8mb4_0900_ai_ci  |      4 |
+----------+---------------------------------+---------------------+--------+
41 rows in set (0.00 sec)
```

图 4-2　查看 MySQL 的字符集和默认排序规则

常见的字符集有 utf8mb4（默认字符集）、utf8mb3、gbk、gb2312、big5。其中，utf8mb4 支持最长 4 字节的 UTF-8 字符；utf8mb3 支持最长 3 字节的 UTF-8 字符；utf8mb4 兼容 utf8mb3，且比 utf8mb3 能表示更多的字符。

4.2 通过命令行工具创建和管理数据库

数据库的操作包括创建数据库、查看数据库、选择数据库、修改数据库、删除数据库以及使用数据库。本节将详细介绍如何创建和管理数据库。

创建数据库，实际上就是在数据库服务器中划分一块空间，用来存储相应的数据库对象。数据库本身及数据库中的数据表等数据库对象的创建、删除和修改，需要通过数据定义语言（data definition language, DDL）来完成，使用的关键字分别为 CREATE、DROP 和 ALTER。

4.2.1 使用 MySQL Command Line Client 创建数据库

1. 创建数据库的语法格式

在 MySQL 中创建数据库的基本 SQL 语法格式如下：

```
# 创建新的数据库
CREATE {DATABASE|SCHEMA} [if not exists] <数据库名>;
[default] character set [=] <字符集名> |
[default] collate [=] <排序规则名>
;
```

说明：

- CREATE DATABASE|SCHEMA：创建数据库的命令。在 MySQL 中，SCHEMA 也指数据库。
- [if not exists]：可选项，表示在创建数据库前进行判断，只有该数据库目前尚未存在时才执行创建语句。
- <数据库名>：必选项，在文件系统中，MySQL 的数据存储区将以目录方式表示 MySQL 数据库。
- [default]：可选项，表示指定默认值。
- character set[=]<字符集名>：可选项，用于指定数据库的字符集，最常用的为 UTF-8 和 GBK；如果不指定字符集，默认为 MySQL 安装目录中 my.ini 文件中指定的 default-character-set 变量的值。
- collate[=]<排序规则名>：可选项，用于指定字符集的校验规则。

2. 数据库命名规则

在创建数据库时，数据库命名有以下几项规则。

（1）新创建的数据库不能与已有的数据库重名，否则将发生错误。

（2）名称可以由任意字母、阿拉伯数字、下画线（_）和“$”组成，可以使用上述的任意字符开头，但不能使用单独的数字，否则会造成它与数值相混淆。

（3）名称最长可为 64 个字符，而别名最多可长达 256 个字符。

（4）不能使用 MySQL 关键字作为数据库名、表名。

需要注意的是，在默认情况下，Windows 系统中对数据库名、表名是不区分大小写的，而在 Linux 系统中则是区分数据库名、表名的大小写的。为了便于数据库在平台间进行移植，可以在定义数据库名和表名时采用小写字母。

3. 创建数据库实例演示

扫码获取
- 配套资源
- 系统教程
- 专项实战
- 学习笔记

1）创建基本数据库

【例 4-1】 创建 student 数据库。

语句如下：

```
CREATE DATABASE student;
```

执行结果如图 4-3 所示。

```
mysql> CREATE DATABASE student;
Query OK, 1 row affected (0.01 sec)
```

图 4-3　创建 student 数据库

执行完 SQL 语句后，下面有一行提示“ Query OK, 1 row affected (0.01 sec)”，这段提示可以分为 3 个部分，含义如下：

“Query OK”：表示 SQL 语句执行成功。

“1 row affected”：表示操作只影响了数据库中的一行记录。

“0.01 sec”：表示操作执行的时间。

2）创建指定字符集的数据库

【例 4-2】 创建 db_test 数据库，并指定其字符集为 GBK。

语句如下：

```
CREATE DATABASE db_test
character set=GBK;
```

执行结果如图 4-4 所示。

```
mysql> CREATE DATABASE db_test
    -> character set=GBK;
Query OK, 1 row affected (0.01 sec)
```

图 4-4　创建 db_test 数据库

3）创建数据库前判断是否存在同名数据库

【例 4-3】 创建 db_test1 数据库，并在创建前判断该数据库名称是否存在，只有不存在时才会进行创建。

语句如下：

```
CREATE DATABASE if not exists db_test1;
```

执行结果如图 4-5 所示。

```
mysql> CREATE DATABASE if not exists db_test1;
Query OK, 1 row affected (0.01 sec)
```

图 4-5　创建 db_test1 数据库

成功创建数据库后，可以使用 SHOW 命令查看 MySQL 服务器中的所有数据库信息。

4.2.2 使用 MySQL Command Line Client 管理数据库

1. 查看数据库

1）查看所有的数据库

语法如下：

```
# 查看所有的数据库
SHOW {DATABASES|SCHEMAS}
[LIKE '模式' WHERE <条件表达式>];
```

说明：

- {DATABASES|SCHEMAS}：表示 DATABASES 或 SCHEMAS 必须有一个是必选项，用于列出当前用户权限范围内所能查看到的所有数据库名称。任选其一即可。
- LIKE '模式'：可选项，用于指定匹配模式。
- WHERE <条件表达式>：可选项，用于指定数据库名称查询范围的条件。

【例 4-4】查看 MySQL 服务器中所有的数据库名称。

语句如下：

```
SHOW SCHEMAS;
```

执行结果如图 4-6 所示。

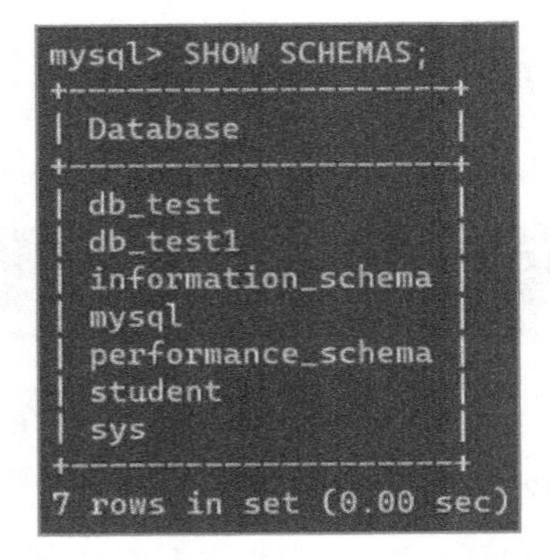

```
mysql> SHOW SCHEMAS;
+--------------------+
| Database           |
+--------------------+
| db_test            |
| db_test1           |
| information_schema |
| mysql              |
| performance_schema |
| student            |
| sys                |
+--------------------+
7 rows in set (0.00 sec)
```

图 4-6　查看 MySQL 服务器中所有的数据库名称

【例 4-5】筛选以“db_”开头的数据库名称。

语句如下：

```
SHOW DATABASES LIKE 'db_%';
```

执行结果如图 4-7 所示。

```
mysql> SHOW DATABASES LIKE 'db_%';
+-----------------+
| Database (db_%) |
+-----------------+
| db_test         |
| db_test1        |
+-----------------+
2 rows in set (0.00 sec)
```

图 4-7 筛选以“db_”开头的数据库名称

2）查看指定数据库的创建信息

语法如下：

```
# 查看指定数据库的创建信息
SHOW CREATE DATABASE < 数据库名 >;
```

【例 4-6】查看数据库 db_test 的创建信息。

语句如下：

```
SHOW CREATE DATABASE db_test;
```

执行结果如图 4-8 所示。

```
mysql> SHOW CREATE DATABASE db_test;
+----------+-----------------------------------------------------------------------------------------------------------+
| Database | Create Database                                                                                           |
+----------+-----------------------------------------------------------------------------------------------------------+
| db_test  | CREATE DATABASE `db_test` /*!40100 DEFAULT CHARACTER SET gbk */ /*!80016 DEFAULT ENCRYPTION='N' */ |
+----------+-----------------------------------------------------------------------------------------------------------+
1 row in set (0.00 sec)
```

图 4-8 查看数据库 db_test 的创建信息

2. 选择数据库

由于 MySQL 服务器中的数据需要存储到数据表中，而数据表需要存储到对应的数据库下，并且 MySQL 服务器中又可以同时存在多个数据库，因此在对数据和数据表进行操作前，首先需要选择数据库，使其成为当前数据库。语法格式如下：

```
# 选择数据库
USE < 数据库名 >;
```

说明：使用 USE 语句将某数据库指定为当前数据库后，若用户关闭当前工作会话（即断开与该数据库的连接），或再次使用 USE 语句指定其他数据库为当前数据库，则该数据库会结束工作状态。

【例 4-7】选择 student 数据库进行操作。

语句如下：

```
USE student;
```

执行结果如图 4-9 所示。

```
mysql> USE student;
Database changed
```

图 4-9　选择 student 数据库为当前数据库

执行完 SQL 语句后，下面有一行提示 “ Database changed”，这段提示信息表明数据库 student 已经打开并变成当前数据库，用户可以在 student 数据库中进行相关操作了。

3. 修改数据库

数据库创建完成后，如果用户需要，可以对数据库的参数进行修改。语法格式如下：

```
# 修改数据库
ALTER {DATABASE|SCHEMA} [ 数据库名 ]
[DEFAULT] CHARACTER SET [=] < 字符集名 >
[DEFAULT] COLLATE [=] < 排序规则名 >
;
```

说明：ALTER 是修改数据库命令的关键字。

需要注意的是，使用修改数据库命令时，用户必须具有对数据库进行修改的权限。而且，在使用修改数据库命令时，不能修改数据库名。

【例 4-8】修改 db_test 数据库，设置默认字符集为 UTF-8。

语句如下：

```
ALTER DATABASE db_test
DEFAULT CHARACTER SET = UTF8;
```

执行结果如图 4-10 所示。

```
mysql> ALTER DATABASE db_test
    -> DEFAULT CHARACTER SET = UTF8;
Query OK, 1 row affected, 1 warning (0.01 sec)
```

图 4-10　修改 db_test 数据库的默认字符集为 UTF-8

4. 删除数据库

在 MySQL 中可以通过 DROP 语句删除已经存在的数据库。在使用该命令删除数据库的同时，该数据库中的表以及表中的数据也将被永久删除。语法格式如下：

```
# 删除数据库
DROP {DATABASE|SCHEMA} [IF EXISTS] < 数据库名 >;
```

说明：IF EXISTS 用于在删除数据库前判断该数据库是否已经存在，只有已经存在的数据库才能执行删除操作。

在执行删除数据库操作时，应注意以下几点。

- 在使用数据库删除命令时，用户必须具有对数据库进行删除的权限。
- 在删除数据库时，对于该数据库的用户权限是不会被自动删除的。
- 一旦执行删除数据库操作，该数据库的所有结构和数据都会被删除，没有恢复的可能，除非数据库有备份，因此数据库的删除命令应该谨慎使用。

- 禁止删除系统数据库，否则 MySQL 将不能正常工作。

【例 4-9】删除 db_test1 数据库。

语句如下：

```
DROP DATABASE db_test1;
```

执行结果如图 4-11 所示。

```
mysql> DROP DATABASE db_test1;
Query OK, 0 rows affected (0.01 sec)
```

图 4-11　删除 db_test1 数据库

4.3 通过图形化界面方式创建和管理数据库

除了使用命令行工具创建和管理数据库，用户还可以通过图形化界面方式来创建和管理数据库。本书以 MySQL Workbench 为例进行演示。

4.3.1 使用 MySQL Workbench 创建数据库

可以使用图形化工具 MySQL Workbench 创建数据库，步骤如下：

步骤 1：从“开始”→“所有程序”中找到 MySQL 文件夹（见图 4-12），选择 MySQL Workbench 8.0 CE 选项，进入 MySQL Workbench 主界面，如图 4-13 所示。单击图中的“ Local instance MySQL80”选项进行连接，即可进入 MySQL Workbench 数据库操作的主界面，如图 4-14 所示。

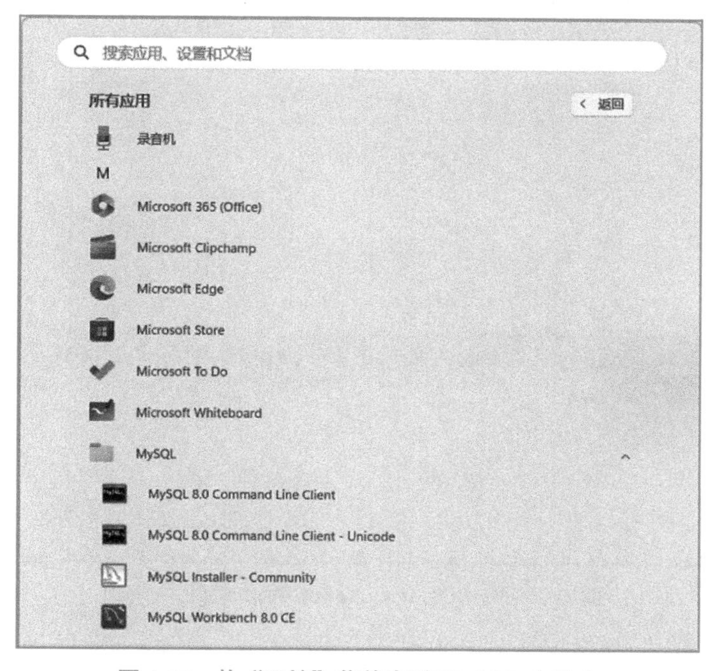

图 4-12　从“开始”菜单找到 MySQL 文件夹

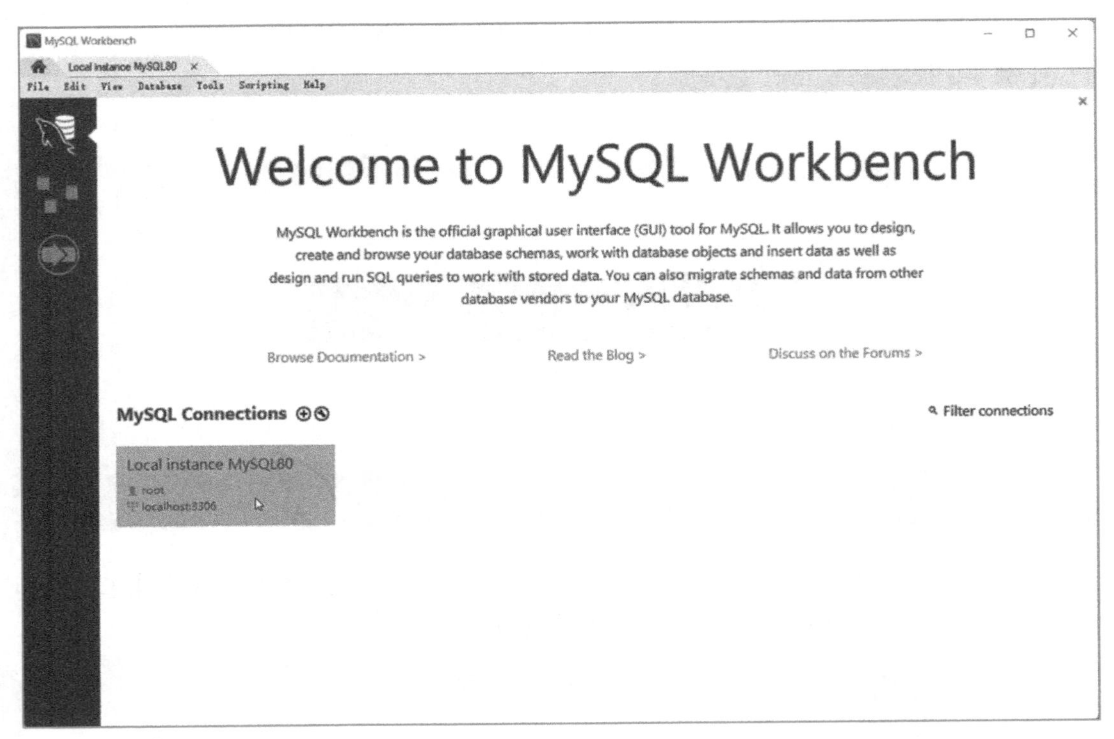

图 4-13　MySQL Workbench 主界面

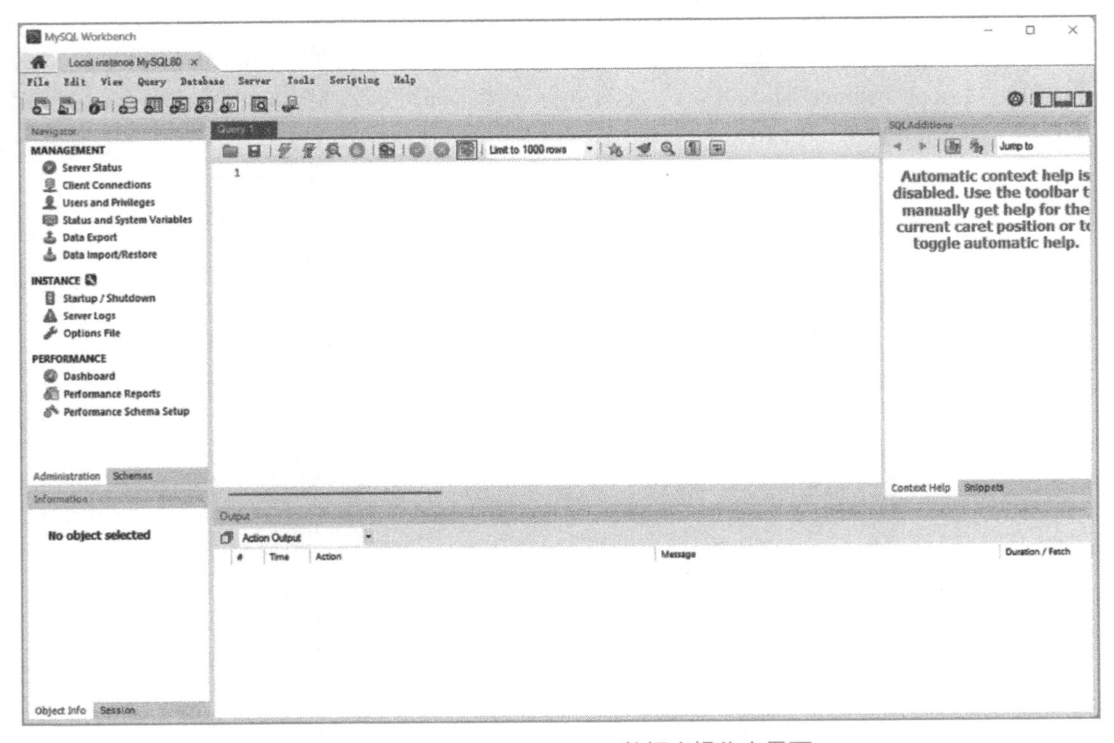

图 4-14　MySQL Workbench 数据库操作主界面

步骤 2：在数据库操作主界面中单击图标，在 MySQL 服务器中创建新的数据库，如图 4-15 所示。

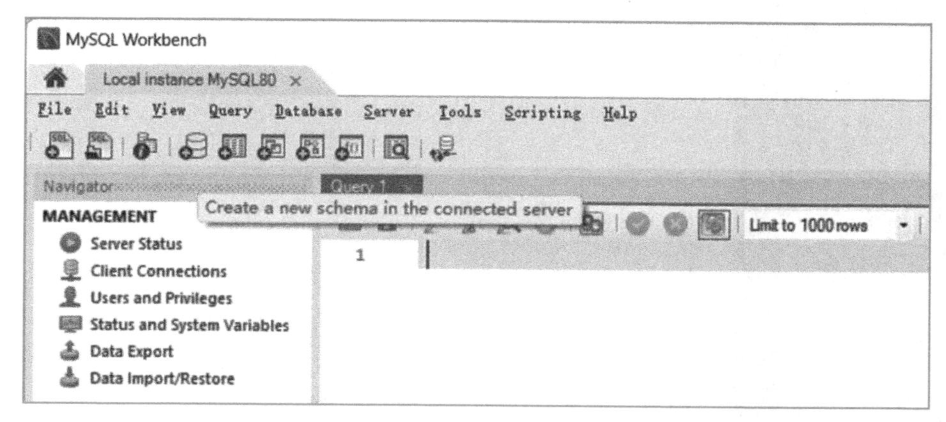

图 4-15　在 MySQL 服务器中创建新的数据库

步骤 3：进入图 4-16 所示的设置数据库参数界面，输入数据库名称“my_db”，选择字符集和排序规则，然后单击“Apply”按钮。

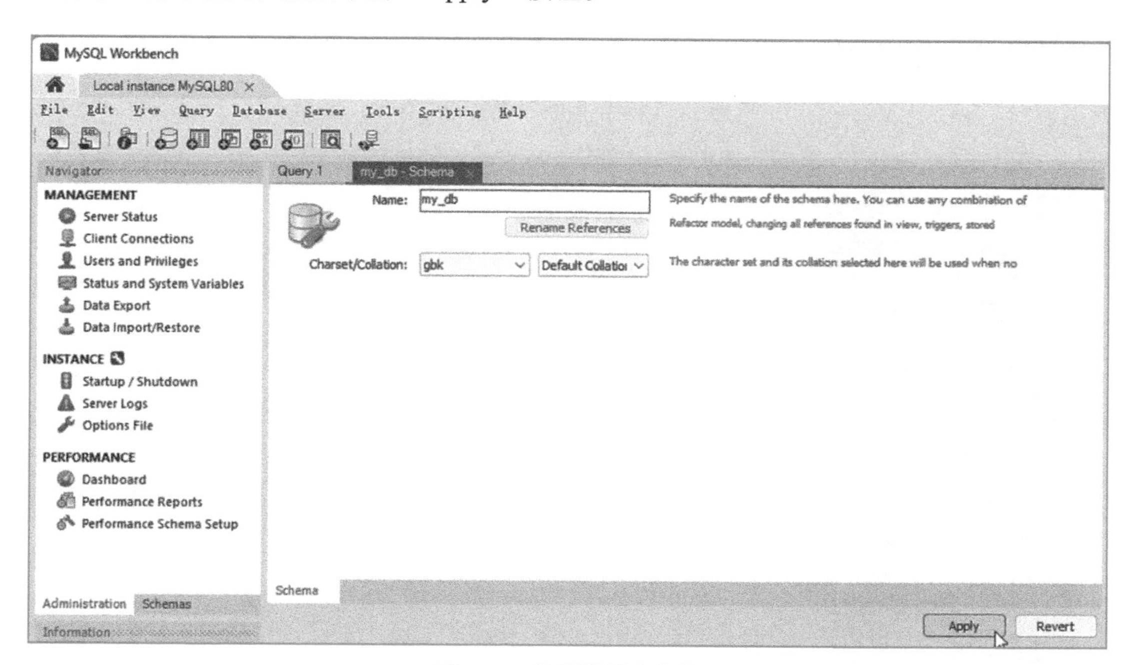

图 4-16　设置数据库参数

步骤 4：进入图 4-17 所示的“Review the SQL Script to be Applied on the Database”界面，保持默认设置，直接单击“Apply”按钮。

步骤 5：进入图 4-18 所示的“Applying SQL script to the database”界面，单击“Finish”按钮，即可完成数据库的创建。

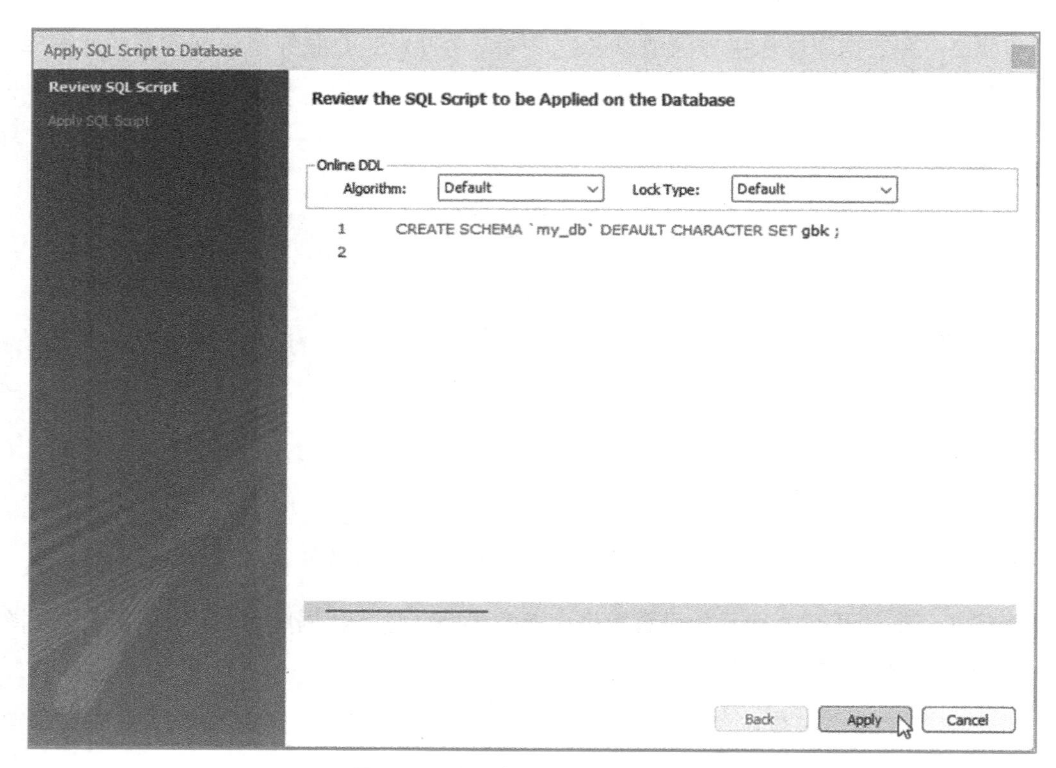

图 4-17　创建数据库脚本显示界面

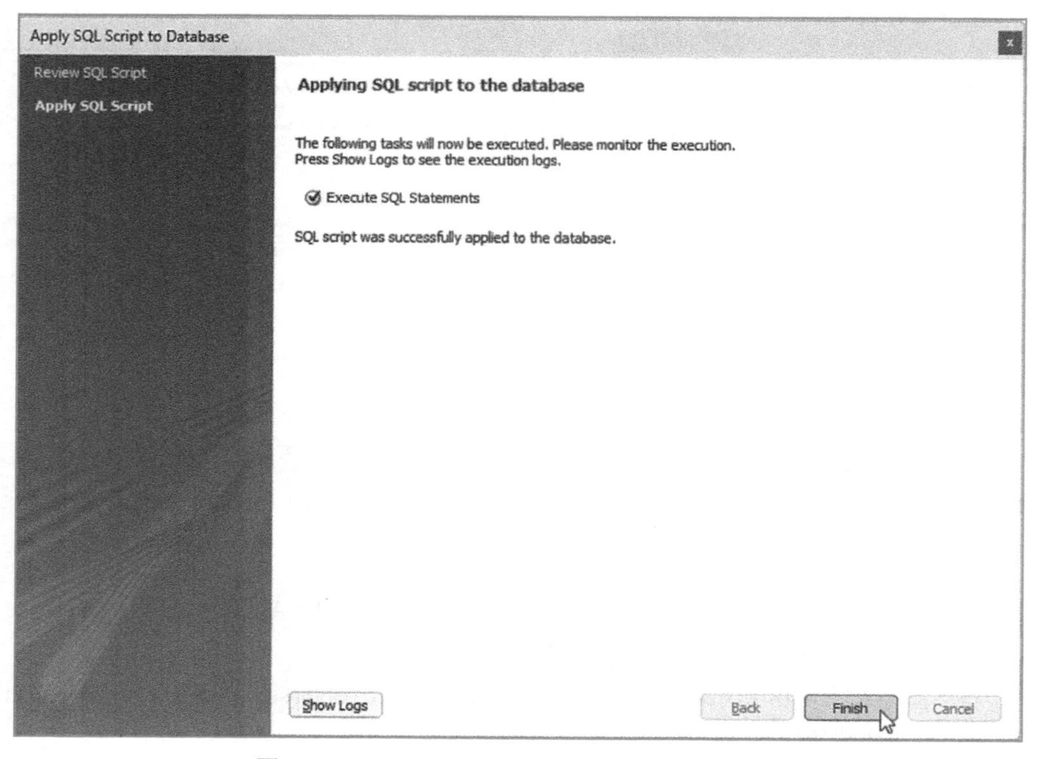

图 4-18　Applying SQL script to the database 界面

4.3.2 使用 MySQL Workbench 管理数据库

利用 MySQL Workbench 管理数据库，是对 MySQL 数据库进行可视化操作的一种方式，比较适合初学者使用。

1. 修改数据库参数

利用 Workbench 修改数据库的操作步骤如下：

步骤 1：在数据库操作界面的 SCHEMAS 区域（如图 4-19 所示），右击要修改的数据库 “my_db”，在弹出的右键快捷菜单中选择 “Alter Schema” 命令，如图 4-20 所示。

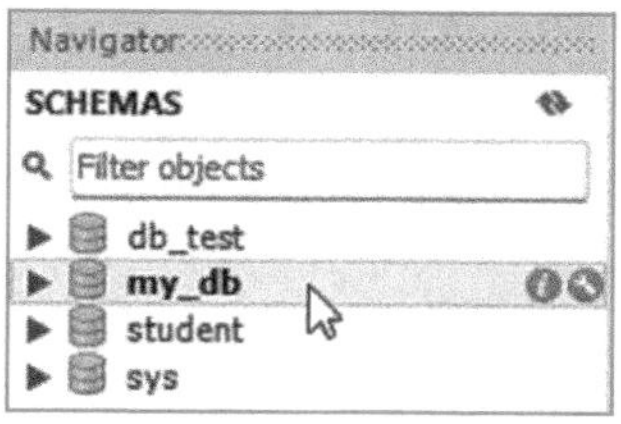

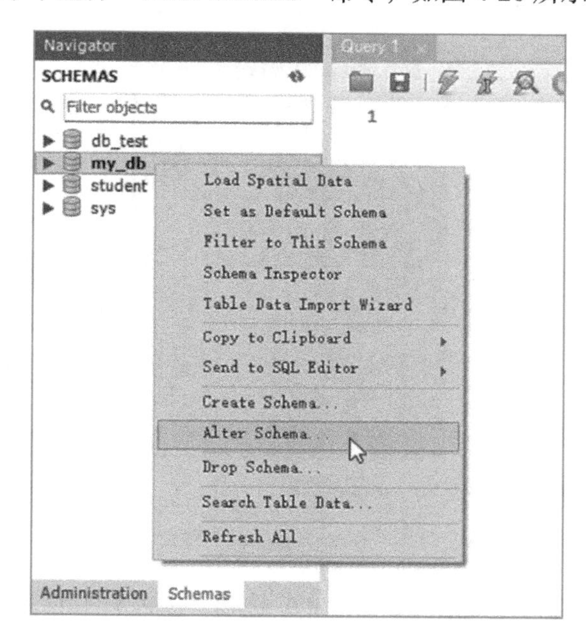

图 4-19 SCHEMAS 区域

图 4-20 选择 “Alter Schema” 命令

步骤 2：进入图 4-21 所示的修改数据库参数对话框，在此可以对数据库 “my_db” 的参数进行修改。修改完成后，单击 “Apply” 按钮即可。

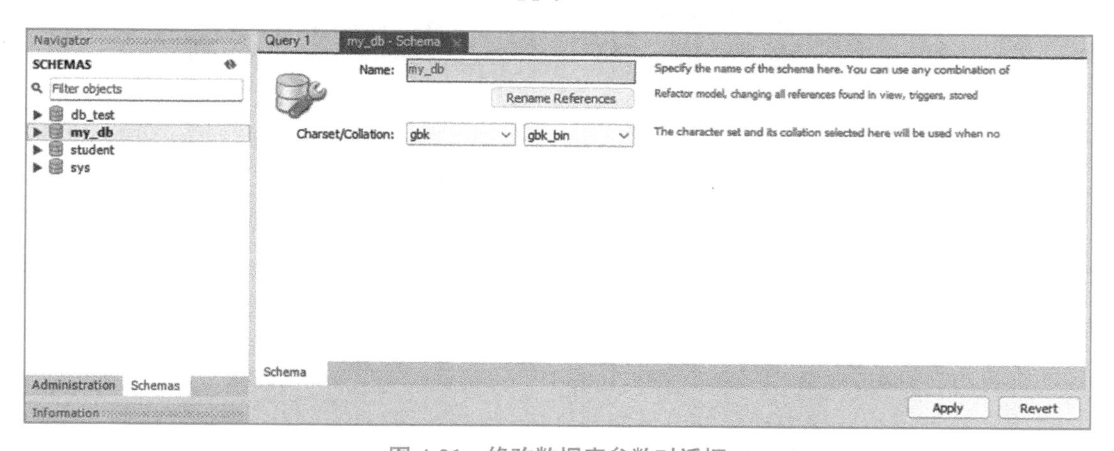

图 4-21 修改数据库参数对话框

2. 删除数据库

利用 Workbench 删除数据库的操作步骤如下：

步骤 1：在数据库操作界面的 SCHEMAS 区域，右击要修改的数据库“my_db”，在弹出的右键快捷菜单中选择“ Drop Schema” 命令，如图 4-22 所示，即可弹出数据库删除确认对话框，如图 4-23 所示。

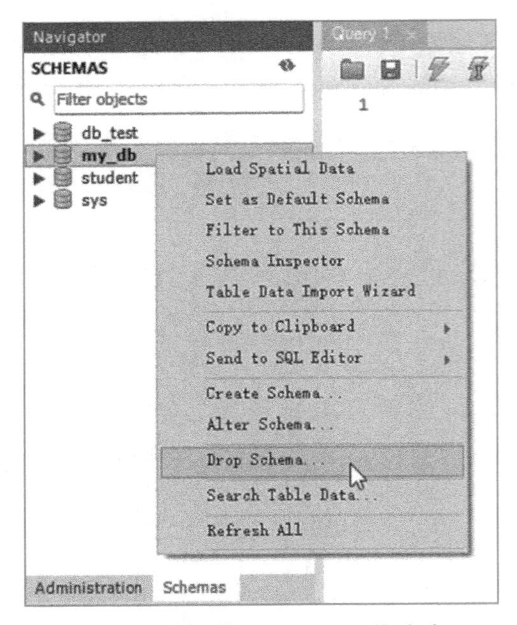

图 4-22　选择“Drop Schema”命令

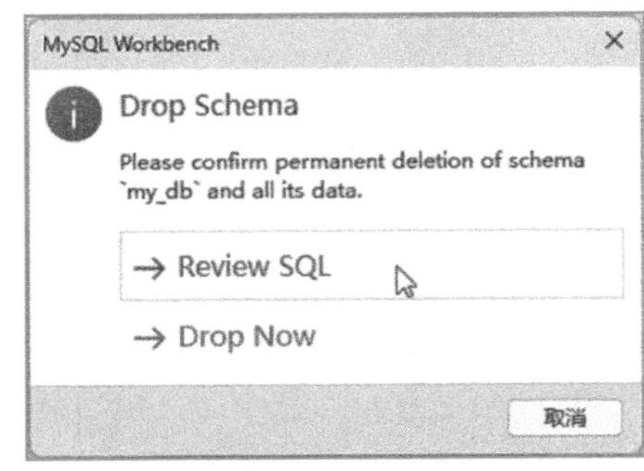

图 4-23　数据库删除确认对话框

步骤 2：选择 Review SQL 选项，进入图 4-24 所示的“Review SQL Code to Execute”对话框。

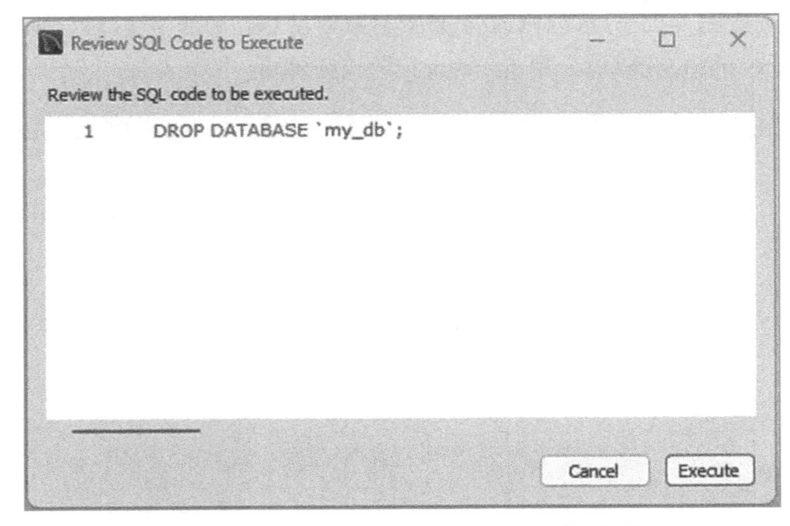

图 4-24　“Review SQL Code to Execute”对话框

步骤 3：单击“Cancel”按钮，可以取消删除数据库的操作；单击“Execute”按钮，则会删除“my_db”数据库，此时在数据库操作界面的 SCHEMAS 区域就已经看不到“my_db”数据库了，如图 4-25 所示。

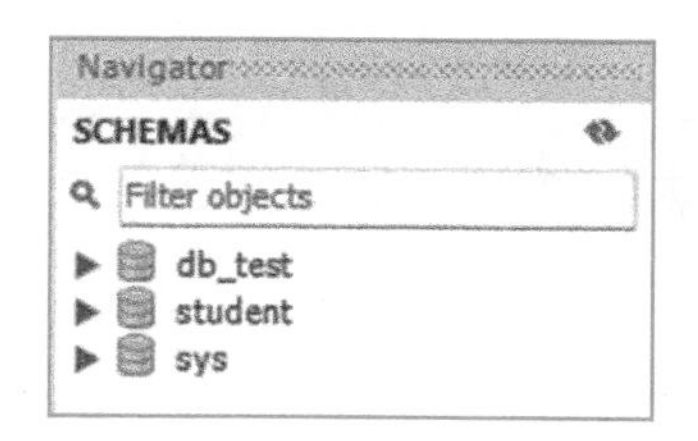

图 4-25 “my_db”数据库已删除

习题

一、选择题

1．下列数据库中，不属于 MySQL 系统数据库的是（　　）。

A．information_schema　　B．performance_schema

C．mysql　　D．sys_db

2．在 MySQL 中，CHARACTER SET 表示（　　）。

A．字符　　B．字符串

C．字符集　　D．排序规则

3．在 MySQL 中，（　　）语句用于创建数据库。

A．CREATE DATABASE　　B．ALTER DATABASE

C．USE DATABASE　　D．DROP DATABASE

4．在 MySQL 中，（　　）语句用于删除一个数据库。

A．CREATE DATABASE　　B．ALTER DATABASE

C．USE DATABASE　　D．DROP DATABASE

5．在 MySQL 中，若要将 db_test 数据库设为当前数据库，可以使用（　　）语句。

A．ALTER DATABASE db_test　　B．ALTER db_test

C．USE DATABASE db_test　　D．USE db_test

二、操作题

1．使用 MySQL Command Line Client 工具创建一个自命名的数据库，字符集设置为 GBK。

2．使用 MySQL Command Line Client 工具对上一题创建的数据库进行查看、选择、修改、删除等操作。

3．使用 MySQL Workbench 工具创建一个自命名的数据库，然后修改数据库的参数，最后删除该数据库。

>> 模块 5

MySQL 数据表操作

学习目标

（1）掌握使用 MySQL Command Line Client 创建数据表的方法，会设置数据表的完整性约束。

（2）掌握使用 MySQL Command Line Client 管理数据表以及管理数据的方法。

（3）掌握使用 MySQL Workbench 创建数据表的方法。

（4）掌握使用 MySQL Workbench 管理数据表以及管理数据的方法。

重点和难点

1. 重点

（1）使用 MySQL Command Line Client 创建数据表，设置数据表的完整性约束。

（2）使用 MySQL Command Line Client 管理数据表、管理数据。

（3）使用 MySQL Workbench 创建数据表、管理数据表、管理数据。

2. 难点

设置数据表的完整性约束、使用 MySQL Command Line Client 管理数据。

导言

在数据库中，数据表是最重要、最基本的操作对象，是数据存储的基本单位。数据表被定义为列的集合，数据在表中是按照行和列的格式来存储的。每一行代表一条唯一的记录，每一列代表记录中的一个字段。数据表操作是现代信息化建设的重要内容之一，掌握数据表操作技能可以使大学生更好地处理、管理和分析数据，提高信息化素养和信息技术应用能力，为将来的工作和生活提供更多的便利和支持。

MySQL 是一种关系型数据库管理系统，需要进行数据的存储、管理和维护，它提供了丰富的数据操作方法，如插入数据、更新数据、删除数据等，在学习和使用这些数据操作方法时，同学们应该树立正确的数据规范观，遵循数据库的规范和标准进行数据操作，确保数据的可靠性、完整性和准确性。

5.1 通过命令行工具操作数据表

本节将讲述如何使用命令行工具实现对数据库中数据表的操作管理。

5.1.1 使用 MySQL Command Line Client 创建数据表

创建数据表，是指在已经创建好的数据库中建立新表。创建数据表的过程就是定义数据列（又称字段）的过程，同时也是实施数据完整性（包括实体完整性、引用完整性和域完整性等）约束的过程。

需要注意的是，在对 MySQL 数据表进行操作之前，必须首先使用 USE 语句选择数据库，才可在指定的数据库中对数据表进行操作。

1. 创建数据表的语法格式

创建数据表的语句为 CREATE TABLE，语法格式如下：

```
# 创建新的数据库表
CREATE [TEMPORARY] TABLE [IF NOT EXISTS] <数据表名>
(
字段名 1, 数据类型 [列级别约束条件] [默认值],
字段名 2, 数据类型 [列级别约束条件] [默认值],
…
)[ENGINE = <存储引擎名>];
```

说明：

- [TEMPORARY]：如果使用该关键字，表示创建一个临时表。
- [IF NOT EXISTS]：在同一个数据库中不能创建同名的表，否则会报“Table' 数据表名 'already exists”的错误。
- 数据表名、字段名不区分大小写，但应遵循 SQL 命名规范，应使用合法字符并且尽量做到见名知意。注意，不能使用 SQL 语言中的关键字。
- 数据类型：数据库中每个字段都要指定名称和数据类型，如果创建多个字段（多列），多个字段之间要用逗号隔开。
- [ENGINE=< 存储引擎名 >]：设置数据表使用的存储引擎。在 MySQL 中，如果不选择该选项，默认使用 InnoDB 存储引擎。

【例 5-1】在数据库 db_test 中创建员工表 tb_emp1，其结构如表 5-1 所示。

表 5-1 员工表 tb_emp1 的结构

字段名称	数据类型	备注
ID	INT(11)	员工编号
Name	VARCHAR(25)	员工名称
DeptID	INT(11)	所在部门编号
Salary	FLOAT	工资

步骤如下：

步骤 1：创建数据库 test_db，SQL 语句如下：

```
CREATE DATABASE test_db;
```

步骤 2：选择创建的 test_db 数据库为当前数据库，SQL 语句如下：

```
USE test_db;
```

步骤 3：创建 tb_emp1 表，SQL 语句如下：

```
CREATE TABLE IF NOT EXISTS tb_emp1
(
ID  INT(11),
Name  VARCHAR(25),
DeptID  INT(11),
Salary  FLOAT
);
```

执行结果如图 5-1 所示。

```
mysql> CREATE DATABASE test_db;
Query OK, 1 row affected (0.02 sec)

mysql> USE test_db;
Database changed
mysql> CREATE TABLE IF NOT EXISTS tb_emp1
    -> (
    -> ID  INT(11),
    -> Name  VARCHAR(25),
    -> DeptID  INT(11),
    -> Salary  FLOAT
    -> );
Query OK, 0 rows affected, 2 warnings (0.01 sec)
```

图 5-1　创建数据表 tb_emp1

2. MySQL 支持的完整性约束

对于已经创建好的表，虽然字段的数据类型决定了所能存储的数据类型，但是表中所存储的数据是否合法并没有进行检查。在具体使用 MySQL 软件时，如果想针对表中的数据做一些完整性检查操作，可以通过表的约束来完成。

1）设置主键约束

主键，又称主码，是表中一列或多列的组合。主键约束（primary key constraint）要求主键列的数据唯一，并且不允许为空。主键能够唯一地标识表中的一条记录，可以结合外键来定义不同数据表之间的关系，并且可以加快数据库查询的速度。主键和记录之间的关系如同身份证和公民之间的关系，它们之间是一一对应的。

主键分为两种类型：单字段主键和多字段联合主键。

（1）单字段主键。单字段主键由一个字段组成，SQL 语句可以分为如下两种情况。

①在定义列的同时指定主键，语法规则为：

```
字段名 数据类型 PRIMARY KEY [默认值]
```

【例 5-2】定义数据表 tb_emp2，其主键为 ID，SQL 语句如下：

```
CREATE TABLE tb_emp2
(
ID INT(11) PRIMARY KEY,
Name VARCHAR(25),
DeptID INT(11),
Salary FLOAT
);
```

执行结果如图 5-2 所示。

```
mysql> CREATE TABLE tb_emp2
    -> (
    -> ID INT(11) PRIMARY KEY,
    -> Name VARCHAR(25),
    -> DeptID INT(11),
    -> Salary FLOAT
    -> );
Query OK, 0 rows affected, 2 warnings (0.01 sec)
```

图 5-2　定义列的同时指定主键

②在定义完所有列之后指定主键，语法规则为：

```
[CONSTRAINT <约束名>] PRIMARY KEY <(字段名)>
```

【例 5-3】定义数据表 tb_emp3，其主键为 ID，SQL 语句如下：

```
CREATE TABLE tb_emp3
(
ID INT(11),
Name VARCHAR(25),
DeptID INT(11),
Salary FLOAT,
PRIMARY KEY(ID)
);
```

执行结果如图 5-3 所示。

```
mysql> CREATE TABLE tb_emp3
    -> (
    -> ID INT(11),
    -> Name VARCHAR(25),
    -> DeptID INT(11),
    -> Salary FLOAT,
    -> PRIMARY KEY(ID)
    -> );
Query OK, 0 rows affected, 2 warnings (0.01 sec)
```

图 5-3　在定义完所有列之后指定主键

（2）多字段联合主键。多字段联合主键由多个字段联合组成，语法规则如下：

```
PRIMARY KEY [(字段 1, 字段 2, … , 字段 n)]
```

【例 5-4】定义数据表 t_emp4，假设该表没有主键 ID，为了唯一确定一个员工，可以把 Name、DeptID 联合起来作为主键，SQL 语句如下：

```
CREATE TABLE tb_emp4
(
Name VARCHAR (25),
DeptID INT(11),
Salary FLOAT,
PRIMARY KEY(Name, DeptID)
);
```

语句执行后，便创建了一个名称为 tb_emp4 的数据表，Name 字段和 DeptlD 字段组合在一起成为 tb_emp4 的多字段联合主键。

执行结果如图 5-4 所示。

```
mysql> CREATE TABLE tb_emp4
    -> (
    -> Name VARCHAR (25),
    -> DeptID INT(11),
    -> Salary FLOAT,
    -> PRIMARY KEY(Name, DeptID)
    -> );
Query OK, 0 rows affected, 1 warning (0.01 sec)
```

图 5-4　指定多字段联合主键

2）设置外键约束

外键用来在两个表的数据之间建立连接，可以是一列或者多列。一个表可以有一个或多个外键。外键对应的是参照完整性，一个表的外键可以为空值，若不为空值，则每一个外键值必须等于另一个表中主键的某个值。

外键：首先它是表中的一个字段，虽可以不是本表的主键，但要对应另外一个表的主键。外键的主要作用是保证数据引用的完整性，定义外键后，不允许删除在另一个表中具有关联关系的行。外键的作用是保持数据的一致性、完整性。

主表（父表）：对于两个具有关联关系的表而言，相关联字段中主键所在的那个表即是主表。

从表（子表）：对于两个具有关联关系的表而言，相关联字段中外键所在的那个表即是从表。

创建外键的语法规则如下：

```
[CONSTRAINT <外键名>] FOREIGN KEY (字段名 1 [, 字段名 2, …])
REFERENCES <主表名> (主键列 1 [, 主键列 2, …])
```

“外键名”为定义的外键约束的名称，一个表中不能有相同名称的外键；“字段名”表示子表需要添加外键约束的字段列；“主表名”即被子表外键所依赖的表的名称；“主键列”表示主表中定义的主键列，或者列组合。

【例 5-5】定义数据表 tb_emp5，并在 tb_emp5 表上创建外键约束。

步骤如下：

步骤 1：创建一个部门表 tb_dept1，结构如表 5-2 所示。

表 5-2　部门表 tb_dept1 的结构

字段名称	数据类型	备注
ID	INT(11)	部门编号
Name	VARCHAR(22)	部门名称
Location	VARCHAR(50)	部门位置

SQL 语句如下：

```
CREATE TABLE tb_dept1
(
ID INT(11) PRIMARY KEY,
Name VARCHAR(22) NOT NULL,
Location VARCHAR(50)
);
```

执行结果如图 5-5 所示。

```
mysql> CREATE TABLE tb_dept1
    -> (
    -> ID INT(11) PRIMARY KEY,
    -> Name VARCHAR(22) NOT NULL,
    -> Location VARCHAR(50)
    -> );
Query OK, 0 rows affected, 1 warning (0.01 sec)
```

图 5-5　创建部门表 tb_dept1

步骤 2：定义数据表 tb_emp5，让它的键 DeptID 作为外键关联到 tb_dept1 的主键 ID，SQL 语句如下：

```
CREATE TABLE tb_emp5
(
ID INT(11) PRIMARY KEY,
Name VARCHAR(25),
DeptID INT(11),
Salary FLOAT,
CONSTRAINT fk_emp_dept1 FOREIGN KEY (DeptID) REFERENCES tb_dept1(ID)
);
```

执行结果如图 5-6 所示。

```
mysql> CREATE TABLE tb_emp5
    -> (
    -> ID INT(11) PRIMARY KEY,
    -> Name VARCHAR(25),
    -> DeptID INT(11),
    -> Salary FLOAT,
    -> CONSTRAINT fk_emp_dept1 FOREIGN KEY (DeptID) REFERENCES tb_dept1(ID)
    -> );
Query OK, 0 rows affected, 2 warnings (0.01 sec)
```

图 5-6　在 tb_emp5 表上创建外键约束

以上语句执行成功之后，在表 tb_emp5 上添加了名称为 fk_emp_dept1 的外键约束，外键名称为 DeptID，其依赖于表 tb_dept1 的主键 ID。

提示：关联指的是在关系型数据库中相关表之间的联系。它是通过相容或相同的属性或属性组来表示的。子表的外键必须关联父表的主键，且关联字段的数据类型必须匹配，如果数据类型不一样，则创建子表时，就会出现提示错误的信息。

3）设置非空约束

非空约束（not null constraint）指字段的值不能为空。对于使用了非空约束的字段，如果用户在添加数据时没有指定值，数据库系统会报错。

设置非空约束的语法规则如下：

```
字段名 数据类型 NOT NULL
```

【例 5-6】定义数据表 tb_emp6，指定员工的名称不能为空。

SQL 语句如下：

```
CREATE TABLE tb_emp6
(
ID INT(11) PRIMARY KEY,
Name VARCHAR(25) NOT NULL,
DeptID INT(11),
Salary FLOAT
);
```

上述语句执行后，在数据表 tb_emp6 中创建了一个 Name 字段，其插入值不能为空（NOT NULL）。执行结果如图 5-7 所示。

```
mysql> CREATE TABLE tb_emp6
    -> (
    -> ID INT(11) PRIMARY KEY,
    -> Name VARCHAR(25) NOT NULL,
    -> DeptID INT(11),
    -> Salary FLOAT
    -> );
Query OK, 0 rows affected, 2 warnings (0.01 sec)
```

图 5-7　在数据表 tb_emp6 中设置非空约束

4）设置唯一性约束

唯一性约束（unique constraint）要求该列唯一，允许为空，但只能出现一个空值。唯一性约束可以确保一列或者几列不出现重复值。

设置唯一性约束有如下两种情况。

（1）在定义完列之后直接指定唯一约束，语法规则如下：

```
字段名 数据类型 UNIQUE
```

【例 5-7】定义数据表 tb_dept2，指定部门的名称唯一。

SQL 语句如下：

```
CREATE TABLE tb_dept2
```

```
(
ID INT(11) PRIMARY KEY,
Name VARCHAR(22) UNIQUE,
Location VARCHAR(50)
);
```

执行结果如图 5-8 所示。

```
mysql> CREATE TABLE tb_dept2
    -> (
    -> ID INT(11) PRIMARY KEY,
    -> Name VARCHAR(22) UNIQUE,
    -> Location VARCHAR(50)
    -> );
Query OK, 0 rows affected, 1 warning (0.01 sec)
```

图 5-8　定义完列之后直接指定唯一约束

（2）在定义完所有列之后指定唯一约束，语法规则如下：

```
[CONSTRAINT <约束名>] UNIQUE (<字段名>)
```

【例 5-8】定义数据表 tb_dept3，指定部门的名称唯一。

SQL 语句如下：

```
CREATE TABLE tb_dept3
(
ID INT(11) PRIMARY KEY,
Name VARCHAR(22),
Location VARCHAR(50),
CONSTRAINT STH UNIQUE(Name)
);
```

执行结果如图 5-9 所示。

```
mysql> CREATE TABLE tb_dept3
    -> (
    -> ID INT(11) PRIMARY KEY,
    -> Name VARCHAR(22),
    -> Location VARCHAR(50),
    -> CONSTRAINT STH UNIQUE(Name)
    -> );
Query OK, 0 rows affected, 1 warning (0.01 sec)
```

图 5-9　定义完所有列之后指定唯一约束

提示：一个表中可以有多个字段声明为 UNIQUE，但只能有一个 PRIMARY KEY 声明；声明为 PRIMAY KEY 的列不允许有空值，但是声明为 UNIQUE 的字段允许空值（NULL）的存在。

5）设置默认约束

默认约束（default constraint）用于指定某列的默认值。如男性同学较多，性别就可以默认为“男”。如果插入一条新的记录时没有为性别字段赋值，那么系统会自动为这个字段赋值为“男”。

默认约束的语法规则如下：

```
字段名 数据类型 DEFAULT 默认值
```

【例 5-9】定义数据表 tb_emp7，指定员工的部门编号默认为 1111。

SQL 语句如下：

```
CREATE TABLE tb_emp7
(
ID INT(11) PRIMARY KEY,
Name VARCHAR(25) NOT NULL,
DeptID INT(11) DEFAULT 1111,
Salary FLOAT
);
```

以上语句执行成功之后，表 tb_emp7 上的字段 DeptID 拥有了一个默认的值 1111，新插入的记录如果没有指定部门编号，则默认都为 1111。执行结果如图 5-10 所示。

```
mysql> CREATE TABLE tb_emp7
    -> (
    -> ID INT(11) PRIMARY KEY,
    -> Name VARCHAR(25) NOT NULL,
    -> DeptID INT(11) DEFAULT 1111,
    -> Salary FLOAT
    -> );
Query OK, 0 rows affected, 2 warnings (0.01 sec)
```

图 5-10　为数据表 tb_emp7 设置默认约束

6）设置字段值自动增加

在数据库应用中，用户有时会需要在每次插入新记录时能够由系统自动生成字段的主键值。这可以通过为表的主键添加 AUTO_INCREMENT 关键字来实现。在 MySQL 中，AUTO_INCREMENT 默认的初始值为 1，每新增一条记录，字段值自动加 1。一个表只能有一个字段使用 AUTO_INCREMENT 约束，且该字段必须为主键的一部分。AUTO_INCREMENT 约束的字段可以是任何整数类型（TINYINT、SMALLIN、INT、BIGINT 等）。

设置表的属性值自动增加的语法规则如下：

```
字段名 数据类型 AUTO_INCREMENT
```

【例 5-10】定义数据表 tb_emp8，指定员工的编号自动递增。

SQL 语句如下：

```
CREATE TABLE tb_emp8
(
ID INT(11) PRIMARY KEY AUTO_INCREMENT,
Name VARCHAR(25) NOT NULL,
DeptID INT(11),
Salary FLOAT
);
```

上述语句执行后，会创建名称为 tb_emp8 的数据表。表 tb_emp8 中的 ID 字段的值在添加记录的时候会自动增加，在插入记录的时候，默认的自增字段 ID 的值从 1 开始，每次添加一条新记录，该值自动加 1。继续插入如下语句：

```
INSERT INTO tb_emp8 (Name, Salary)
VALUES ('Linda',1000), ('Lisa',1200), ('Lydia',1500);
```

执行结果如图 5-11 所示。

```
mysql> CREATE TABLE tb_emp8
    -> (
    -> ID INT(11) PRIMARY KEY AUTO_INCREMENT,
    -> Name VARCHAR(25) NOT NULL,
    -> DeptID INT(11),
    -> Salary FLOAT
    -> );
Query OK, 0 rows affected, 2 warnings (0.01 sec)

mysql> INSERT INTO tb_emp8 (Name, Salary)
    -> VALUES ('Linda',1000), ('Lisa',1200), ('Lydia',1500);
Query OK, 3 rows affected (0.00 sec)
Records: 3  Duplicates: 0  Warnings: 0
```

图 5-11　执行结果

上述语句执行完后，tb_emp8 表中增加 3 条记录，在这里并没有输入 ID 的值，但系统已经自动添加该值。使用 SELECT 语句查看记录，结果如图 5-12 所示。SELECT 语句为 MySQL 中的查询语句，该语句表示查询数据表 tb_emp8 中的全部字段（SELECT 语句将在第 7 章详细介绍）。

提示：这里使用 INSERT 声明向表中插入记录的方法，并不是 SQL 的标准语法，这种语法不一定被其他的数据库支持，只能在 MySQL 中使用。

```
mysql> SELECT * FROM tb_emp8;
+----+-------+--------+--------+
| ID | Name  | DeptID | Salary |
+----+-------+--------+--------+
|  1 | Linda |   NULL |   1000 |
|  2 | Lisa  |   NULL |   1200 |
|  3 | Lydia |   NULL |   1500 |
+----+-------+--------+--------+
3 rows in set (0.00 sec)
```

图 5-12　tb_emp8 表中增加的 3 条记录

3. MySQL 支持的存储引擎

数据库存储引擎是数据库管理系统的核心组件，用于管理和存储数据库中的数据。存储引擎提供了一组 API 接口，允许应用程序通过这些接口来访问和操作数据。存储引擎还提供了数据的存储和检索方法，以及数据的事务管理和数据恢复机制。MySQL 的核心就是存储引擎。

现在许多数据库管理系统都支持多种不同的存储引擎。不同的存储引擎提供不同的存储机制、索引技巧、锁定级别等功能，使用不同的存储引擎可以获得特定的功能。

MySQL 支持多种存储引擎，其中一些最常用的存储引擎包括 InnoDB 引擎、MyISAM 引擎、Memory 引擎、Archive 引擎等。MySQL 还支持其他存储引擎，如 CSV 引擎、Blackhole 引擎、Federated 引擎等。不同的存储引擎具有不同的特点和优缺点，应用程序需要根据实际需求选择合适的存储引擎。

1）查看 MySQL 中的存储引擎

在选择存储引擎之前，首先需要确定 MySQL 数据库管理系统支持的存储引擎有哪些。语法格式如下：

```
SHOW ENGINES;
```

执行结果如图 5-13 所示。

mysql> SHOW ENGINES;

Engine	Support	Comment	Transactions	XA	Savepoints
MEMORY	YES	Hash based, stored in memory, useful for temporary tables	NO	NO	NO
MRG_MYISAM	YES	Collection of identical MyISAM tables	NO	NO	NO
CSV	YES	CSV storage engine	NO	NO	NO
FEDERATED	NO	Federated MySQL storage engine	NULL	NULL	NULL
PERFORMANCE_SCHEMA	YES	Performance Schema	NO	NO	NO
MyISAM	YES	MyISAM storage engine	NO	NO	NO
InnoDB	DEFAULT	Supports transactions, row-level locking, and foreign keys	YES	YES	YES
ndbinfo	NO	MySQL Cluster system information storage engine	NULL	NULL	NULL
BLACKHOLE	YES	/dev/null storage engine (anything you write to it disappears)	NO	NO	NO
ARCHIVE	YES	Archive storage engine	NO	NO	NO
ndbcluster	NO	Clustered, fault-tolerant tables	NULL	NULL	NULL

11 rows in set (0.00 sec)

图 5-13　查看 MySQL 中的存储引擎

说明：

- Engine：数据库中存储引擎的名称。
- Support：表示 MySQL 是否支持该类存储引擎，YES 表示支持，NO 表示不支持，DEFAULT 表示该存储引擎是默认使用的。
- Comment：表示对该存储引擎的解释说明。
- Transactions：表示是否支持事务处理，YES 表示支持，NO 表示不支持，NULL 表示空值。
- XA：表示存储引擎所支持的分布式是否符合 XA 规范，YES 表示符合，NO 表示不符合，NULL 表示空值。
- Savepoints：表示是否支持保存点，以便事务回滚到指定的保存点，YES 表示支持，NO 表示不支持，NULL 表示空值。

2）MySQL 常用的存储引擎介绍

（1）InnoDB 存储引擎。InnoDB 是 MySQL 的默认存储引擎，它提供了事务支持、行级锁定、外键约束、崩溃恢复等功能。InnoDB 引擎还支持多版本并发控制（MVCC），可以提高并发性和可伸缩性。

InnoDB 存储引擎是事务型数据库的首选引擎。MySQL 8.0 默认的存储引擎即为 InnoDB。

（2）MyISAM 存储引擎。MyISAM 是 MySQL 的另一种常见的存储引擎，它不支持事务和行级锁定，但支持全文索引和压缩表。MyISAM 引擎适用于读取频率高、写入频率低的应用场景。

使用 MyISAM 存储引擎创建表时，会生成三个文件，文件名与表名相同，分别是 .frm、.myd 和 .myi。其中，.frm 文件存储表的结构，.myd 文件存储数据，.myi 文件存储索引。MyISAM 存储引擎支持静态型、动态型和压缩型三种存储格式，其中静态型是默认的存储格式，字段长度是固定的；动态型支持变长字段；压缩型需要使用 myiampack 工具创建，占用的磁盘空间较小。在 MyISAM 存储引擎中，VARCHAR 和 CHAR 字段的最大长度为 63KB。

（3）MEMORY 存储引擎。MEMORY 是一种基于内存的存储引擎，它将数据存储在内存中，可以提供非常快速的读写性能。但由于数据存储在内存中，如果数据库重启或崩溃，表中的数据将全部丢失，因此非常适用于存储临时数据的临时表，不适合用于长期存储数据。

MEMORY 存储引擎默认使用哈希索引，其索引速度比 B 型树快。在创建索引时，可以选择使用 B 型树索引。

5.1.2 使用 MySQL Command Line Client 管理数据表

数据表创建完成后，可以对其进行查看、修改、删除等操作。

1. 查看数据表

1）查看当前数据库的所有表

在创建完数据库表后，可以使用 SHOW 语句查看当前数据库中的表。SHOW 语句的语法格式如下：

```
# 查看当前数据库的所有表
SHOW TABLES;
```

【例 5-11】查看数据库 test_db 中的所有数据表。

步骤 1：选择 test_db 数据库为当前数据库，SQL 语句如下：

```
USE test_db;
```

步骤 2：查看数据库 test_db 中的所有数据表，SQL 语句如下：

```
SHOW TABLES;
```

执行结果如图 5-14 所示。

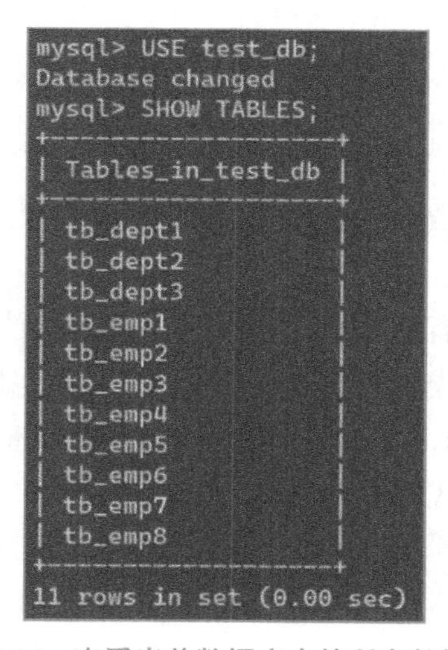
```
mysql> USE test_db;
Database changed
mysql> SHOW TABLES;
+-------------------+
| Tables_in_test_db |
+-------------------+
| tb_dept1          |
| tb_dept2          |
| tb_dept3          |
| tb_emp1           |
| tb_emp2           |
| tb_emp3           |
| tb_emp4           |
| tb_emp5           |
| tb_emp6           |
| tb_emp7           |
| tb_emp8           |
+-------------------+
11 rows in set (0.00 sec)
```

图 5-14　查看当前数据库中的所有数据表

2）查看数据表结构

使用 SQL 语句创建好数据表后，可以查看数据表结构的定义，以确认表的定义是否正确。在 MySQL 中，查看表结构可以使用 DESCRIBE 和 SHOW CREATE TABLE 语句。

（1）DESCRIBE 语句。DESCRIBE 语句可以查看表的字段信息，其中包括字段名、字段数据类型，以及其他属性信息，这些信息相当于数据表的元数据。DESCRIBE 语句的语法格式如下：

```
#查看数据表结构
DESCRIBE <数据表名>;
```

或者简写成：

```
DESC <数据表名>;   #DESCRIBE 可以简写成 DESC
```

【例 5-12】查看 tb_dept1 数据表的结构。

SQL 语句如下：

```
DESCRIBE tb_dept1;
```

执行结果如图 5-15 所示。

```
mysql> DESCRIBE tb_dept1;
+----------+-------------+------+-----+---------+-------+
| Field    | Type        | Null | Key | Default | Extra |
+----------+-------------+------+-----+---------+-------+
| ID       | int         | NO   | PRI | NULL    |       |
| Name     | varchar(22) | NO   |     | NULL    |       |
| Location | varchar(50) | YES  |     | NULL    |       |
+----------+-------------+------+-----+---------+-------+
3 rows in set (0.00 sec)
```

图 5-15　查看 tb_dept1 数据表的结构

上述语句的执行结果中，各个字段的含义分别解释如下：

- Field：字段名。
- Type：字段数据类型。
- Null：表示该列是否可以存储 Null 值。
- Key：表示该列是否定义索引。如果有的话，通常会有 PRI、UNI、MUL 等几种索引。
- Default：表示该列是否有默认值，如果有则列出默认值。
- Extra：表示可以获取的与给定列有关的附加信息，如 AUTO_INCREMENT 等。

（2）SHOW CREATE TABLE 语句。使用 SHOW CREATE TABLE 语句可以查看某个数据表更详细的定义，语法格式如下：

```
#查看指定数据表的定义
SHOW CREATE TABLE <数据表名>;
```

【例 5-13】查看 tb_dept1 数据表的定义。

SQL 语句如下：

```
SHOW CREATE TABLE tb_dept1;
```

执行结果如图 5-16 所示。

```
mysql> SHOW CREATE TABLE tb_dept1;
+----------+---------------------------------------------------------------+
| Table    | Create Table                                                  |
+----------+---------------------------------------------------------------+
| tb_dept1 | CREATE TABLE `tb_dept1` (
  `ID` int NOT NULL,
  `Name` varchar(22) NOT NULL,
  `Location` varchar(50) DEFAULT NULL,
  PRIMARY KEY (`ID`)
) ENGINE=InnoDB DEFAULT CHARSET=utf8mb4 COLLATE=utf8mb4_0900_ai_ci |
+----------+---------------------------------------------------------------+
1 row in set (0.00 sec)
```

图 5-16　查看 tb_dept1 数据表的定义

从上面数据库表的定义信息中发现，数据库表定义不只是字段，还有字符集、字符集排序规则和存储引擎等信息。

2. 修改数据表

1）修改表名

修改数据表名称的语法格式如下：

```
# 修改表名称
ALTER TABLE <原数据表名> RENAME TO <新数据表名>;
```

或

```
RENAME TABLE <原数据表名> TO <新数据表名>;
```

【例 5-14】将数据表 tb_dept2 的名称修改为 tb_d2。

SQL 语句如下：

```
ALTER TABLE tb_dept2 RENAME TO tb_d2;
```

执行结果如图 5-17 所示。

此时，执行查看所有数据表的命令，结果如图 5-18 所示。可以看到，数据表 tb_dept2 的名称被修改为 tb_d2。

```
mysql> ALTER TABLE tb_dept2 RENAME TO tb_d2;
Query OK, 0 rows affected (0.01 sec)
```

图 5-17　执行结果

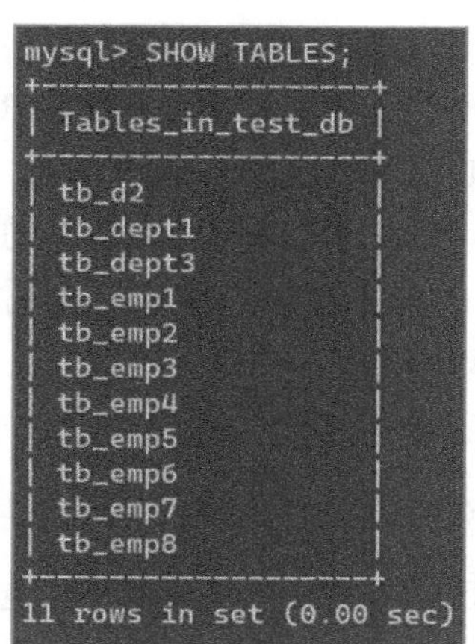

```
mysql> SHOW TABLES;
+------------------+
| Tables_in_test_db |
+------------------+
| tb_d2            |
| tb_dept1         |
| tb_dept3         |
| tb_emp1          |
| tb_emp2          |
| tb_emp3          |
| tb_emp4          |
| tb_emp5          |
| tb_emp6          |
| tb_emp7          |
| tb_emp8          |
+------------------+
11 rows in set (0.00 sec)
```

图 5-18　数据表 tb_dept2 的名称被修改为 tb_d2

【例 5-15】将数据表 tb_d2 的名称修改为 tb_dept2。

SQL 语句如下：

```
RENAME TABLE tb_d2 TO tb_dept2;
```

执行结果如图 5-19 所示。

此时，执行查看所有数据表的命令，结果如图 5-20 所示。可以看到，数据表 tb_d2 的名称被修改为 tb_dept2。

```
mysql> RENAME TABLE tb_d2 TO tb_dept2;
Query OK, 0 rows affected (0.01 sec)
```

图 5-19　执行结果

```
mysql> SHOW TABLES;
+--------------------+
| Tables_in_test_db  |
+--------------------+
| tb_dept1           |
| tb_dept2           |
| tb_dept3           |
| tb_emp1            |
| tb_emp2            |
| tb_emp3            |
| tb_emp4            |
| tb_emp5            |
| tb_emp6            |
| tb_emp7            |
| tb_emp8            |
+--------------------+
11 rows in set (0.00 sec)
```

图 5-20　数据表 tb_d2 的名称被修改为 tb_dept2

2）增加字段

随着业务需求的变化，可能需要在已经存在的表中添加新的字段。一个完整字段包括字段名、数据类型、完整性约束。添加字段的语法格式如下：

```
ALTER TABLE <数据表名> ADD <新字段名> <数据类型>
[约束条件] [FIRST | AFTER 已存在字段名];
```

在上述语句中，“新字段名”为需要添加的字段的名称；“FIRST”为可选参数，其作用是将新添加的字段设置为表的第一个字段；“AFTER”为可选参数，其作用是将新添加的字段添加到指定的“已存在字段名”的后面。

提示：“FIRST”或“AFTER　已存在字段名”用于指定新增字段在表中的位置，如果 SQL 语句中没有这两个参数，则默认将新添加的字段设置为数据表的最后列。

（1）添加无完整性约束条件的字段。

【例 5-16】在数据表 tb_dept1 中添加一个没有完整性约束的 INT 类型的字段 ManagerID（部门经理编号）。

SQL 语句如下：

```
ALTER TABLE tb_dept1 ADD ManagerID INT(10);
```

使用 DESC 语句查看表 tb_dept1，会发现在表的最后添加了一个名为 ManagerID 的 INT 类型的字段，结果如图 5-21 所示。

```
mysql> ALTER TABLE tb_dept1 ADD ManagerID INT(10);
Query OK, 0 rows affected, 1 warning (0.01 sec)
Records: 0  Duplicates: 0  Warnings: 1

mysql> DESC tb_dept1;
+-----------+-------------+------+-----+---------+-------+
| Field     | Type        | Null | Key | Default | Extra |
+-----------+-------------+------+-----+---------+-------+
| ID        | int         | NO   | PRI | NULL    |       |
| Name      | varchar(22) | NO   |     | NULL    |       |
| Location  | varchar(50) | YES  |     | NULL    |       |
| ManagerID | int         | YES  |     | NULL    |       |
+-----------+-------------+------+-----+---------+-------+
4 rows in set (0.00 sec)
```

图 5-21　为数据表 tb_dept1 添加无完整性约束条件的字段

（2）添加有完整性约束条件的字段。

【例 5-17】在数据表 tb_dept1 中添加一个不能为空的 VARCHAR(12) 类型的字段 Column1。

SQL 语句如下：

```
ALTER TABLE tb_dept1 ADD Column1 VARCHAR(12) NOT NULL;
```

使用 DESC 语句查看表 tb_dept1，会发现在表的最后添加了一个名为 Column1 的 VARCHAR(12) 类型且不为空的字段，结果如图 5-22 所示。

```
mysql> ALTER TABLE tb_dept1 ADD Column1 VARCHAR(12) NOT NULL;
Query OK, 0 rows affected (0.01 sec)
Records: 0  Duplicates: 0  Warnings: 0

mysql> DESC tb_dept1;
+-----------+-------------+------+-----+---------+-------+
| Field     | Type        | Null | Key | Default | Extra |
+-----------+-------------+------+-----+---------+-------+
| ID        | int         | NO   | PRI | NULL    |       |
| Name      | varchar(22) | NO   |     | NULL    |       |
| Location  | varchar(50) | YES  |     | NULL    |       |
| ManagerID | int         | YES  |     | NULL    |       |
| Column1   | varchar(12) | NO   |     | NULL    |       |
+-----------+-------------+------+-----+---------+-------+
5 rows in set (0.00 sec)
```

图 5-22　为数据表 tb_dept1 添加有完整性约束条件的字段

（3）在表的第一列添加一个字段。

【例 5-18】在数据表 tb_dept1 中的第一列添加一个 INT(11) 类型的字段 Column2。

SQL 语句如下：

```
ALTER TABLE tb_dept1 ADD Column2 INT(11) FIRST;
```

使用 DESC 语句查看表 tb_dept1，会发现在表的第一列添加了一个名为 Column2 的 INT(11) 类型的字段，结果如图 5-23 所示。

```
mysql> ALTER TABLE tb_dept1 ADD Column2 INT(11) FIRST;
Query OK, 0 rows affected, 1 warning (0.01 sec)
Records: 0  Duplicates: 0  Warnings: 1

mysql> DESC tb_dept1;
+-----------+-------------+------+-----+---------+-------+
| Field     | Type        | Null | Key | Default | Extra |
+-----------+-------------+------+-----+---------+-------+
| Column2   | int         | YES  |     | NULL    |       |
| ID        | int         | NO   | PRI | NULL    |       |
| Name      | varchar(22) | NO   |     | NULL    |       |
| Location  | varchar(50) | YES  |     | NULL    |       |
| ManagerID | int         | YES  |     | NULL    |       |
| Column1   | varchar(12) | NO   |     | NULL    |       |
+-----------+-------------+------+-----+---------+-------+
6 rows in set (0.00 sec)
```

图 5-23　在数据表 tb_dept1 的第一列添加一个字段

（4）在表的指定列之后添加一个字段。

【例 5-19】在数据表 tb_dept1 中的 Name 列后添加一个 INT(11) 类型的字段 Column3。

SQL 语句如下：

```
ALTER TABLE tb_dept1 ADD Column3 INT(11) AFTER Name;
```

使用 DESC 语句查看表 tb_dept1，结果如图 5-24 所示。

```
mysql> DESC tb_dept1;
+-----------+-------------+------+-----+---------+-------+
| Field     | Type        | Null | Key | Default | Extra |
+-----------+-------------+------+-----+---------+-------+
| Column2   | int         | YES  |     | NULL    |       |
| ID        | int         | NO   | PRI | NULL    |       |
| Name      | varchar(22) | NO   |     | NULL    |       |
| Column3   | int         | YES  |     | NULL    |       |
| Location  | varchar(50) | YES  |     | NULL    |       |
| ManagerID | int         | YES  |     | NULL    |       |
| Column1   | varchar(12) | NO   |     | NULL    |       |
+-----------+-------------+------+-----+---------+-------+
7 rows in set (0.00 sec)
```

图 5-24　在数据表 tb_dept1 的指定列之后添加一个字段

3）删除字段

删除字段是指将数据表中的某个字段从表中移除，语法格式如下：

```
ALTER TABLE <数据表名> DROP <字段名>;
```

上述语句中，“字段名”指需要从表中删除的字段的名称。

【例 5-20】删除数据表 tb_dept1 中的 Column2 字段。

SQL 语句如下：

```
ALTER TABLE tb_dept1 DROP Column2;
```

使用 DESC 语句查看表 tb_dept1，结果如图 5-25 所示。

```
mysql> ALTER TABLE tb_dept1 DROP Column2;
Query OK, 0 rows affected (0.01 sec)
Records: 0  Duplicates: 0  Warnings: 0

mysql> DESC tb_dept1;
+-----------+-------------+------+-----+---------+-------+
| Field     | Type        | Null | Key | Default | Extra |
+-----------+-------------+------+-----+---------+-------+
| ID        | int         | NO   | PRI | NULL    |       |
| Name      | varchar(22) | NO   |     | NULL    |       |
| Column3   | int         | YES  |     | NULL    |       |
| Location  | varchar(50) | YES  |     | NULL    |       |
| ManagerID | int         | YES  |     | NULL    |       |
| Column1   | varchar(12) | NO   |     | NULL    |       |
+-----------+-------------+------+-----+---------+-------+
6 rows in set (0.00 sec)
```

图 5-25　删除数据表 tb_dept1 中的 Column2 字段

4）修改字段

修改字段包括修改字段名、字段的数据类型，以及字段的排列位置。

（1）修改字段名。MySQL 中修改表中字段名的语法格式如下：

```
ALTER TABLE <数据表名> CHANGE <旧字段名> <新字段名> <新数据类型>;
```

上述语句中，“旧字段名”指修改前的字段名；“新字段名”指修改后的字段名；“新数据类型”指修改后的数据类型，如果不需要修改字段的数据类型，只需将新数据类型设置成与原来一样即可，但数据类型不能为空。

【例 5-21】将数据表 tb_dept1 中的 Location 字段的名称改为 Loc，数据类型保持不变。

SQL 语句如下：

```
ALTER TABLE tb_dept1 CHANGE Location Loc VARCHAR(50);
```

使用 DESC 语句查看表 tb_dept1，会发现字段的名称已经修改成功，结果如图 5-26 所示。

```
mysql> ALTER TABLE tb_dept1 CHANGE Location Loc VARCHAR(50);
Query OK, 0 rows affected (0.01 sec)
Records: 0  Duplicates: 0  Warnings: 0

mysql> DESC tb_dept1;
+-----------+-------------+------+-----+---------+-------+
| Field     | Type        | Null | Key | Default | Extra |
+-----------+-------------+------+-----+---------+-------+
| ID        | int         | NO   | PRI | NULL    |       |
| Name      | varchar(22) | NO   |     | NULL    |       |
| Column3   | int         | YES  |     | NULL    |       |
| Loc       | varchar(50) | YES  |     | NULL    |       |
| ManagerID | int         | YES  |     | NULL    |       |
| Column1   | varchar(12) | NO   |     | NULL    |       |
+-----------+-------------+------+-----+---------+-------+
6 rows in set (0.00 sec)
```

图 5-26　将数据表 tb_dept1 中的 Location 字段的名称改为 Loc

（2）修改字段的数据类型。修改字段的数据类型，就是把字段的数据类型转换成另一种数据类型。在 MySQL 中修改字段数据类型的语法格式如下：

```
ALTER TABLE <数据表名> MODIFY <字段名> <数据类型>;
```

上述语句中，“数据表名”指要修改数据类型的字段所在表的名称，“字段名”指需要修改的字段名称，“数据类型”指修改后字段的新数据类型。

【例 5-22】将数据表 tb_dept1 中 Name 字段的数据类型由 VARCHAR(22) 修改成 VARCHAR(30)。

SQL 语句如下：

```
ALTER TABLE tb_dept1 MODIFY Name VARCHAR(30);
```

使用 DESC 语句查看 tb_dept1 表结构，结果如图 5-27 所示。可以看到，Name 字段的数据类型已由 VARCHAR(22) 修改成 VARCHAR(30)。

```
mysql> ALTER TABLE tb_dept1 MODIFY Name VARCHAR(30);
Query OK, 0 rows affected (0.02 sec)
Records: 0  Duplicates: 0  Warnings: 0

mysql> DESC tb_dept1;
+-----------+-------------+------+-----+---------+-------+
| Field     | Type        | Null | Key | Default | Extra |
+-----------+-------------+------+-----+---------+-------+
| ID        | int         | NO   | PRI | NULL    |       |
| Name      | varchar(30) | YES  |     | NULL    |       |
| Column3   | int         | YES  |     | NULL    |       |
| Loc       | varchar(50) | YES  |     | NULL    |       |
| ManagerID | int         | YES  |     | NULL    |       |
| Column1   | varchar(12) | NO   |     | NULL    |       |
+-----------+-------------+------+-----+---------+-------+
6 rows in set (0.00 sec)
```

图 5-27 修改数据表 tb_dept1 中 Name 字段的数据类型

（3）修改字段的排列位置。

对于一个数据表来说，在创建的时候，字段在表中的排列顺序就已经确定了，但表的结构并不是完全不可以改变的，可以通过 ALTER TABLE 语句来改变表中字段的相对位置。语法格式如下：

```
ALTER TABLE <数据表名> MODIFY <字段 1> <数据类型> FIRST | AFTER <字段 2>;
```

上述语句中，“字段 1”指要修改位置的字段；“数据类型”指“字段 1”的数据类型；“FIRST”为可选参数，指将“字段 1”修改为表的第一个字段；“AFTER<字段 2>”指将“字段 1”调整到“字段 2”后面。

①修改字段为表的第一个字段。

【例 5-23】将数据表 tb_dept1 中的 Column1 字段修改为表的第一个字段。

SQL 语句如下：

```
ALTER TABLE tb_dept1 MODIFY Column1 VARCHAR(12) FIRST;
```

使用 DESC 语句查看表 tb_dept1，发现字段 Column1 已被移至表的第一列，如

图 5-28 所示。

```
mysql> ALTER TABLE tb_dept1 MODIFY Column1 VARCHAR(12) FIRST;
Query OK, 0 rows affected (0.02 sec)
Records: 0  Duplicates: 0  Warnings: 0

mysql> DESC tb_dept1;
+-----------+-------------+------+-----+---------+-------+
| Field     | Type        | Null | Key | Default | Extra |
+-----------+-------------+------+-----+---------+-------+
| Column1   | varchar(12) | YES  |     | NULL    |       |
| ID        | int         | NO   | PRI | NULL    |       |
| Name      | varchar(30) | YES  |     | NULL    |       |
| Column3   | int         | YES  |     | NULL    |       |
| Loc       | varchar(50) | YES  |     | NULL    |       |
| ManagerID | int         | YES  |     | NULL    |       |
+-----------+-------------+------+-----+---------+-------+
6 rows in set (0.00 sec)
```

图 5-28　将数据表 tb_dept1 中的 Column1 字段修改为表的第一个字段

②修改字段到表的指定列之后。

【例 5-24】将数据表 tb_dept1 中的 Column3 字段调整到 Loc 字段后面。

SQL 语句如下：

```
ALTER TABLE tb_dept1 MODIFY Column3 VARCHAR(12) AFTER Loc;
```

使用 DESC 语句查看表 tb_dept1，结果如图 5-29 所示。可以看到，数据表 tb_dept1 中的 Column3 字段已被调整到 Loc 字段的后面。

```
mysql> ALTER TABLE tb_dept1 MODIFY Column3 VARCHAR(12) AFTER Loc;
Query OK, 0 rows affected (0.02 sec)
Records: 0  Duplicates: 0  Warnings: 0

mysql> DESC tb_dept1;
+-----------+-------------+------+-----+---------+-------+
| Field     | Type        | Null | Key | Default | Extra |
+-----------+-------------+------+-----+---------+-------+
| Column1   | varchar(12) | YES  |     | NULL    |       |
| ID        | int         | NO   | PRI | NULL    |       |
| Name      | varchar(30) | YES  |     | NULL    |       |
| Loc       | varchar(50) | YES  |     | NULL    |       |
| Column3   | varchar(12) | YES  |     | NULL    |       |
| ManagerID | int         | YES  |     | NULL    |       |
+-----------+-------------+------+-----+---------+-------+
6 rows in set (0.00 sec)
```

图 5-29　将数据表 tb_dept1 中的 Column3 字段调整到 Loc 字段后面

5）删除表的外键约束

对于数据库中定义的外键，如果不再需要，可以将其删除。外键一旦删除，就会解除主表和从表间的关联关系。MySQL 中删除外键的语法格式如下：

```
ALTER TABLE <数据表名> DROP FOREIGN KEY <外键约束名>;
```

上述语句中，“外键约束名”指在定义表时 CONSTRAINT 关键字后面的参数。

【例 5-25】删除数据表 tb_emp5 中的外键约束。

步骤 1：由【例 5-5】可知，数据表 tb_emp5 的键 DeptID 已作为外键关联到数据表 tb_dept1 的主键 ID。使用 SHOW CREATE TABLE 语句查看数据表 tb_emp5 的定义，SQL 语句如下：

```
SHOW CREATE TABLE tb_emp5;
```

执行结果如图 5-30 所示。可以看到，已经定义了数据表 tb_emp5 的键 DeptID 作为外键关联到数据表 tb_dept1 的主键 ID。

```
mysql> SHOW CREATE TABLE tb_emp5;
+---------+------------------------------------------------------------------+
| Table   | Create Table                                                     |
+---------+------------------------------------------------------------------+
| tb_emp5 | CREATE TABLE `tb_emp5` (
  `ID` int NOT NULL,
  `Name` varchar(25) DEFAULT NULL,
  `DeptID` int DEFAULT NULL,
  `Salary` float DEFAULT NULL,
  PRIMARY KEY (`ID`),
  KEY `fk_emp_dept1` (`DeptID`),
  CONSTRAINT `fk_emp_dept1` FOREIGN KEY (`DeptID`) REFERENCES `tb_dept1` (`ID`)
) ENGINE=InnoDB DEFAULT CHARSET=utf8mb4 COLLATE=utf8mb4_0900_ai_ci |
+---------+------------------------------------------------------------------+
1 row in set (0.00 sec)
```

图 5-30　查看数据表 tb_emp5 的定义

步骤 2：删除数据表 tb_emp5 中的外键约束。SQL 语句如下：

```
ALTER TABLE tb_emp5 DROP FOREIGN KEY fk_emp_dept1;
```

执行结果如图 5-31 所示。

```
mysql>  ALTER TABLE tb_emp5 DROP FOREIGN KEY fk_emp_dept1;
Query OK, 0 rows affected (0.01 sec)
Records: 0  Duplicates: 0  Warnings: 0
```

图 5-31　执行结果

使用 SHOW CREATE TABLE 语句查看数据表 tb_emp5 的定义，其执行结果如图 5-32 所示。可以看到，数据表 tb_emp5 中的外键约束已被删除。

```
mysql>  SHOW CREATE TABLE tb_emp5;
+---------+------------------------------------------------------------------+
| Table   | Create Table                                                     |
+---------+------------------------------------------------------------------+
| tb_emp5 | CREATE TABLE `tb_emp5` (
  `ID` int NOT NULL,
  `Name` varchar(25) DEFAULT NULL,
  `DeptID` int DEFAULT NULL,
  `Salary` float DEFAULT NULL,
  PRIMARY KEY (`ID`),
  KEY `fk_emp_dept1` (`DeptID`)
) ENGINE=InnoDB DEFAULT CHARSET=utf8mb4 COLLATE=utf8mb4_0900_ai_ci |
+---------+------------------------------------------------------------------+
1 row in set (0.00 sec)
```

图 5-32　数据表 tb_emp5 中的外键约束已被删除

3. 删除数据表

删除数据表操作指的是删除指定数据库中已经存在的表，同时表中的数据也会被删除，语法格式如下：

```
DROP [TEMPORARY] TABLE [IF EXISTS] <数据表名 1> [,<数据表名 2>, …]
```

删除数据表时，可同时删除多个数据表，多个表之间用逗号分隔，可以使用 IF EXISTS 防止删除一个不存在的表时发生错误。

【例 5-26】删除数据表 tb_dept1、tb_dept2、tb_dept3。

步骤 1：使用 USE 语句设置数据库 test_db 为当前数据库，然后使用 SHOW TABLES 语句查看数据库中的所有数据表。具体 SQL 语句与执行结果如图 5-33 所示。

步骤 2：删除数据表 tb_dept1、tb_dept2、tb_dept3。SQL 语句如下：

```
DROP TABLE IF EXISTS tb_dept1, tb_dept2, tb_dept3;
```

执行上述语句之后，使用 SHOW TABLES 语句查看数据库中的所有数据表。执行结果如图 5-34 所示。可以看到，数据表 tb_dept1、tb_dept2、tb_dept3 已从数据库 test_db 中删除。

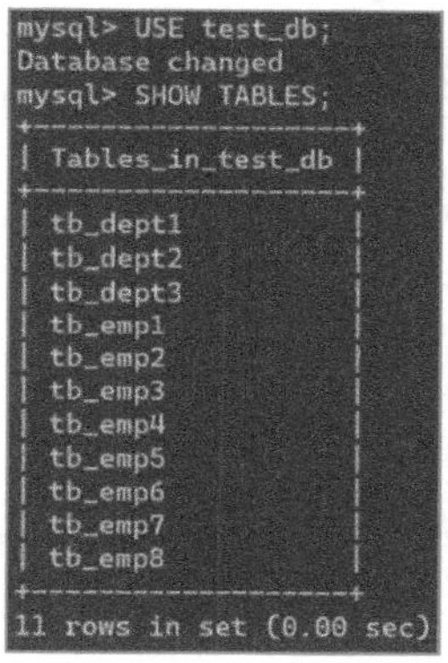

```
mysql> USE test_db;
Database changed
mysql> SHOW TABLES;
+-------------------+
| Tables_in_test_db |
+-------------------+
| tb_dept1          |
| tb_dept2          |
| tb_dept3          |
| tb_emp1           |
| tb_emp2           |
| tb_emp3           |
| tb_emp4           |
| tb_emp5           |
| tb_emp6           |
| tb_emp7           |
| tb_emp8           |
+-------------------+
11 rows in set (0.00 sec)
```

图 5-33　查看 test_db 的所有数据表

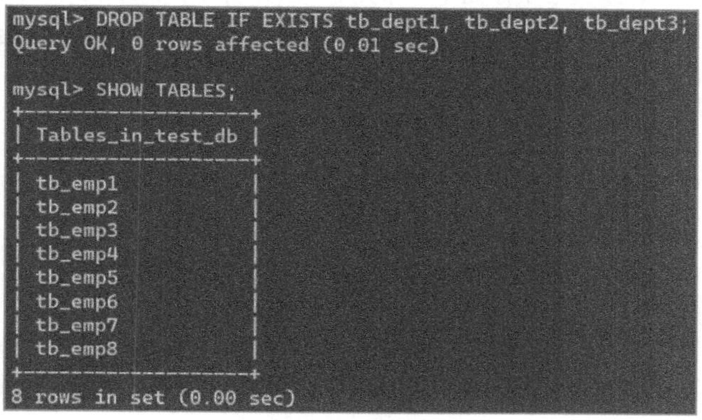

```
mysql> DROP TABLE IF EXISTS tb_dept1, tb_dept2, tb_dept3;
Query OK, 0 rows affected (0.01 sec)

mysql> SHOW TABLES;
+-------------------+
| Tables_in_test_db |
+-------------------+
| tb_emp1           |
| tb_emp2           |
| tb_emp3           |
| tb_emp4           |
| tb_emp5           |
| tb_emp6           |
| tb_emp7           |
| tb_emp8           |
+-------------------+
8 rows in set (0.00 sec)
```

图 5-34　删除数据表之后查看 test_db 数据库

5.1.3　使用 MySQL Command Line Client 管理数据

MySQL 数据表分为表结构（structure）和数据记录（record）两部分。上一节中创建表的操作，仅仅是创建了表结构，表结构即决定表拥有哪些字段以及这些字段的名称、数据类型、长度、精度、小数位数、是否允许空值、是否设置默认值和主键等。接下来讲解表数据的操作，表数据的操作包括插入数据、更新数据和删除数据。

1. 插入数据

MySQL 一般通过 INSERT 语句对数据表进行数据的插入操作。INSERT 语句有多种形式。

1）使用 INSERT…VALUES 语句插入数据

MySQL 支持多种插入方式：插入完整的记录、插入记录的一部分、插入一条记录和插入多条记录。

（1）给表的所有字段插入数据。

MySQL 使用 INSERT 语句添加新记录时要求指定表名称和要插入的新记录中的数据，语法格式如下：

```
# 给表的所有字段插入数据
INSERT INTO <数据表名> VALUES (值1, 值2, … , 值n);
INSERT INTO <数据表名> (字段1, 字段2, … , 字段n) VALUES (值1, 值2, … , 值n);
```

说明：

- 向表中所有字段插入值的方法有两种：一种是完全不指定字段名；另一种是指定所有字段名。如果完全不指定字段名，则要求值列表中的数据与表结构中的字段顺序、数据类型、数量一一对应。如果指定所有字段名，则要求值列表中的数据与前面指定的字段列表中的字段顺序、数据类型、数量一一对应。虽然不指定字段名看起来更简洁，但是任何表结构的修改都将使得这个 INSERT 语句随之跟着修改，否则就会出错。而指定所有字段名的方式，在表结构新增字段以及调整字段位置的情况下，仍然不会出错，可以不用修改 INSERT 语句。
- 字段列表的每一个字段之间、值列表的每一个值之间都用英文逗号分隔。
- 值列表中关于文本字符串和日期类型的值需要加英文单引号将值引起来。

【例 5-27】新建一个数据库 poets，并创建数据表 ChinesePoets，然后在数据表中插入关于诗人“李白”的数据信息。

步骤如下：

步骤 1：创建 poets 数据库。SQL 语句如下：

```
CREATE DATABASE poets;
```

步骤 2：选择 poets 数据库为当前数据库。SQL 语句如下：

```
USE poets;
```

步骤 3：创建 ChinesePoets 数据表。SQL 语句如下：

```
CREATE TABLE ChinesePoets (
    id INT UNSIGNED NOT NULL AUTO_INCREMENT,
    name VARCHAR(20) NOT NULL,
    dynasty VARCHAR(20) NOT NULL,
    masterpiece VARCHAR(50) NULL,
    PRIMARY KEY (id)
);
```

步骤 4：在数据表 ChinesePoets 中插入一条关于诗人“李白”的数据信息。SQL 语句如下：

```
INSERT INTO ChinesePoets (id, name, dynasty, masterpiece)
VALUES (1, '李白', '唐朝', '《静夜思》《将进酒》《蜀道难》《望庐山瀑布》等');
```

执行结果如图 5-35 所示。

```
mysql> CREATE DATABASE poets;
Query OK, 1 row affected (0.01 sec)

mysql> USE poets;
Database changed
mysql> CREATE TABLE ChinesePoets (
    ->   id INT UNSIGNED NOT NULL AUTO_INCREMENT,
    ->   name VARCHAR(20) NOT NULL,
    ->   dynasty VARCHAR(20) NOT NULL,
    ->   masterpiece VARCHAR(50) NULL,
    ->   PRIMARY KEY (id)
    -> );
Query OK, 0 rows affected (0.01 sec)

mysql> INSERT INTO ChinesePoets (id, name, dynasty, masterpiece)
    -> VALUES (1, '李白', '唐朝', '《静夜思》《将进酒》《蜀道难》《望庐山瀑布》等');
Query OK, 1 row affected (0.01 sec)
```

图 5-35　执行结果

使用 SELECT 语句查看记录，结果如图 5-36 所示。可以看到，数据表 ChinesePoets 中已经插入一条关于诗人“李白”的数据信息。

```
mysql> SELECT * FROM ChinesePoets;
+----+------+---------+------------------------------------------------+
| id | name | dynasty | masterpiece                                    |
+----+------+---------+------------------------------------------------+
|  1 | 李白 | 唐朝    | 《静夜思》《将进酒》《蜀道难》《望庐山瀑布》等 |
+----+------+---------+------------------------------------------------+
1 row in set (0.00 sec)
```

图 5-36　使用 SELECT 语句查看记录

INSERT 语句后面的列名称顺序可以不是数据表定义时的顺序，即插入数据时，不需要按照数据表定义的顺序插入，只要保证值的顺序与列字段的顺序相同就可以。

【例 5-28】在数据表 ChinesePoets 中插入关于诗人“杜甫”的数据信息。

SQL 语句如下：

```
INSERT INTO ChinesePoets (name, id, masterpiece, dynasty)
VALUES ('杜甫', '2', '《登高》《望岳》《春望》《石壕吏》等', '唐朝');
```

上述语句执行完毕后，查看记录，如图 5-37 所示。可以看到，数据表 ChinesePoets 中已经插入关于诗人“杜甫”的数据信息。

```
mysql> INSERT INTO ChinesePoets (name, id, masterpiece, dynasty)
    -> VALUES ('杜甫', '2', '《登高》《望岳》《春望》《石壕吏》等', '唐朝');
Query OK, 1 row affected (0.01 sec)

mysql> SELECT * FROM ChinesePoets;
+----+------+---------+------------------------------------------------+
| id | name | dynasty | masterpiece                                    |
+----+------+---------+------------------------------------------------+
|  1 | 李白 | 唐朝    | 《静夜思》《将进酒》《蜀道难》《望庐山瀑布》等 |
|  2 | 杜甫 | 唐朝    | 《登高》《望岳》《春望》《石壕吏》等           |
+----+------+---------+------------------------------------------------+
2 rows in set (0.00 sec)
```

图 5-37　查看新插入的记录 1

需要注意的是，使用 INSERT 语句插入数据时，允许列名称列表为空，此时，值列表中需要为数据表的每一个字段指定值，并且值的顺序必须和数据表中字段定义时的顺序相同。

【例 5-29】在数据表 ChinesePoets 中插入关于诗人“白居易”的数据信息。

SQL 语句如下：

```
INSERT INTO ChinesePoets VALUES(3,'白居易','唐朝','《长恨歌》《琵琶行》《卖炭翁》《钱塘湖春行》等');
```

上述语句执行完毕后，查看记录，如图 5-38 所示。可以看到，数据表 ChinesePoets 中已经插入关于诗人“白居易”的数据信息。

```
mysql> INSERT INTO ChinesePoets VALUES(3,'白居易','唐朝','《长恨歌》《琵琶行》《卖炭翁》
《钱塘湖春行》等');
Query OK, 1 row affected (0.00 sec)

mysql> SELECT * FROM ChinesePoets;
+----+--------+---------+----------------------------------------------+
| id | name   | dynasty | masterpiece                                  |
+----+--------+---------+----------------------------------------------+
|  1 | 李白   | 唐朝    | 《静夜思》《将进酒》《蜀道难》《望庐山瀑布》等 |
|  2 | 杜甫   | 唐朝    | 《登高》《望岳》《春望》《石壕吏》等           |
|  3 | 白居易 | 唐朝    | 《长恨歌》《琵琶行》《卖炭翁》《钱塘湖春行》等 |
+----+--------+---------+----------------------------------------------+
3 rows in set (0.00 sec)
```

图 5-38　查看新插入的记录 2

（2）给表的指定字段插入数据。

给表的指定字段插入数据就是在 INSERT 语句中只向部分字段中插入值，而其他字段的值为表定义时的默认值。

【例 5-30】在数据表 ChinesePoets 中插入关于诗人“王维”的数据信息。

SQL 语句如下：

```
INSERT INTO ChinesePoets (name, dynasty, masterpiece)
VALUES ('王维', '唐朝', '《画》《鸟鸣涧》《使至塞上》《山居秋暝》等');
```

上述语句执行完毕后，查看记录，如图 5-39 所示。可以看到，数据表 ChinesePoets 中已经插入关于诗人“王维”的数据信息。

```
mysql> INSERT INTO ChinesePoets (name, dynasty, masterpiece)
    -> VALUES ('王维', '唐朝', '《画》《鸟鸣涧》《使至塞上》《山居秋暝》等');
Query OK, 1 row affected (0.00 sec)

mysql> SELECT * FROM ChinesePoets;
+----+--------+---------+----------------------------------------------+
| id | name   | dynasty | masterpiece                                  |
+----+--------+---------+----------------------------------------------+
|  1 | 李白   | 唐朝    | 《静夜思》《将进酒》《蜀道难》《望庐山瀑布》等 |
|  2 | 杜甫   | 唐朝    | 《登高》《望岳》《春望》《石壕吏》等           |
|  3 | 白居易 | 唐朝    | 《长恨歌》《琵琶行》《卖炭翁》《钱塘湖春行》等 |
|  4 | 王维   | 唐朝    | 《画》《鸟鸣涧》《使至塞上》《山居秋暝》等     |
+----+--------+---------+----------------------------------------------+
4 rows in set (0.00 sec)
```

图 5-39　查看新插入的记录 3

上述语句在执行时，由于 id 字段为数据表的主键，不能为空，因而系统会自动为该字段插入自增的序列值，因此 id 字段自动添加了一个整数值 4。在插入记录时，如果某些字段没有指定插入值，MySQL 将插入该字段定义时的默认值。下面的例子说明在没有指定列字段时，会插入默认值。

【例 5-31】在数据表 ChinesePoets 中插入关于诗人“李商隐”的数据信息。

SQL 语句如下：

```
INSERT INTO ChinesePoets (name, dynasty)
VALUES ('李商隐', '唐朝');
```

上述语句执行完毕后，查看记录，如图 5-40 所示。可以看到，数据表 ChinesePoets 中已经插入关于诗人“李商隐”的数据信息。但是由于在插入语句时未指定 masterpiece 字段值，而 masterpiece 字段在定义时默认为 NULL，因此系统自动为该字段插入空值。

```
mysql> INSERT INTO ChinesePoets (name, dynasty)
    -> VALUES ('李商隐', '唐朝');
Query OK, 1 row affected (0.01 sec)

mysql> SELECT * FROM ChinesePoets;
+----+--------+---------+--------------------------------------------------+
| id | name   | dynasty | masterpiece                                      |
+----+--------+---------+--------------------------------------------------+
|  1 | 李白   | 唐朝    | 《静夜思》《将进酒》《蜀道难》《望庐山瀑布》等   |
|  2 | 杜甫   | 唐朝    | 《登高》《望岳》《春望》《石壕吏》等             |
|  3 | 白居易 | 唐朝    | 《长恨歌》《琵琶行》《卖炭翁》《钱塘湖春行》等   |
|  4 | 王维   | 唐朝    | 《画》《鸟鸣涧》《使至塞上》《山居秋暝》等       |
|  5 | 李商隐 | 唐朝    | NULL                                             |
+----+--------+---------+--------------------------------------------------+
5 rows in set (0.00 sec)
```

图 5-40　查看新插入的记录 4

提示：要保证每个插入值的数据类型和对应列的数据类型匹配，如果类型不同，将无法插入，并且 MySQL 会报错。

（3）同时插入多条记录。

在 MySQL 中，INSERT 语句可以同时向数据表中插入多条记录，插入时指定多个值列表，每个值列表之间用逗号分隔，语法格式如下：

```
INSERT INTO <数据表名> (字段 1, 字段 2, ..., 字段 n)
VALUES (值列表 1), (值列表 2), ..., (值列表 n);
```

说明：“值列表 1”“值列表 2”……“值列表 n”表示第 1，2，…，n 个插入记录的字段的值列表。

【例 5-32】在数据表 ChinesePoets 中插入关于诗人“孟浩然”“王昌龄”“刘禹锡”的数据信息。

SQL 语句如下：

```
INSERT INTO ChinesePoets (name, dynasty, masterpiece)
VALUES ('孟浩然', '唐朝', '《春晓》《过故人庄》《宿建德江》《望洞庭湖赠张丞相》等'),
('王昌龄', '唐朝', '《出塞》《长歌行》《采莲曲》《芙蓉楼送辛渐》等'),
('刘禹锡', '唐朝', '《秋词》《陋室铭》《乌衣巷》《酬乐天扬州初逢席上见赠》等')
;
```

上述语句执行完毕后，查看记录，如图 5-41 所示。可以看到，数据表 ChinesePoets 中已经插入关于诗人“孟浩然”“王昌龄”“刘禹锡”的数据信息。其中，name、dynasty、masterpiece 字段分别为指定的值，id 字段为 MySQL 添加的默认的自增值。

```
mysql> INSERT INTO ChinesePoets (name, dynasty, masterpiece)
    -> VALUES ('孟浩然', '唐朝', '《春晓》《过故人庄》《宿建德江》《望洞庭湖赠张丞相》等'),
    -> ('王昌龄', '唐朝', '《出塞》《长歌行》《采莲曲》《芙蓉楼送辛渐》等'),
    -> ('刘禹锡', '唐朝', '《秋词》《陋室铭》《乌衣巷》《酬乐天扬州初逢席上见赠》等')
    -> ;
Query OK, 3 rows affected (0.01 sec)
Records: 3  Duplicates: 0  Warnings: 0

mysql> SELECT * FROM ChinesePoets;
+----+--------+---------+--------------------------------------------------------+
| id | name   | dynasty | masterpiece                                            |
+----+--------+---------+--------------------------------------------------------+
|  1 | 李白   | 唐朝    | 《静夜思》《将进酒》《蜀道难》《望庐山瀑布》等         |
|  2 | 杜甫   | 唐朝    | 《登高》《望岳》《春望》《石壕吏》等                   |
|  3 | 白居易 | 唐朝    | 《长恨歌》《琵琶行》《卖炭翁》《钱塘湖春行》等         |
|  4 | 王维   | 唐朝    | 《画》《鸟鸣涧》《使至塞上》《山居秋暝》等             |
|  5 | 李商隐 | 唐朝    | NULL                                                   |
|  6 | 孟浩然 | 唐朝    | 《春晓》《过故人庄》《宿建德江》《望洞庭湖赠张丞相》等   |
|  7 | 王昌龄 | 唐朝    | 《出塞》《长歌行》《采莲曲》《芙蓉楼送辛渐》等         |
|  8 | 刘禹锡 | 唐朝    | 《秋词》《陋室铭》《乌衣巷》《酬乐天扬州初逢席上见赠》等 |
+----+--------+---------+--------------------------------------------------------+
8 rows in set (0.00 sec)
```

图 5-41　查看新插入的记录 5

使用 INSERT 语句同时插入多条记录时，MySQL 会返回一些在执行单行插入时没有的额外信息，这些信息的含义如下：

- Records：表明插入的记录条数。
- Duplicates：表明插入时被忽略的记录，原因可能是这些记录包含了重复的主键值。
- Warnings：表明有问题的数据值，例如，发生数据类型转换。

【例 5-33】在数据表 ChinesePoets 中插入关于诗人“杜牧”“王勃”的数据信息。

SQL 语句如下：

```
INSERT INTO ChinesePoets
VALUES ('9', '杜牧', '唐朝', '《清明》《山行》《泊秦淮》《赤壁》《阿房宫赋》等'),
(NULL,'王勃', '唐朝', '《山中》《滕王阁序》《送杜少府之任蜀州》等')
;
```

上述语句执行完毕后，查看记录，如图 5-42 所示。可以看到，数据表 ChinesePoets 中已经插入关于诗人“杜牧”“王勃”的数据信息。与前面介绍的 INSERT 语句的用法不同，本例中 ChinesePoets 表名后面没有指定插入字段列表，因此 VALUES 关键字后面的多个值列表要为每一条记录的每一个字段列指定插入值，并且这些值的顺序必须和 ChinesePoets 表中字段定义的顺序相同。另外，为带有 AUTO_INCREMENT 属性的 id 字段指定 NULL 值，系统仍会自动为该字段插入唯一的自增编号。

提示：一条能够同时插入多行记录的 INSERT 语句等同于多条执行单行插入操作的 INSERT 语句，但是前者在处理过程中效率更高。因为 MySQL 执行单条 INSERT 语句插入多行数据比使用多条 INSERT 语句快，所以在插入多条记录时最好选择使用单条 INSERT 语句的方式。

```
mysql> INSERT INTO ChinesePoets
    -> VALUES ('9', '杜牧', '唐朝', '《清明》《山行》《泊秦淮》《赤壁》《阿房宫赋》等'),
    -> (NULL,'王勃', '唐朝', '《山中》《滕王阁序》《送杜少府之任蜀州》等')
    -> ;
Query OK, 2 rows affected (0.01 sec)
Records: 2  Duplicates: 0  Warnings: 0

mysql> SELECT * FROM ChinesePoets;
+----+--------+---------+------------------------------------------------------+
| id | name   | dynasty | masterpiece                                          |
+----+--------+---------+------------------------------------------------------+
|  1 | 李白   | 唐朝    | 《静夜思》《将进酒》《蜀道难》《望庐山瀑布》等       |
|  2 | 杜甫   | 唐朝    | 《登高》《望岳》《春望》《石壕吏》等                 |
|  3 | 白居易 | 唐朝    | 《长恨歌》《琵琶行》《卖炭翁》《钱塘湖春行》等       |
|  4 | 王维   | 唐朝    | 《画》《鸟鸣涧》《使至塞上》《山居秋暝》等           |
|  5 | 李商隐 | 唐朝    | NULL                                                 |
|  6 | 孟浩然 | 唐朝    | 《春晓》《过故人庄》《宿建德江》《望洞庭湖赠张丞相》等 |
|  7 | 王昌龄 | 唐朝    | 《出塞》《长歌行》《采莲曲》《芙蓉楼送辛渐》等       |
|  8 | 刘禹锡 | 唐朝    | 《秋词》《陋室铭》《乌衣巷》《酬乐天扬州初逢席上见赠》等 |
|  9 | 杜牧   | 唐朝    | 《清明》《山行》《泊秦淮》《赤壁》《阿房宫赋》等     |
| 10 | 王勃   | 唐朝    | 《山中》《滕王阁序》《送杜少府之任蜀州》等           |
+----+--------+---------+------------------------------------------------------+
10 rows in set (0.00 sec)
```

图 5-42　查看新插入的记录 6

2）使用 INSERT...SET 语句插入数据

INSERT...SET 语句用于通过直接给表中的某些字段指定对应的值来实现插入指定数据。对于未指定值的字段将采用默认值进行添加。语法格式如下：

```
INSERT INTO <数据表名>
SET <字段名1> = <值1>,
<字段名2> = <值2>,
…
<字段名n> = <值n>;
```

说明：

- INSERT INTO <数据表名>：用于向指定的数据表中添加数据。
- SET <字段名>=<值>：用于给数据表中的某些字段设置要插入的值。

【例 5-34】在数据表 ChinesePoets 中插入关于诗人“贺知章”的数据信息。

SQL 语句如下：

```
INSERT INTO ChinesePoets
SET id =11,
name = '贺知章',
dynasty = '唐朝',
masterpiece = '《咏柳》《回乡偶书》等';
```

上述语句执行完毕后，查看记录，如图 5-43 所示。可以看到，数据表 ChinesePoets 中已经插入关于诗人“贺知章”的数据信息。

【例 5-35】在数据表 ChinesePoets 中插入关于诗人“岑参”的数据信息。

SQL 语句如下：

```
INSERT INTO ChinesePoets
SET name = '岑参',
dynasty = '唐朝';
```

```
mysql> INSERT INTO ChinesePoets
    -> SET id =11,
    -> name = '贺知章',
    -> dynasty = '唐朝',
    -> masterpiece = '《咏柳》《回乡偶书》等';
Query OK, 1 row affected (0.01 sec)

mysql> SELECT * FROM ChinesePoets;
+----+--------+---------+----------------------------------------------------------+
| id | name   | dynasty | masterpiece                                              |
+----+--------+---------+----------------------------------------------------------+
|  1 | 李白   | 唐朝    | 《静夜思》《将进酒》《蜀道难》《望庐山瀑布》等           |
|  2 | 杜甫   | 唐朝    | 《登高》《望岳》《春望》《石壕吏》等                     |
|  3 | 白居易 | 唐朝    | 《长恨歌》《琵琶行》《卖炭翁》《钱塘湖春行》等           |
|  4 | 王维   | 唐朝    | 《画》《鸟鸣涧》《使至塞上》《山居秋暝》等               |
|  5 | 李商隐 | 唐朝    | NULL                                                     |
|  6 | 孟浩然 | 唐朝    | 《春晓》《过故人庄》《宿建德江》《望洞庭湖赠张丞相》等     |
|  7 | 王昌龄 | 唐朝    | 《出塞》《长歌行》《采莲曲》《芙蓉楼送辛渐》等           |
|  8 | 刘禹锡 | 唐朝    | 《秋词》《陋室铭》《乌衣巷》《酬乐天扬州初逢席上见赠》等 |
|  9 | 杜牧   | 唐朝    | 《清明》《山行》《泊秦淮》《赤壁》《阿房宫赋》等         |
| 10 | 王勃   | 唐朝    | 《山中》《滕王阁序》《送杜少府之任蜀州》等               |
| 11 | 贺知章 | 唐朝    | 《咏柳》《回乡偶书》等                                   |
+----+--------+---------+----------------------------------------------------------+
11 rows in set (0.00 sec)
```

图 5-43　查看新插入的记录 7

上述语句执行完毕后，查看记录，如图 5-44 所示。可以看到，数据表 ChinesePoets 中已经插入关于诗人“岑参”的数据信息。其中，name、dynasty 字段分别为指定的值，id 字段为 MySQL 添加的默认的自增值，masterpiece 字段为默认的 NULL 值。

```
mysql> INSERT INTO ChinesePoets
    -> SET name = '岑参',
    -> dynasty = '唐朝';
Query OK, 1 row affected (0.02 sec)

mysql> SELECT * FROM ChinesePoets;
+----+--------+---------+----------------------------------------------------------+
| id | name   | dynasty | masterpiece                                              |
+----+--------+---------+----------------------------------------------------------+
|  1 | 李白   | 唐朝    | 《静夜思》《将进酒》《蜀道难》《望庐山瀑布》等           |
|  2 | 杜甫   | 唐朝    | 《登高》《望岳》《春望》《石壕吏》等                     |
|  3 | 白居易 | 唐朝    | 《长恨歌》《琵琶行》《卖炭翁》《钱塘湖春行》等           |
|  4 | 王维   | 唐朝    | 《画》《鸟鸣涧》《使至塞上》《山居秋暝》等               |
|  5 | 李商隐 | 唐朝    | NULL                                                     |
|  6 | 孟浩然 | 唐朝    | 《春晓》《过故人庄》《宿建德江》《望洞庭湖赠张丞相》等     |
|  7 | 王昌龄 | 唐朝    | 《出塞》《长歌行》《采莲曲》《芙蓉楼送辛渐》等           |
|  8 | 刘禹锡 | 唐朝    | 《秋词》《陋室铭》《乌衣巷》《酬乐天扬州初逢席上见赠》等 |
|  9 | 杜牧   | 唐朝    | 《清明》《山行》《泊秦淮》《赤壁》《阿房宫赋》等         |
| 10 | 王勃   | 唐朝    | 《山中》《滕王阁序》《送杜少府之任蜀州》等               |
| 11 | 贺知章 | 唐朝    | 《咏柳》《回乡偶书》等                                   |
| 12 | 岑参   | 唐朝    | NULL                                                     |
+----+--------+---------+----------------------------------------------------------+
12 rows in set (0.00 sec)
```

图 5-44　查看新插入的记录 8

3）使用 INSERT...SELECT 语句插入数据

MySQL 中支持将查询结果插入指定的数据表中，具体通过 INSERT...SELECT 语句来实现。如果要从另外一个表中合并数据信息到指定的数据表中，不需要把每一条记录的值逐个输入，只需要使用一条 INSERT 语句和一条 SELECT 语句组成的组合语句即可快速地从一个或多个表中向另一个表中插入多行数据。语法格式如下：

```
INSERT INTO <数据表名 1> (字段列表 1)
SELECT 字段列表 2 FROM <数据表名 2> [WHERE <条件表达式>];
```

说明：

- 数据表名 1：指定待插入数据的表。
- 字段列表 1：指定待插入表中要插入数据的列名。
- 数据表名 2：指定插入数据的来源表。
- 字段列表 2：指定数据来源表的查询列，该列表必须和字段列表 1 中的字段个数相同，且数据类型相同。
- WHERE <条件表达式>：可选项，指定 SELECT 语句的查询条件。

提示：在书写上述语句时，字段列表 2 不需要用括号括起，否则会提示“Operand should contain 1 column(s)”的错误信息，即无法检索到字段。

【例 5-36】从数据表 ChinesePoets_old 中查询所有记录并插入数据表 ChinesePoets 中。

步骤如下：

步骤 1：创建一个名为 ChinesePoets_old 的数据表，其表结构与数据表 ChinesePoets 完全相同。SQL 语句如下：

```
CREATE TABLE ChinesePoets_old (
    id INT UNSIGNED NOT NULL AUTO_INCREMENT,
    name VARCHAR(20) NOT NULL,
    dynasty VARCHAR(20) NOT NULL,
    masterpiece VARCHAR(50) NULL,
    PRIMARY KEY (id)
);
```

步骤 2：向 ChinesePoets_old 数据表中添加关于诗人“高适”“陈子昂”的数据信息。SQL 语句如下：

```
INSERT INTO ChinesePoets_old (id, name, dynasty, masterpiece)
VALUES ('13','高适', '唐朝', '《别董大》《除夜作》《塞上听吹笛》《燕歌行》等'),
('14','陈子昂', '唐朝', '《送客》《登幽州台歌》《送魏大从军》《度荆门望楚》等')
;
```

上述语句执行完毕后，查看记录，如图 5-45 所示。可以看到，记录插入成功，数据表 ChinesePoets_old 中增加了关于诗人“高适”“陈子昂”的数据信息。

步骤 3：从数据表 ChinesePoets_old 中查询所有的记录，将其插入数据表 ChinesePoets 中。SQL 语句如下：

```
INSERT INTO ChinesePoets (id, name, dynasty, masterpiece)
SELECT id, name, dynasty, masterpiece FROM ChinesePoets_old;
```

上述语句执行完毕后，查看记录，如图 5-46 所示。可以看到，INSERT...SELECT 语句执行后，ChinesePoets 数据表中多了两条记录，这两条记录和 ChinesePoets_old 数据表中的记录完全相同，数据转移成功。这里的 id 字段为自增的主键，在插入的时候要保证该字段值的唯一性，如果不能确定，可以在插入的时候忽略该字段，只插入其他字段的值。

```
mysql> CREATE TABLE ChinesePoets_old (
    ->   id INT UNSIGNED NOT NULL AUTO_INCREMENT,
    ->   name VARCHAR(20) NOT NULL,
    ->   dynasty VARCHAR(20) NOT NULL,
    ->   masterpiece VARCHAR(50) NULL,
    ->   PRIMARY KEY (id)
    -> );
Query OK, 0 rows affected (0.02 sec)

mysql> INSERT INTO ChinesePoets_old (id, name, dynasty, masterpiece)
    -> VALUES ('13','高适', '唐朝', '《别董大》《除夜作》《塞上听吹笛》《燕歌行》等'),
    -> ('14','陈子昂', '唐朝', '《送客》《登幽州台歌》《送魏大从军》《度荆门望楚》等')
    -> ;
Query OK, 2 rows affected (0.01 sec)
Records: 2  Duplicates: 0  Warnings: 0

mysql> SELECT * FROM ChinesePoets_old;
+----+--------+---------+--------------------------------------------------+
| id | name   | dynasty | masterpiece                                      |
+----+--------+---------+--------------------------------------------------+
| 13 | 高适   | 唐朝    | 《别董大》《除夜作》《塞上听吹笛》《燕歌行》等   |
| 14 | 陈子昂 | 唐朝    | 《送客》《登幽州台歌》《送魏大从军》《度荆门望楚》等 |
+----+--------+---------+--------------------------------------------------+
2 rows in set (0.00 sec)
```

图 5-45　查看新插入的记录 9

```
mysql> INSERT INTO ChinesePoets (id, name, dynasty, masterpiece)
    -> SELECT id, name, dynasty, masterpiece FROM ChinesePoets_old;
Query OK, 2 rows affected (0.01 sec)
Records: 2  Duplicates: 0  Warnings: 0

mysql> SELECT * FROM ChinesePoets;
+----+--------+---------+--------------------------------------------------------+
| id | name   | dynasty | masterpiece                                            |
+----+--------+---------+--------------------------------------------------------+
|  1 | 李白   | 唐朝    | 《静夜思》《将进酒》《蜀道难》《望庐山瀑布》等         |
|  2 | 杜甫   | 唐朝    | 《登高》《望岳》《春望》《石壕吏》等                   |
|  3 | 白居易 | 唐朝    | 《长恨歌》《琵琶行》《卖炭翁》《钱塘湖春行》等         |
|  4 | 王维   | 唐朝    | 《画》《鸟鸣涧》《使至塞上》《山居秋暝》等             |
|  5 | 李商隐 | 唐朝    | NULL                                                   |
|  6 | 孟浩然 | 唐朝    | 《春晓》《过故人庄》《宿建德江》《望洞庭湖赠张丞相》等   |
|  7 | 王昌龄 | 唐朝    | 《出塞》《长歌行》《采莲曲》《芙蓉楼送辛渐》等         |
|  8 | 刘禹锡 | 唐朝    | 《秋词》《陋室铭》《乌衣巷》《酬乐天扬州初逢席上见赠》等 |
|  9 | 杜牧   | 唐朝    | 《清明》《山行》《泊秦淮》《赤壁》《阿房宫赋》等       |
| 10 | 王勃   | 唐朝    | 《山中》《滕王阁序》《送杜少府之任蜀州》等             |
| 11 | 贺知章 | 唐朝    | 《咏柳》《回乡偶书》等                                 |
| 12 | 岑参   | 唐朝    | NULL                                                   |
| 13 | 高适   | 唐朝    | 《别董大》《除夜作》《塞上听吹笛》《燕歌行》等         |
| 14 | 陈子昂 | 唐朝    | 《送客》《登幽州台歌》《送魏大从军》《度荆门望楚》等   |
+----+--------+---------+--------------------------------------------------------+
14 rows in set (0.00 sec)
```

图 5-46　查看新插入的记录 10

2. 更新数据

MySQL 一般通过 UPDATE 语句对数据表进行数据的更新操作。语法格式如下：

```
# 更新数据表的记录
UPDATE <数据表名>
```

```
SET <字段名1> = <值1>, <字段名2> = <值2>, …, <字段名n> = <值n>
[WHERE <条件表达式>];
```

说明：

- 字段名 1，字段名 2，……，字段名 n：指定要更新的字段的名称。
- 值 1，值 2，……，值 n：相对应的指定字段的更新值。
- WHERE <条件表达式>：指定更新的记录需要满足的条件。

提示：当需要更新多个字段的值时，每个“列 - 值”对之间需要用逗号隔开，最后一列之后不需要逗号，否则会提示错误信息。

1）更新指定字段的所有的值

当 UPDATE 语句省略了 WHERE 子句，MySQL 将会更新数据表中指定字段的所有的值。

【例 5-37】 更新数据表 ChinesePoets 中的字段 masterpiece 所有的值为 NULL。

步骤 1：首先查询数据表 ChinesePoets 的当前记录信息。SQL 语句如下：

```
SELECT * FROM ChinesePoets;
```

执行结果如图 5-47 所示。

```
mysql> SELECT * FROM ChinesePoets;
+----+--------+---------+------------------------------------------------------------+
| id | name   | dynasty | masterpiece                                                |
+----+--------+---------+------------------------------------------------------------+
|  1 | 李白   | 唐朝    | 《静夜思》《将进酒》《蜀道难》《望庐山瀑布》等             |
|  2 | 杜甫   | 唐朝    | 《登高》《望岳》《春望》《石壕吏》等                       |
|  3 | 白居易 | 唐朝    | 《长恨歌》《琵琶行》《卖炭翁》《钱塘湖春行》等             |
|  4 | 王维   | 唐朝    | 《画》《鸟鸣涧》《使至塞上》《山居秋暝》等                 |
|  5 | 李商隐 | 唐朝    | NULL                                                       |
|  6 | 孟浩然 | 唐朝    | 《春晓》《过故人庄》《宿建德江》《望洞庭湖赠张丞相》等       |
|  7 | 王昌龄 | 唐朝    | 《出塞》《长歌行》《采莲曲》《芙蓉楼送辛渐》等             |
|  8 | 刘禹锡 | 唐朝    | 《秋词》《陋室铭》《乌衣巷》《酬乐天扬州初逢席上见赠》等     |
|  9 | 杜牧   | 唐朝    | 《清明》《山行》《泊秦淮》《赤壁》《阿房宫赋》等           |
| 10 | 王勃   | 唐朝    | 《山中》《滕王阁序》《送杜少府之任蜀州》等                   |
| 11 | 贺知章 | 唐朝    | 《咏柳》《回乡偶书》等                                     |
| 12 | 岑参   | 唐朝    | NULL                                                       |
| 13 | 高适   | 唐朝    | 《别董大》《除夜作》《塞上听吹笛》《燕歌行》等             |
| 14 | 陈子昂 | 唐朝    | 《送客》《登幽州台歌》《送魏大从军》《度荆门望楚》等         |
+----+--------+---------+------------------------------------------------------------+
14 rows in set (0.00 sec)
```

图 5-47　执行结果

步骤 2：更新数据表中字段 masterpiece 的所有的值为 NULL。SQL 语句如下：

```
UPDATE ChinesePoets SET masterpiece = NULL;
```

上述语句执行完毕后，查看记录，如图 5-48 所示。可以看到，数据表 ChinesePoets 中字段 masterpiece 的值已经全部被修改为 NULL。

提示信息表示 14 条记录被影响。此外，还有额外的信息说明，这些信息的含义如下：

- Rows matched：指匹配的记录数。
- Changed：指更新的记录数。
- Warnings：指更新操作有问题的记录数。

```
mysql> UPDATE ChinesePoets SET masterpiece = NULL;
Query OK, 12 rows affected (0.01 sec)
Rows matched: 14  Changed: 12  Warnings: 0

mysql> SELECT * FROM ChinesePoets;
+----+--------+---------+-------------+
| id | name   | dynasty | masterpiece |
+----+--------+---------+-------------+
|  1 | 李白   | 唐朝    | NULL        |
|  2 | 杜甫   | 唐朝    | NULL        |
|  3 | 白居易 | 唐朝    | NULL        |
|  4 | 王维   | 唐朝    | NULL        |
|  5 | 李商隐 | 唐朝    | NULL        |
|  6 | 孟浩然 | 唐朝    | NULL        |
|  7 | 王昌龄 | 唐朝    | NULL        |
|  8 | 刘禹锡 | 唐朝    | NULL        |
|  9 | 杜牧   | 唐朝    | NULL        |
| 10 | 王勃   | 唐朝    | NULL        |
| 11 | 贺知章 | 唐朝    | NULL        |
| 12 | 岑参   | 唐朝    | NULL        |
| 13 | 高适   | 唐朝    | NULL        |
| 14 | 陈子昂 | 唐朝    | NULL        |
+----+--------+---------+-------------+
14 rows in set (0.00 sec)
```

图 5-48　masterpiece 的值已被全部修改

2）更新指定字段的部分的值

当 UPDATE 语句指定了 WHERE 子句的条件时，MySQL 就只会更新数据表中满足 WHERE 条件的记录行。

【例 5-38】更新数据表 ChinesePoets 中诗人“陈子昂”的数据信息为诗人“崔颢”的数据信息。

步骤如下：

步骤 1：首先，查询数据表 ChinesePoets 的当前记录信息。SQL 语句如下：

```
SELECT * FROM ChinesePoets;
```

执行结果如图 5-49 所示。

```
mysql> SELECT * FROM ChinesePoets;
+----+--------+---------+-------------+
| id | name   | dynasty | masterpiece |
+----+--------+---------+-------------+
|  1 | 李白   | 唐朝    | NULL        |
|  2 | 杜甫   | 唐朝    | NULL        |
|  3 | 白居易 | 唐朝    | NULL        |
|  4 | 王维   | 唐朝    | NULL        |
|  5 | 李商隐 | 唐朝    | NULL        |
|  6 | 孟浩然 | 唐朝    | NULL        |
|  7 | 王昌龄 | 唐朝    | NULL        |
|  8 | 刘禹锡 | 唐朝    | NULL        |
|  9 | 杜牧   | 唐朝    | NULL        |
| 10 | 王勃   | 唐朝    | NULL        |
| 11 | 贺知章 | 唐朝    | NULL        |
| 12 | 岑参   | 唐朝    | NULL        |
| 13 | 高适   | 唐朝    | NULL        |
| 14 | 陈子昂 | 唐朝    | NULL        |
+----+--------+---------+-------------+
14 rows in set (0.00 sec)
```

图 5-49　执行结果

步骤 2：更新数据表 ChinesePoets 中诗人“陈子昂”的数据信息为诗人“崔颢”的数据信息。SQL 语句如下：

```
UPDATE ChinesePoets SET name = '崔颢', masterpiece = '《黄鹤楼》等'
WHERE id= '14';
```

上述语句执行完毕后，查看记录，如图 5-50 所示。

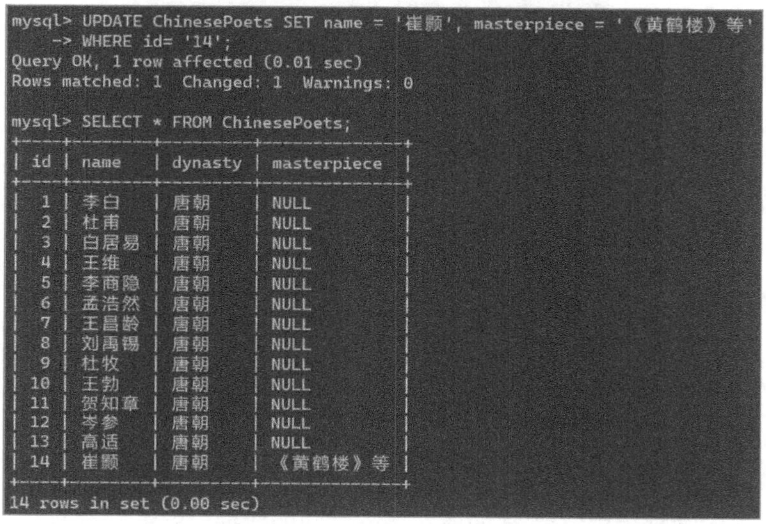

```
mysql> UPDATE ChinesePoets SET name = '崔颢', masterpiece = '《黄鹤楼》等'
    -> WHERE id= '14';
Query OK, 1 row affected (0.01 sec)
Rows matched: 1  Changed: 1  Warnings: 0

mysql> SELECT * FROM ChinesePoets;
+----+--------+---------+-------------+
| id | name   | dynasty | masterpiece |
+----+--------+---------+-------------+
|  1 | 李白   | 唐朝    | NULL        |
|  2 | 杜甫   | 唐朝    | NULL        |
|  3 | 白居易 | 唐朝    | NULL        |
|  4 | 王维   | 唐朝    | NULL        |
|  5 | 李商隐 | 唐朝    | NULL        |
|  6 | 孟浩然 | 唐朝    | NULL        |
|  7 | 王昌龄 | 唐朝    | NULL        |
|  8 | 刘禹锡 | 唐朝    | NULL        |
|  9 | 杜牧   | 唐朝    | NULL        |
| 10 | 王勃   | 唐朝    | NULL        |
| 11 | 贺知章 | 唐朝    | NULL        |
| 12 | 岑参   | 唐朝    | NULL        |
| 13 | 高适   | 唐朝    | NULL        |
| 14 | 崔颢   | 唐朝    | 《黄鹤楼》等 |
+----+--------+---------+-------------+
14 rows in set (0.00 sec)
```

图 5-50　查看修改后的记录

从图 5-50 可以看到，数据表 ChinesePoets 中字段 id 的值为 14 的那行，字段 name 的值被修改为“崔颢”，字段 masterpiece 的值被修改为“《黄鹤楼》等”。

3. 删除数据

在数据库中，当一些数据已经失去意义或者出现错误时，就需要将它们删除。在 MySQL 中，用户可以使用 DELETE 语句和 TRUNCATE 语句来执行删除数据表记录的操作。

1）使用 DELETE 语句删除数据表记录

在 MySQL 中，一般使用 DELETE 语句来实现删除数据表中的数据。DELETE 语句允许 WHERE 子句指定删除条件，其语法格式如下：

```
# 删除数据表的记录
DELETE FROM <数据表名> [WHERE <条件表达式>];
```

说明：

- 数据表名：指定要执行删除操作的数据表。
- WHERE <条件表达式>：可选项，用于指定删除条件。如果没有 WHERE 子句，DELETE 语句将删除数据表中的所有记录。

【例 5-39】删除数据表 ChinesePoets 中字段 id 的值在 3 ～ 6 之间的数据。

步骤如下：

步骤 1：首先，查询数据表 ChinesePoets 的当前记录信息。SQL 语句如下：

```
SELECT * FROM ChinesePoets;
```

执行结果如图 5-51 所示。

```
mysql>  SELECT * FROM ChinesePoets;
+----+--------+---------+---------------+
| id | name   | dynasty | masterpiece   |
+----+--------+---------+---------------+
|  1 | 李白   | 唐朝    | NULL          |
|  2 | 杜甫   | 唐朝    | NULL          |
|  3 | 白居易 | 唐朝    | NULL          |
|  4 | 王维   | 唐朝    | NULL          |
|  5 | 李商隐 | 唐朝    | NULL          |
|  6 | 孟浩然 | 唐朝    | NULL          |
|  7 | 王昌龄 | 唐朝    | NULL          |
|  8 | 刘禹锡 | 唐朝    | NULL          |
|  9 | 杜牧   | 唐朝    | NULL          |
| 10 | 王勃   | 唐朝    | NULL          |
| 11 | 贺知章 | 唐朝    | NULL          |
| 12 | 岑参   | 唐朝    | NULL          |
| 13 | 高适   | 唐朝    | NULL          |
| 14 | 崔颢   | 唐朝    | 《黄鹤楼》等  |
+----+--------+---------+---------------+
14 rows in set (0.00 sec)
```

图 5-51　执行结果

步骤 2：删除数据表中字段 id 的值在 3~6 之间的数据。SQL 语句如下：

```
DELETE FROM ChinesePoets WHERE id BETWEEN 3 AND 6;
```

上述语句执行完毕后，查看记录，如图 5-52 所示。

```
mysql> DELETE FROM ChinesePoets WHERE id BETWEEN 3 AND 6;
Query OK, 4 rows affected (0.00 sec)

mysql> SELECT * FROM ChinesePoets;
+----+--------+---------+---------------+
| id | name   | dynasty | masterpiece   |
+----+--------+---------+---------------+
|  1 | 李白   | 唐朝    | NULL          |
|  2 | 杜甫   | 唐朝    | NULL          |
|  7 | 王昌龄 | 唐朝    | NULL          |
|  8 | 刘禹锡 | 唐朝    | NULL          |
|  9 | 杜牧   | 唐朝    | NULL          |
| 10 | 王勃   | 唐朝    | NULL          |
| 11 | 贺知章 | 唐朝    | NULL          |
| 12 | 岑参   | 唐朝    | NULL          |
| 13 | 高适   | 唐朝    | NULL          |
| 14 | 崔颢   | 唐朝    | 《黄鹤楼》等  |
+----+--------+---------+---------------+
10 rows in set (0.00 sec)
```

图 5-52　查看删除后的记录

从图 5-52 可以看到，数据表 ChinesePoets 中字段 id 的值在 3~6 之间的数据皆被删除。

【例 5-40】删除数据表 ChinesePoets 中的所有记录。

语句如下：

```
DELETE FROM ChinesePoets;
```

上述语句执行完毕后，查看记录，结果如图 5-53 所示。

```
mysql> DELETE FROM ChinesePoets;
Query OK, 10 rows affected (0.01 sec)

mysql> SELECT * FROM ChinesePoets;
Empty set (0.00 sec)
```

图 5-53　查看删除所有记录后的结果

从图 5-53 中可以看出，查询结果为空，数据表 ChinesePoets 中的所有数据皆被删除。

2）使用 TRUNCATE 语句清空数据表记录

要删除表中的所有记录，还可以使用 TRUNCATE 语句。TRUNCATE 语句的语法格式如下：

```
# 清空数据表中所有记录
TRUNCATE [TABLE] < 数据表名 >;
```

说明：

- [TABLE]：可选项。
- 数据表名：必选项，指定要删除的数据表。

【例 5-41】清空 poets 数据库中数据表 ChinesePoets_old 中的所有数据。

步骤如下：

步骤 1：指定 poets 数据库为当前数据库。SQL 语句如下：

```
USE poets;
```

查询结果如图 5-54 所示。

```
mysql> USE poets;
Database changed
```

图 5-54　执行结果

步骤 2：查询数据表 ChinesePoets_old 的当前记录信息。SQL 语句如下：

```
SELECT * FROM ChinesePoets_old;
```

查询结果如图 5-55 所示。

```
mysql> SELECT * FROM ChinesePoets_old;
+----+--------+---------+------------------------------------------------------+
| id | name   | dynasty | masterpiece                                          |
+----+--------+---------+------------------------------------------------------+
| 13 | 高适   | 唐朝    | 《别董大》《除夜作》《塞上听吹笛》《燕歌行》等       |
| 14 | 陈子昂 | 唐朝    | 《送客》《登幽州台歌》《送魏大从军》《度荆门望楚》等 |
+----+--------+---------+------------------------------------------------------+
2 rows in set (0.00 sec)
```

图 5-55　查询结果

步骤 3：清空数据表 ChinesePoets_old 中的所有数据。SQL 语句如下：

```
TRUNCATE TABLE ChinesePoets_old;
```

上述语句执行完毕后，查看记录，如图 5-56 所示。

```
mysql> TRUNCATE TABLE ChinesePoets_old;
Query OK, 0 rows affected (0.02 sec)

mysql> SELECT * FROM ChinesePoets_old;
Empty set (0.00 sec)
```

图 5-56　查看清空记录后的结果

知识魔方

TRUNCATE 语句和 DELETE 语句的区别

（1）TRUNCATE 语句将直接删除原来的表并重新创建一个表，此操作无法恢复，因此需要谨慎使用该语句。

（2）使用 TRUNCATE 语句后，表中的 AUTO_INCREMENT 计数器将被重置为初始值。

（3）添加了索引和视图的表只能使用 DELETE 语句删除数据。

（4）在进行删除操作时，使用 TRUNCATE 语句所用的系统和事务日志资源要比使用 DELETE 语句时少。因为使用 DELETE 语句时每删除一行数据都会在事务日志中添加一条记录，而 TRUNCATE 语句是通过释放存储表数据所用的数据页来删除数据的，删除时只在事务日志中记录数据页的释放，因此 TRUNCATE 语句的执行速度比 DELETE 语句快。

5.2　通过图形化界面方式操作数据表

本节我们将学习如何使用直观的图形化界面来操作数据表。

5.2.1　使用 MySQL Workbench 创建数据表

MySQL Workbench 为数据库管理员、程序开发者和系统规划师提供了可视化设计、模型建立以及数据库管理的功能。

使用 MySQL Workbench 创建数据表的步骤如下：

步骤 1：打开 MySQL Workbench 软件，连接到 MySQL80 服务器，进入 MySQL Workbench 的主界面，如图 5-57 所示。

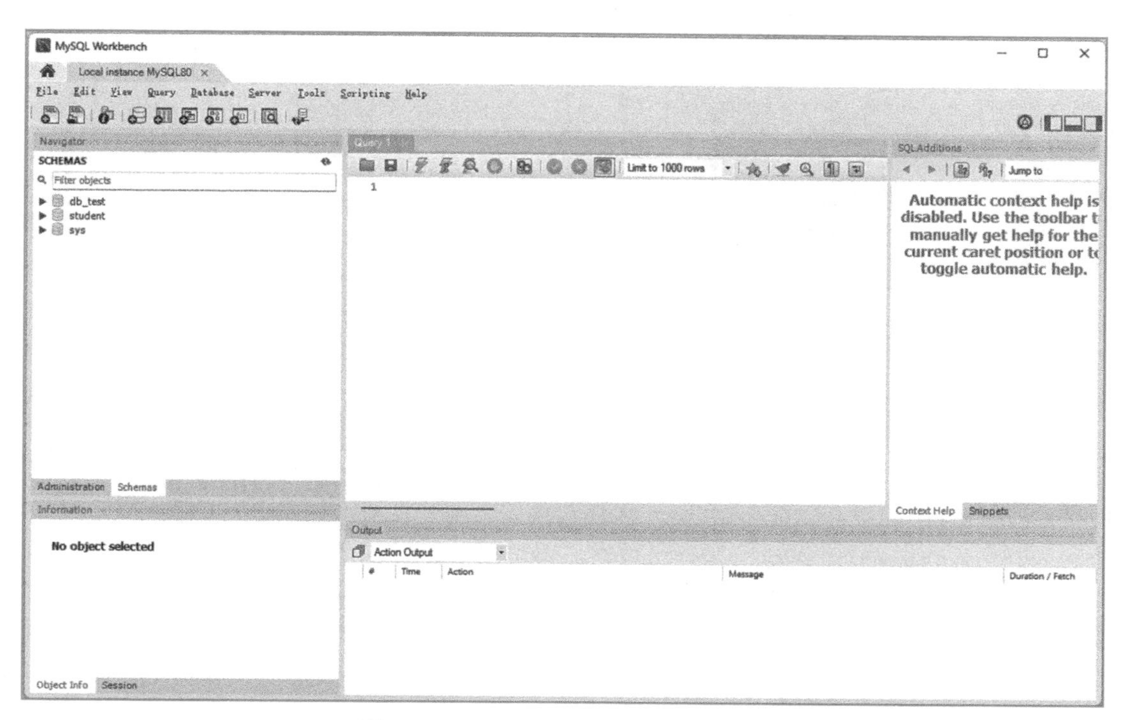

图 5-57 MySQL Workbench 的主界面

步骤 2：在“Navigator”栏的“SCHEMAS”窗格中找到先前创建好的“student”数据库。单击“student”数据库左侧的展开按钮，在“Tables”选项上右击，弹出右键快捷菜单，如图 5-58 所示。

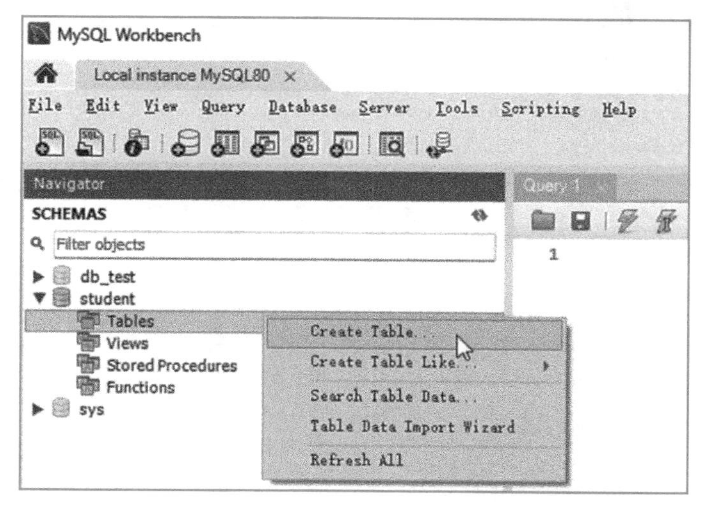

图 5-58 右键快捷菜单

步骤 3：在右键快捷菜单中选择“Create Table”命令，进入创建数据表界面，如图 5-59 所示。在此界面，用户可以设定数据表的各项参数。

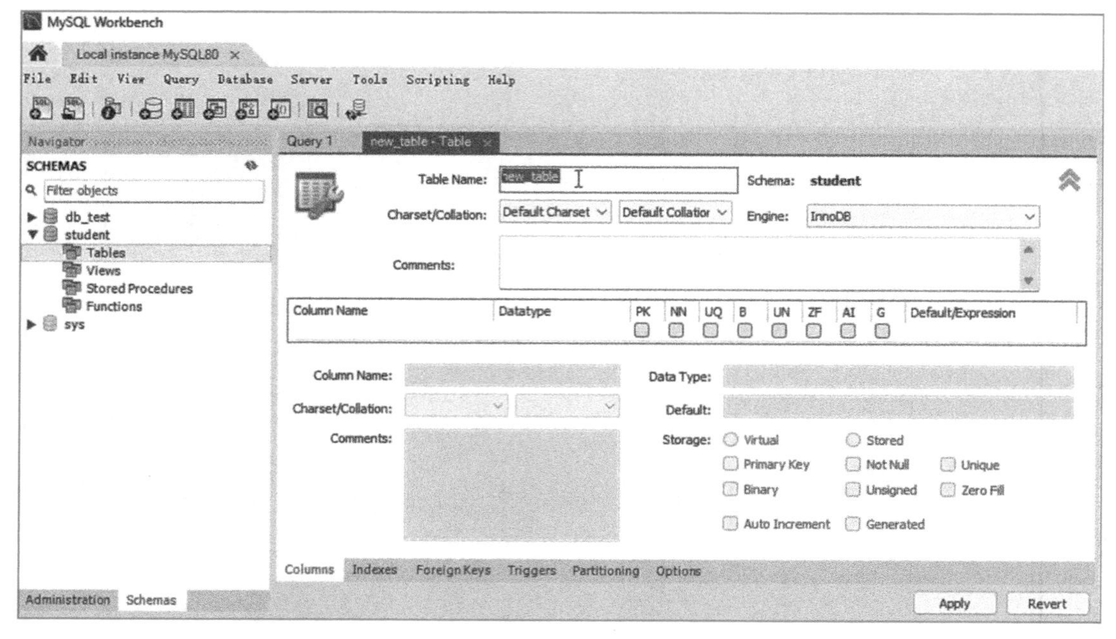

图 5-59 创建数据表界面

步骤 4：将数据表名改为“class-01”，将“Charset”设为“gbk”，“Collation”和“Engine”均保持默认设置。然后按照图 5-60 所示设置“Column Name”“Datatype”等选项，设置完毕后单击“Apply”按钮。其中，为字段为 id 的列勾选“PK”复选框及“NN”复选框，即将字段 id 设置为数据表 class-01 的主键，且不能为空。

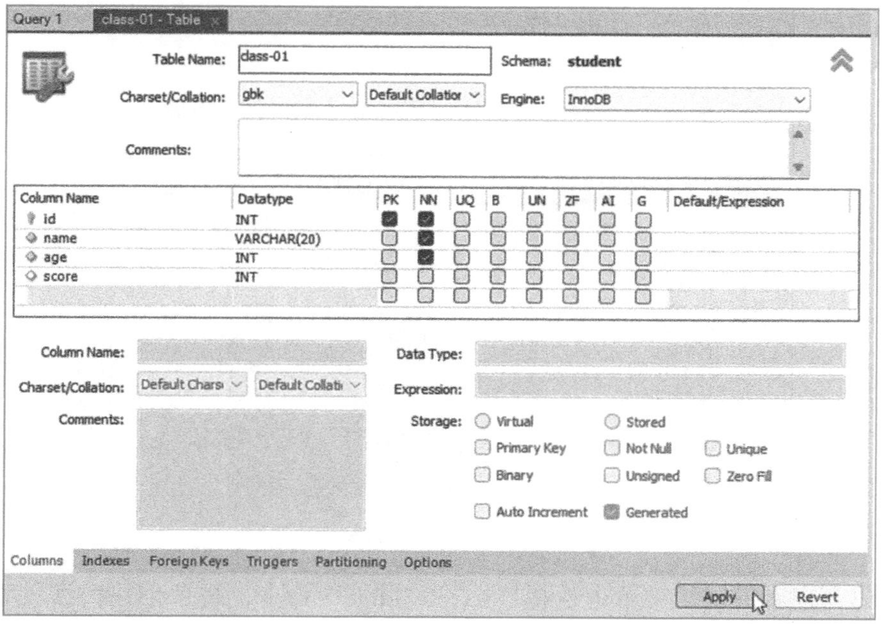

图 5-60 设置数据表 class-01 的参数

步骤 5：进入“Review the SQL Script to be Applied on the Database”界面，单击“Apply”按钮，如图 5-61 所示。

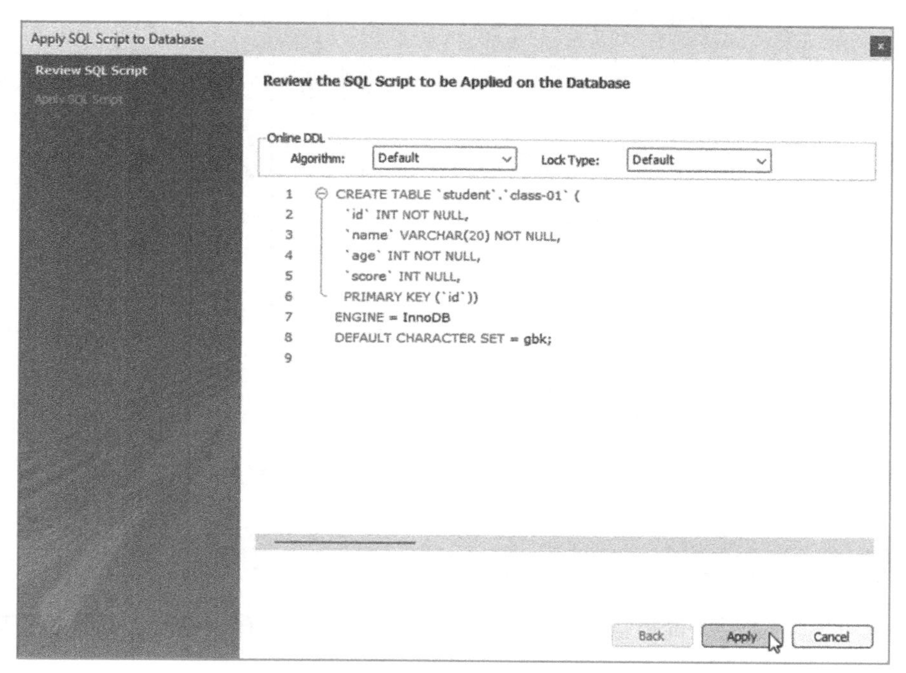

图 5-61 “Review the SQL Script to be Applied on the Database”界面

步骤 6：进入“Applying SQL script to the database”界面，单击“Finish”按钮即可完成数据表 class-01 的创建操作，如图 5-62 所示。

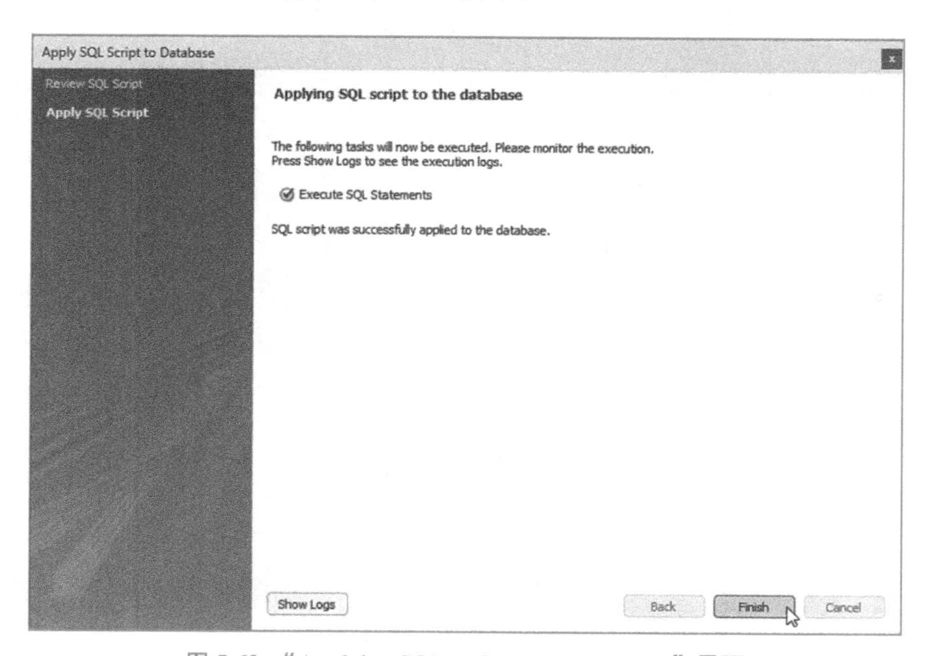

图 5-62 “Applying SQL script to the database”界面

步骤 7：返回 MySQL Workbench 的主界面，在“Navigator”栏的“SCHEMAS”窗格中可以看到，“student”数据库的“Tables”列表中多了一个名为“class-01”的数据表。依照上述方法依次创建数据表“class-02”“class-03”，如图 5-63 所示。

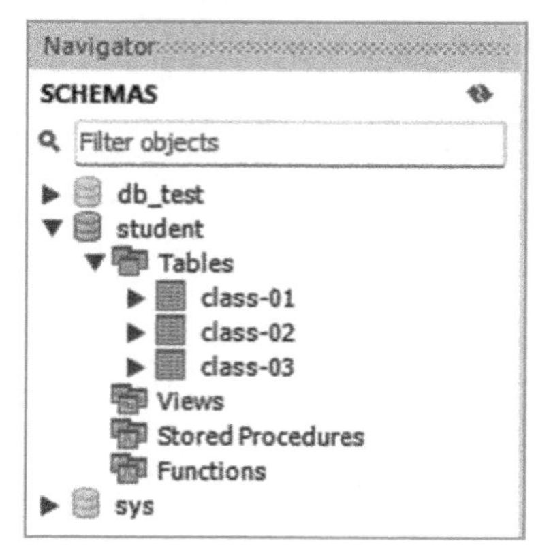

图 5-63　创建“class-02”“class-03”数据表

5.2.2　使用 MySQL Workbench 管理数据表

数据表创建完成后，即可通过 MySQL Workbench 进行查看、修改、删除等管理操作。

1. 查看数据表结构

使用 MySQL Workbench 查看数据表结构的方法如下：

在“Navigator”栏的“SCHEMAS”窗格中选中“class-01”数据表，其右侧会出现三个按钮，单击按钮，即可查看数据表的结构，如图 5-64 所示。

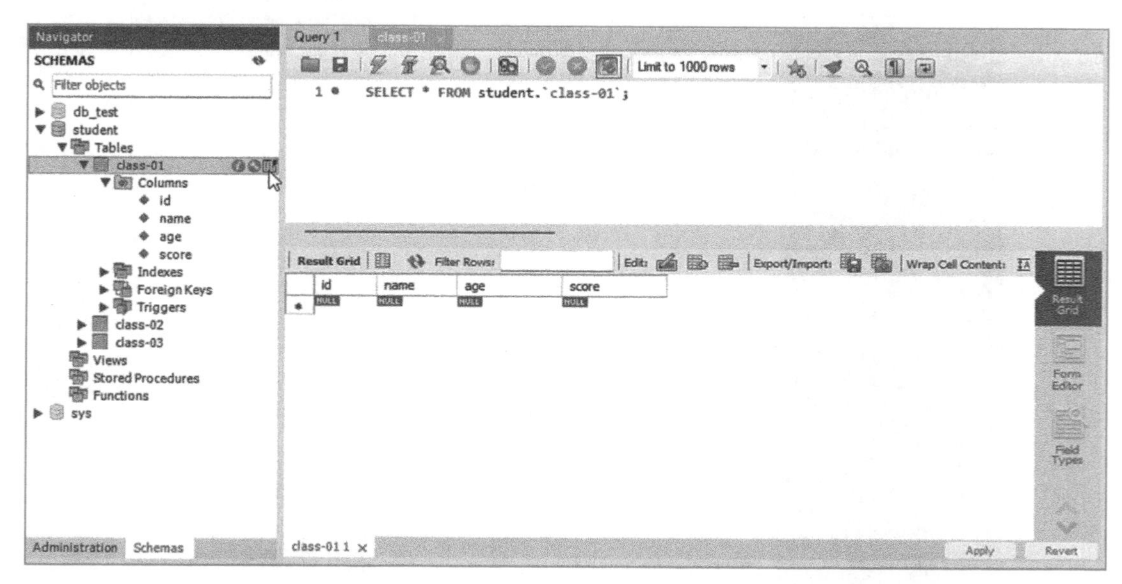

图 5-64　查看数据表 class-01 的结构

2. 修改数据表参数

使用 MySQL Workbench 修改数据表参数的方法有两种。

方法一：利用快捷按钮实现。

步骤 1：选中“class-01”数据表，其右侧会出现三个按钮，单击按钮，即可打开数据表参数界面，如图 5-65 所示。用户可以在此修改数据表的表名、列名、字符集、排序规则、字段的数据类型等信息。此例中，将数据表的字段 id 修改为勾选“AI”复选框，即设置为字段值自动增加，如图 5-66 所示。修改完成后，单击“Apply”按钮。

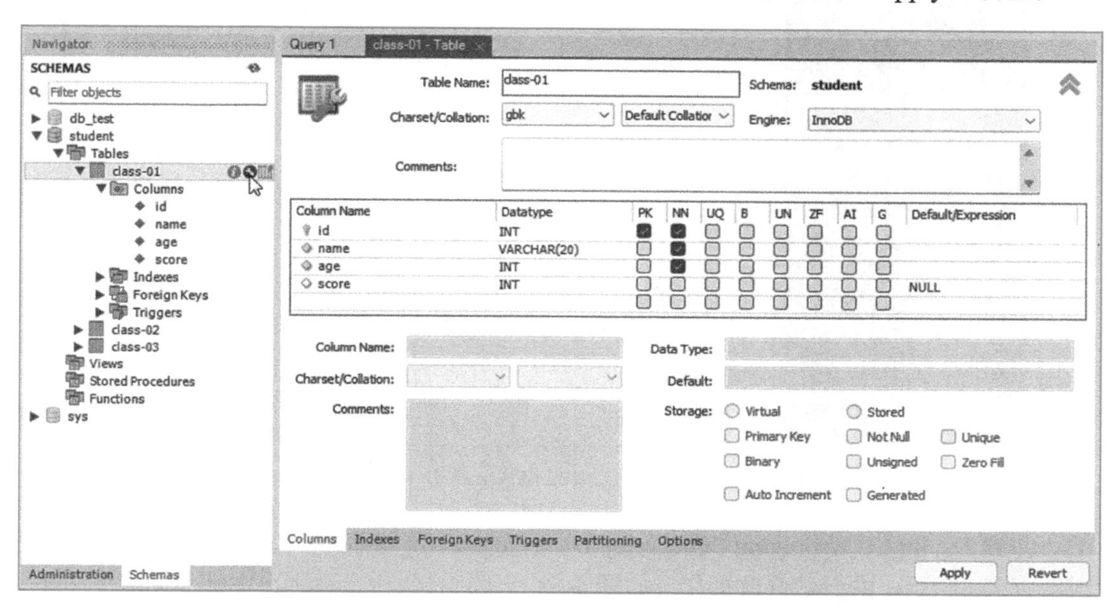

图 5-65　修改数据表参数界面

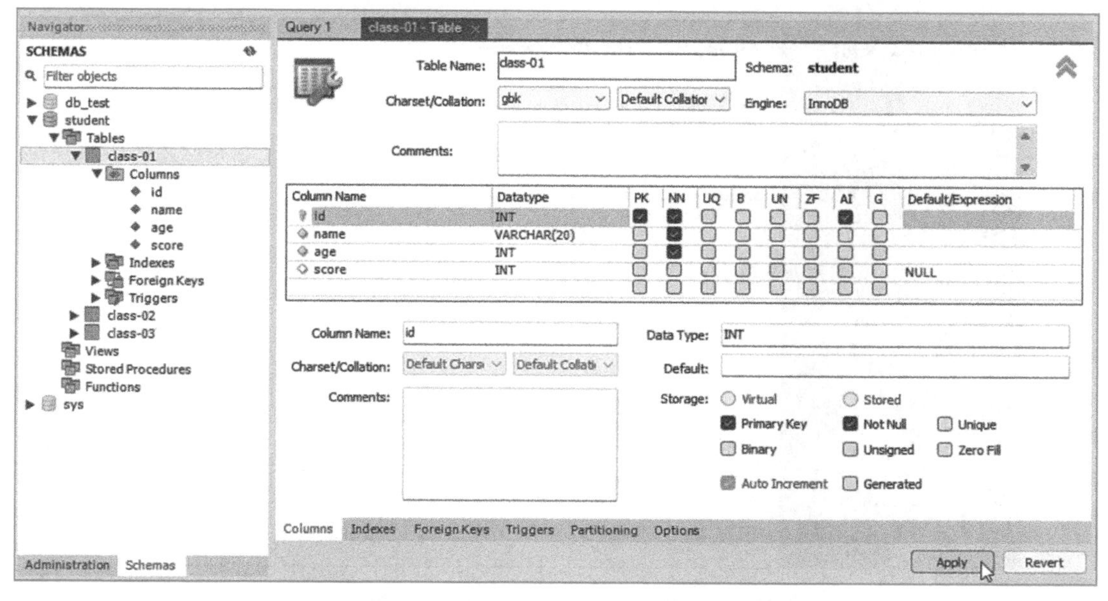

图 5-66　设置字段 id 的值自动增加

步骤 2：进入“Review the SQL Script to be Applied on the Database”界面，单击“Apply”按钮，如图 5-67 所示。

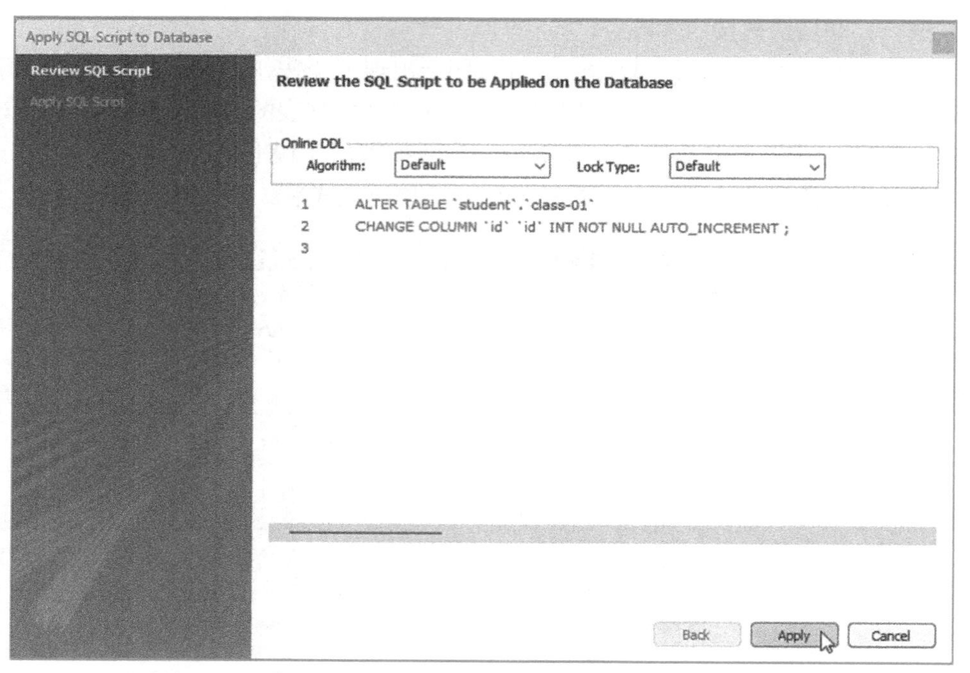

图 5-67 “Review the SQL Script to be Applied on the Database”界面

步骤 3：进入“Applying SQL script to the database”界面，单击“Finish”按钮即完成数据表 class-01 的参数修改操作，如图 5-68 所示。

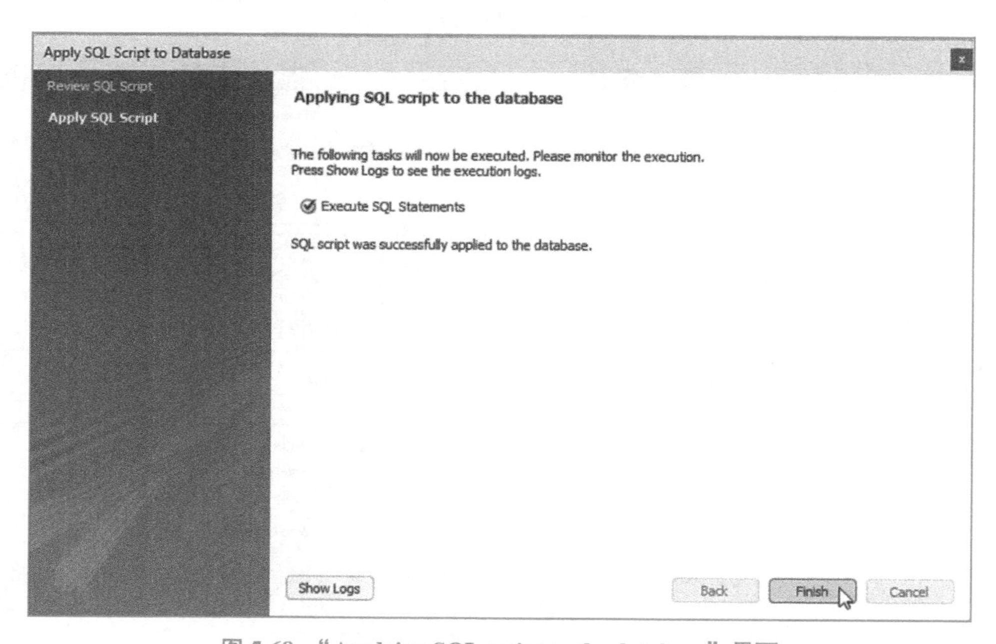

图 5-68 “Applying SQL script to the database”界面

方法二：利用右键快捷菜单实现。

步骤 1：在“Navigator”栏的“SCHEMAS”窗格中找到“class-01”数据表并在其上右击，弹出右键快捷菜单，选择“Alter Table”命令，如图 5-69 所示。

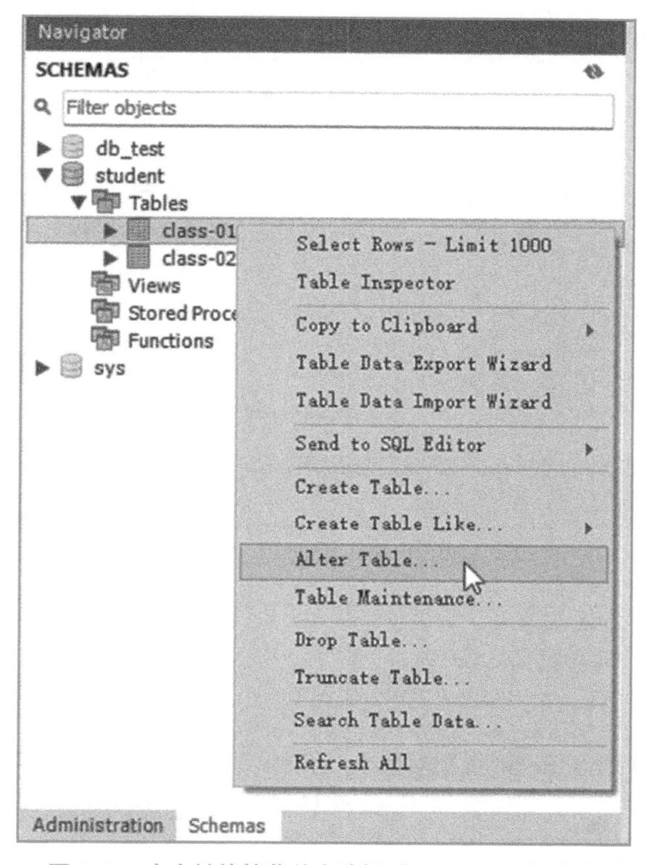

图 5-69　在右键快捷菜单中选择“Alter Table”命令

步骤 2：进入数据表“class-01”的参数设置界面，如图 5-70 所示。用户在此修改数据表的参数后，单击“Apply”按钮即可。

3. 删除数据表

使用 MySQL Workbench 删除数据表的步骤如下：

步骤 1：在“Navigator”栏的“SCHEMAS”窗格中选中要删除的数据表，在其上单击鼠标右键，在弹出的快捷菜单中选择“Drop Table”命令即可。此例选择删除数据表“class-03”，如图 5-71 所示。

步骤 2：在弹出的“Drop Table”对话框中选择“Drop Now”选项，即可完成删除数据表的操作，如图 5-72 所示。若单击“取消”按钮，则取消删除操作。

步骤 3：此时查看“Navigator”栏的“SCHEMAS”窗格，可以看到，“student”数据库中的“class-03”数据表已经不存在了，如图 5-73 所示。

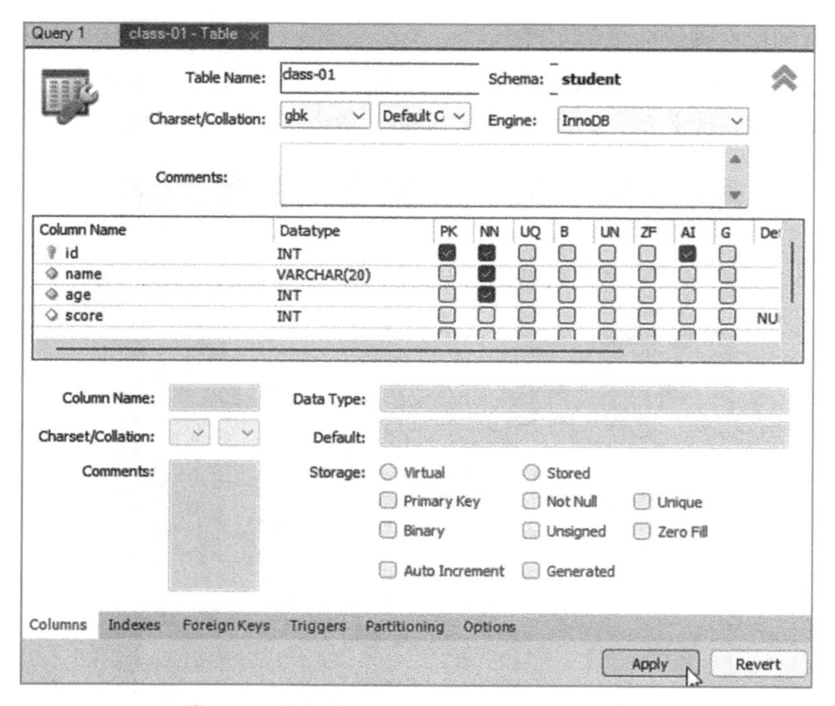

图 5-70　数据表“class-01”的参数设置界面

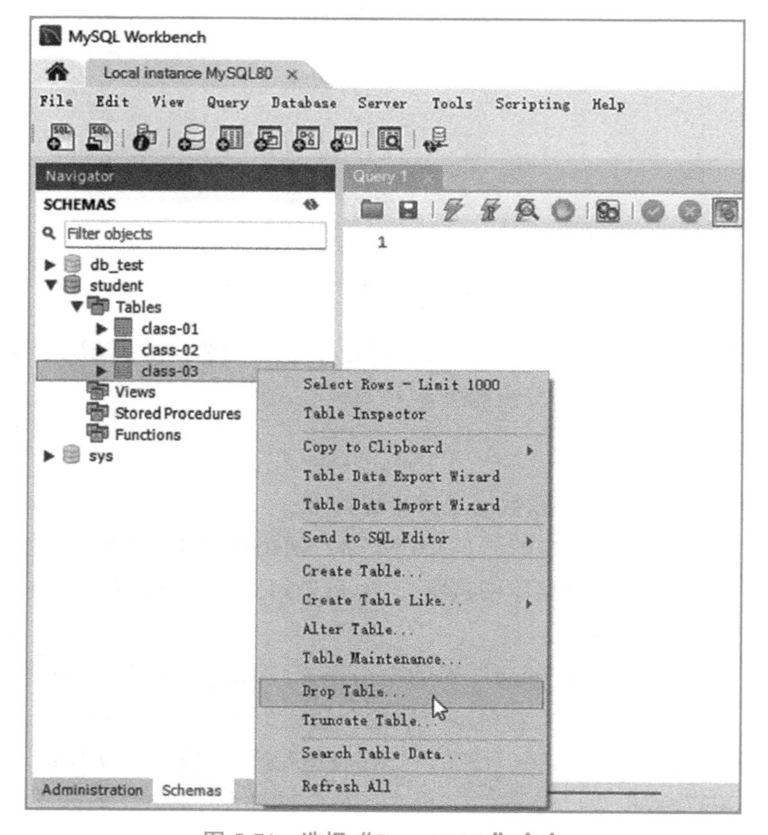

图 5-71　选择“Drop Table”命令

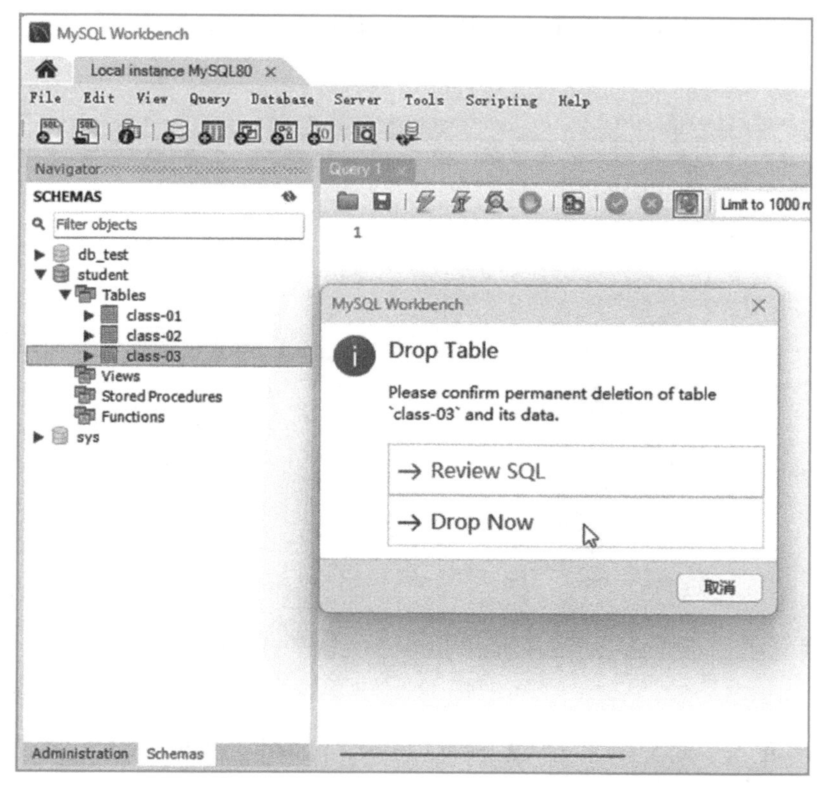

图 5-72 “Drop Table”对话框

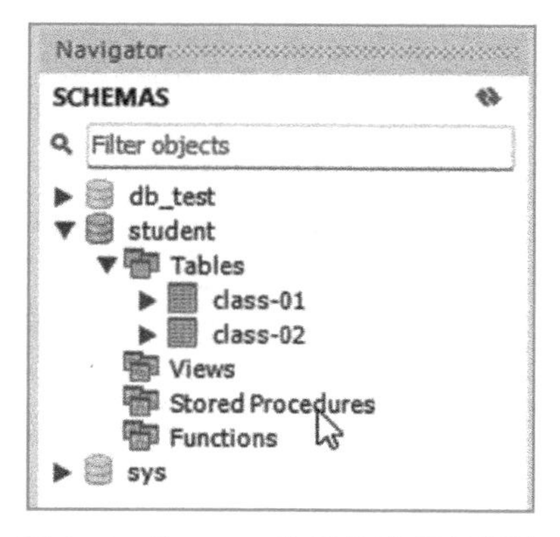

图 5-73 “class-03”数据表已被删除

5.2.3 使用 MySQL Workbench 管理数据

接下来我们将学习如何借助 MySQL Workbench 高效地执行日常的数据管理工作。

1. 添加、修改数据

使用 MySQL Workbench 添加数据的方法非常简便，只需在图 5-74 所示的数据表结构中直接录入数据即可。

步骤 1：按照图 5-74 显示的信息将数据录入数据表“class-01”中，录入完成后，单击“Apply”按钮。

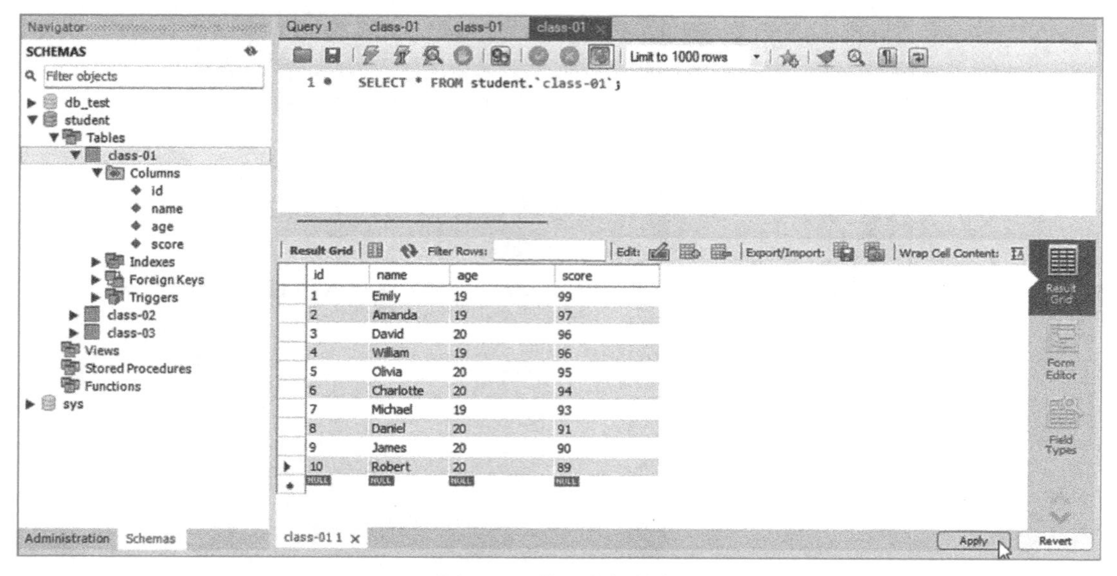

图 5-74　录入数据信息

步骤 2：进入“Review the SQL Script to be Applied on the Database”界面，单击“Apply”按钮，如图 5-75 所示。

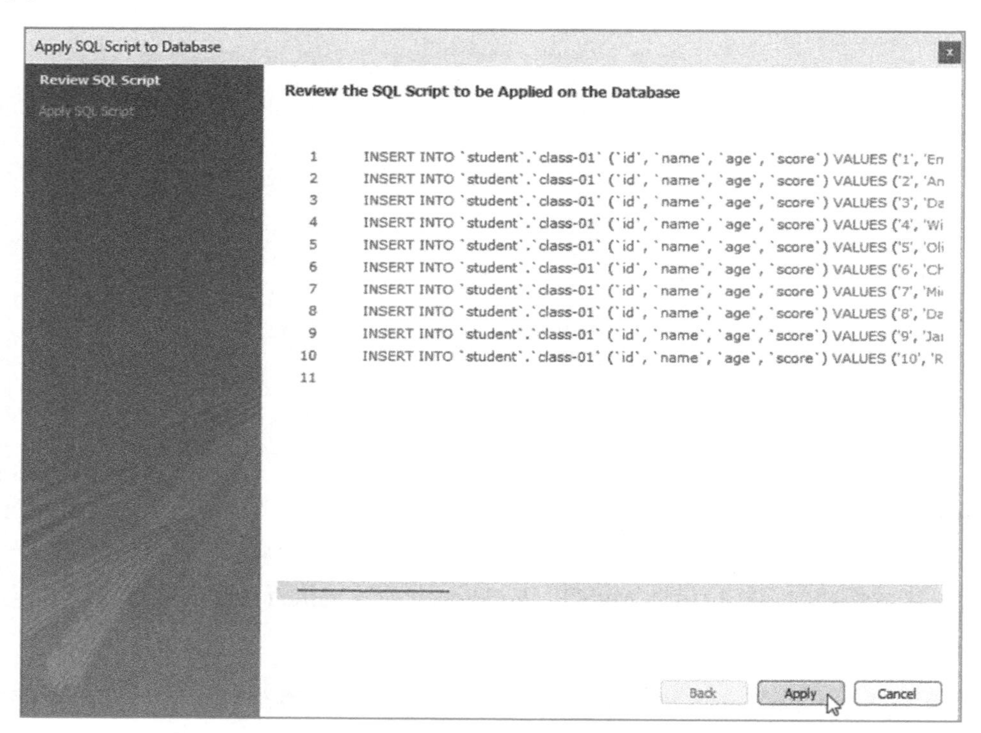

图 5-75　“Review the SQL Script to be Applied on the Database”界面

步骤 3：进入“Applying SQL script to the database”界面，单击“Finish”按钮，如图 5-76 所示。此时便完成了数据录入操作，并将录入结果保存到了数据表“class-01”中。

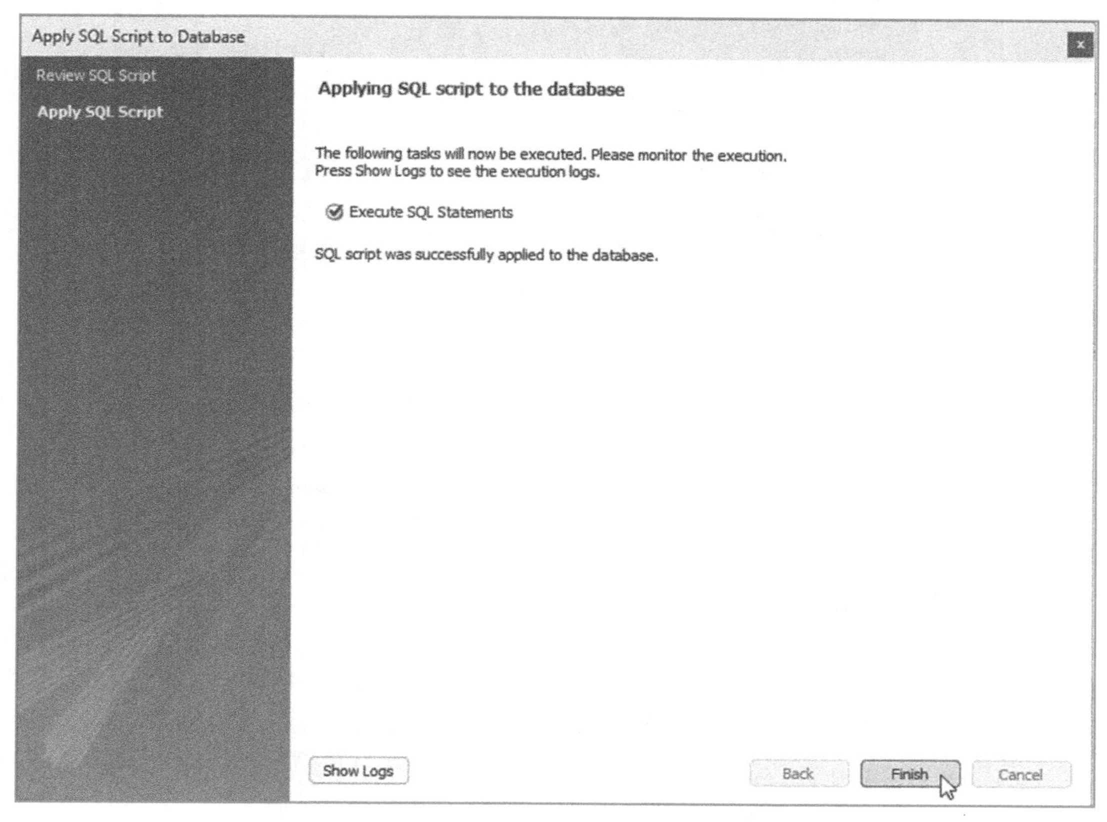

图 5-76 “Applying SQL script to the database”界面

如要修改表中的记录，只需在需要修改的位置单击选中要修改的内容，然后直接录入新的数据即可。修改完成后单击“Apply”按钮保存修改结果。

2. 删除数据

使用 MySQL Workbench 删除数据包括三种情况：删除单行数据、删除连续的多行数据、删除不连续的多行数据。

1）删除单行数据

步骤 1：在“Navigator”栏的“SCHEMAS”窗格中选中“class-01”数据表，单击其右侧的按钮展开数据表，如图 5-77 所示。

步骤 2：单击每行数据最左侧的三角符号，可以选中该行，右击打开右键快捷菜单，选择“Delete Row(s)”命令（见图 5-78），即可删除该行数据。用户也可在选中该行后直接按键盘上的“Delete”键进行删除。若不小心误删了内容，用户可以单击数据表右下角的“Revert”按钮恢复至删除前的数据状态。

id	name	age	score
1	Emily	19	99
2	Amanda	19	97
3	David	20	96
4	William	19	96
5	Olivia	20	95
6	Charlotte	20	94
7	Michael	19	93
8	Daniel	20	91
9	James	20	90
10	Robert	20	89
NULL	NULL	NULL	NULL

图 5-77　展开“class-01”数据表

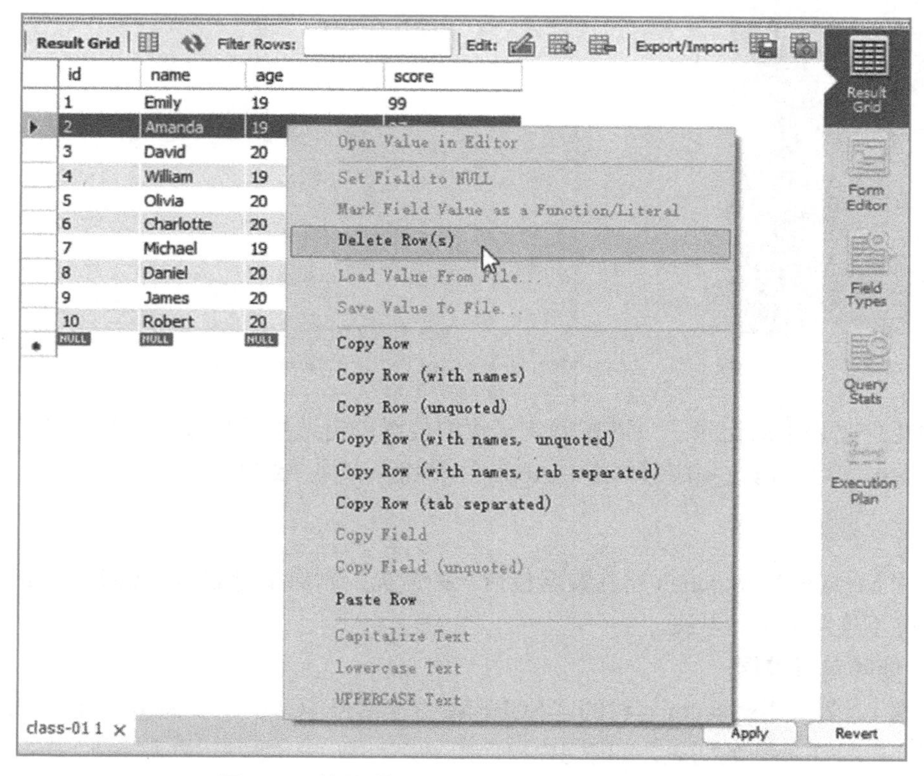

图 5-78　使用“Delete Row(s)”命令删除数据

2）删除连续的多行数据

若要删除连续的多行数据，可以用鼠标单击要删除数据的第一行，不松开鼠标，直接拖至要删除的最后一行，即可选中多行；也可用鼠标单击选中要删除的第一行，然后按住“Shift”键不松开，单击选中要删除的最后一行，即可选中多行。最后，通过

“Delete Row(s)”命令或“Delete”键进行删除，如图 5-79 所示。

id	name	age	score
1	Emily	19	99
2	Amanda	19	97
3	David	20	96
4	William	19	96
5	Olivia	20	95
6	Charlotte	20	94
7	Michael	19	93
8	Daniel	20	91
9	James	20	90
10	Robert	20	89
NULL	NULL	NULL	NULL

图 5-79　删除连续的多行数据

3）删除不连续的多行数据

若要删除不连续的多行数据，可以用鼠标单击要删除数据的第一行，按住“Ctrl”键不松开，然后单击选中要删除的不连续的多行，最后通过“Delete Row(s)”命令或“Delete”键进行删除，如图 5-80 所示。

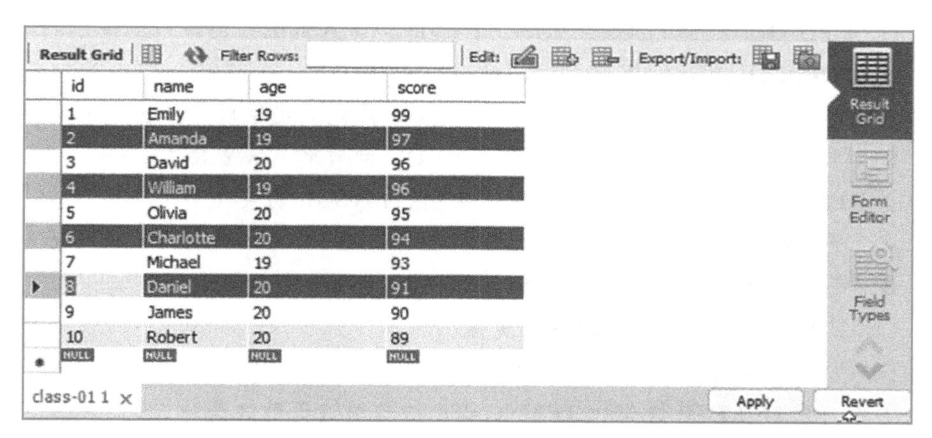

id	name	age	score
1	Emily	19	99
2	Amanda	19	97
3	David	20	96
4	William	19	96
5	Olivia	20	95
6	Charlotte	20	94
7	Michael	19	93
8	Daniel	20	91
9	James	20	90
10	Robert	20	89
NULL	NULL	NULL	NULL

图 5-80　删除不连续的多行数据

习题

一、选择题

1．下列关于创建数据表的说法，不正确的是（　　）。

A．在同一个数据库中不能创建同名的表

B．数据表名、字段名区分大小写

C．数据表名、字段名不能使用 SQL 语言中的关键字

D．数据库中每个字段都要指定名称和数据类型

2．下列关于设置主键约束的说法，不正确的是（　　）。

A．主键约束要求主键列的数据唯一

B．主键能够唯一地标识表中的一条记录

C．主键和记录之间的关系是一一对应的

D．主键的数据可以为空

3．下列关于设置字段值自动增加约束的说法，不正确的是（　　）。

A．可以通过为表的主键添加 AUTO_INCREMENT 关键字来实现

B．每新增一条记录，字段值自动加 1

C．在 MySQL 中，AUTO_INCREMENT 默认的初始值为 0

D．一个表只能有一个字段使用 AUTO_INCREMENT 约束

4．下列 SQL 语句中可以实现查看数据表结构的是（　　）。

A．SHOW TABLES;　　B．SHOW CREATE TABLES;

C．DESCRIBE table_name　　D．DESC table_name;

5．要修改数据表名需要用到（　　）语句。

A．ALTER　　B．REVISE

C．UPDATE　　D．CHANGE

6．使用 INSERT...VALUES 语句不可以实现以下（　　）操作。

A．给表的所有字段插入数据　　B．修改指定字段的数据

C．插入一条记录　　D．同时插入多条记录

7．当 UPDATE 语句省略了 WHERE 子句时，MySQL 将会（　　）。

A．更新数据表中所有行的数据

B．更新数据表中所有列的数据

C．更新数据表中指定字段的指定值

D．更新数据表中指定字段的所有的值

8．下列关于 DELETE 语句和 TRUNCATE 语句说法正确的是（　　）。

A．TRUNCATE 语句将直接删除原来的表并重新创建一个表

B．DELETE 语句的执行速度比 TRUNCATE 语句快

C．使用 DELETE 语句时，数据表中的 AUTO_INCREMENT 计数器将被重置为该字段的初始值

D．对于添加了索引和视图的表，既可以使用 TRUNCATE 语句删除数据，也可以使用 DELETE 语句

9．使用 MySQL Workbench 创建数据表时，需要用到（　　）命令。

A．Create Database　　B．Create Table

C．Alter Table　　D．Drop Table

10．使用 MySQL Workbench 删除不连续的多行数据时，需要用到（　　）键。

A．Alt　　B．Ctrl
C．Shift　　D．Ctrl + Shift

二、操作题

1．使用 MySQL Command Line Client 工具创建 student 数据库，然后进行下列操作：

（1）分别创建 class-01、class-02 数据表，设置字符集为 GBK，排序规则保持默认值；字段分别为 ID、Name、Class_ID、Age、Score，选择对应的数据类型，并设置字段 ID 为主键，其字段值不为空，且字段值自动增加；在数据表 class-01 中输入 10 位学生的成绩信息，如表 5-3 所示。

表 5-3　class-01 数据表

ID	Name	Class_ID	Age	Score
1	Emily	202301	19	99
2	Amanda	202301	19	97
3	David	202301	20	96
4	William	202301	19	96
5	Olivia	202301	20	95
6	Charlotte	202301	20	94
7	Michael	202301	19	93
8	Daniel	202301	20	91
9	James	202301	20	90
10	Robert	202301	20	89

（2）创建 grades 数据表，设置字符集为 UTF-8，排序规则保持默认值；字段分别为 ID、Teacher、Average_Score、Ranking，选择对应的数据类型，并设置字段 ID 为主键，其字段值不为空；在数据表 grades 中输入 6 个班的排名信息，如表 5-4 所示。

表 5-4　grades 数据表

ID	Teacher	Average_Score	Ranking
202301	Lisa	94	2
202302	Helen	87	6
202303	Julie	92	3
202304	Carol	95	1
202305	Louis	89	5
202306	Gloria	91	4

（3）将数据表 class-01 的字段 Class_ID 作为外键关联到数据表 grades 的主键 ID。

（4）将数据表 class-01 中 Age 为 19 的学生的成绩修改为 80；重新计算 class-01 表的平均分后，将此数据更新为数据表 grades 中 ID 为 202301 的 Average_Score 值。

（5）删除数据表 grades 的 Ranking 字段。

（6）删除 class-02 数据表。

2．使用 MySQL Workbench 完成上一题的各项操作。

>> 模块 6

MySQL 数据查询

学习目标

（1）掌握基本查询语句 SELECT 的语法。
（2）掌握无数据源查询的方法。
（3）掌握单表查询的方法。
（4）掌握多表查询的方法。
（5）掌握嵌套查询的方法。

重点和难点

1. 重点

（1）SELECT 查询语句。
（2）无数据源查询。
（3）单表查询。
（4）多表查询。
（5）嵌套查询。

2. 难点

单表查询、多表查询。

导言

数据查询是数据库管理系统最重要的功能之一，即根据用户实际需求对数据进行筛选，并以特定格式显示。MySQL 提供了功能强大、灵活的语句来实现这些操作。数据查询需要遵循严格的逻辑和规则，以实现对数据的精确筛选和分析，这有助于培养同学们严谨的思维能力，提高逻辑思维和分析能力。

6.1 基本查询语句

MySQL 使用基本的 SELECT 语句查看数据结果，用户可以使用 SELECT 语句查看表达式的计算结果或函数的返回值，也可以使用 SELECT 语句查看数据表的记录筛选结果。SELECT 语句的语法格式如下：

```
SELECT [ALL | DISTINCT] {* | <字段1, 字段2, …, 字段n> | <表达式>} [AS <别名>]
[
FROM <数据表名1>, <数据表名2>, …, <数据表名n>
[WHERE <查询条件>]
[GROUP BY <分组字段> [HAVING <分组条件> ]]
[ORDER BY <排序字段> [ASC | DESC]]
[LIMIT [<位置偏移量>, ] <记录数>]
]
```

说明：

- SELECT 子句：用于指定查询返回的字段。
- [ALL | DISTINCT]：使用 DISTINCT 关键字可以取消重复的数据记录。
- {* | < 字段列表 > | < 表达式 >}：*（星号）通配符表示返回所有字段，并按照表中定义的字段顺序显示查询结果值；字段列表中应至少包含一个字段名称，如果要查询多个字段，则各个字段之间应以逗号隔开，最后一个字段后不加逗号，各字段在 SELECT 子句中的顺序决定了它们在显示结果集中的顺序；若为表达式则直接输出表达式的计算结果。
- [AS < 别名 >]：用于为字段设置别名。
- FROM < 数据表名 1>, < 数据表名 2>, ..., < 数据表名 n>：用于指定要查询的数据的来源，可以是单个数据表或多个数据表。若为多个数据表则每个数据表之间以逗号隔开，最后一个数据表后不加逗号。
- [WHERE < 查询条件 >]：用于限定查询必须满足的查询条件。
- [GROUP BY < 分组字段 >]：用于对查询结果进行分组，利用它可以进行分组汇总。
- [HAVING < 分组条件 >]：用于限定分组必须满足的条件，必须在 GROUP BY 子句后出现。
- [ORDER BY < 排序字段 > [ASC | DESC]]：用于对查询结果进行排序。ASC 表示升序，可省略；DESC 表示降序。
- [LIMIT [< 位置偏移量 >,] < 记录数 >]：用于限制 SELECT 语句返回的记录数。

6.2 无数据源查询

无数据源查询是 SELECT 语句的最简单表现形式。所谓无数据源查询就是查询没有保存在数据表中的数据。由于数据未保存在表中，因此查询时不需要给出 FROM 子句。

使用无数据源查询语句主要用来查询系统变量、用户定义变量、表达式的值等。语法格式如下：

```
SELECT <变量或表达式>;
```

【例 6-1】查看 MySQL 中单个全局变量 wait_timeout 的值。

SQL 语句如下：

```
SELECT @@wait_timeout;
```

执行结果如图 6-1 所示。

【例 6-2】查看自定义变量 sname 的值。

步骤 1：自定义用户变量 sname。SQL 语句如下：

```
SET @sname = '李一白';
```

步骤 2：查看自定义变量 sname 的值。SQL 语句如下：

```
SELECT @sname;
```

执行结果如图 6-2 所示。

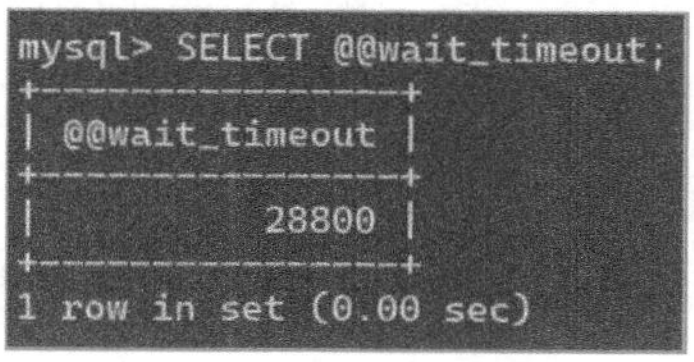

```
mysql> SELECT @@wait_timeout;
+-----------------+
| @@wait_timeout |
+-----------------+
|           28800 |
+-----------------+
1 row in set (0.00 sec)
```

图 6-1　例 6-1 执行结果

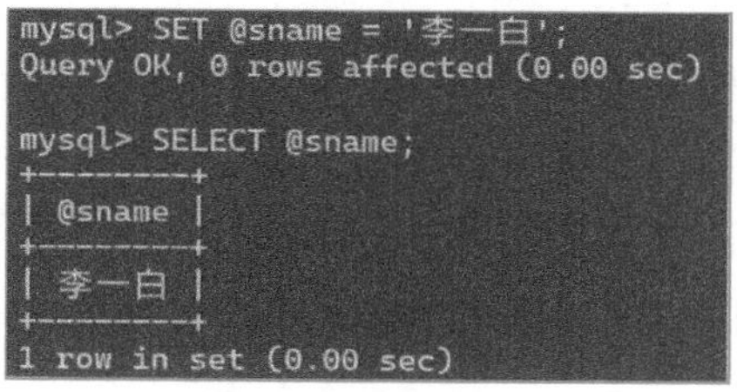

```
mysql> SET @sname = '李一白';
Query OK, 0 rows affected (0.00 sec)

mysql> SELECT @sname;
+--------+
| @sname |
+--------+
| 李一白 |
+--------+
1 row in set (0.00 sec)
```

图 6-2　例 6-2 执行结果

【例 6-3】输出算术表达式 (3+5)×6、关系表达式 6>8、6<8，以及逻辑表达式 0 and 1、0 or 1、not 1 的结果。

SQL 语句如下：

```
SELECT (3+5)×6, 6>8, 6<8, 0 and 1, 0 or 1, not 1;
```

执行结果如图 6-3 所示。

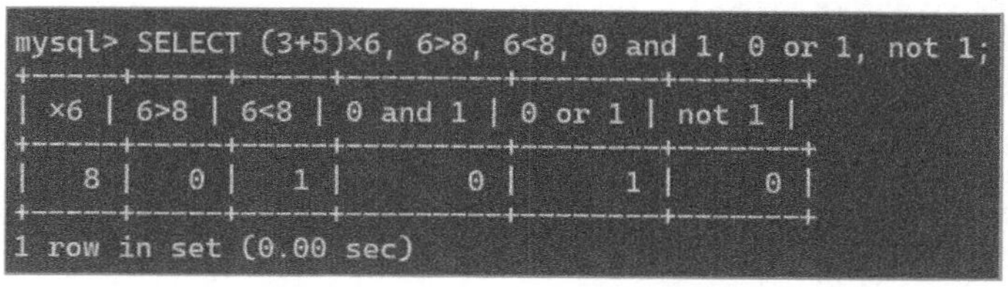

```
mysql> SELECT (3+5)×6, 6>8, 6<8, 0 and 1, 0 or 1, not 1;
+------+-----+-----+---------+--------+-------+
| ×6 | 6>8 | 6<8 | 0 and 1 | 0 or 1 | not 1 |
+------+-----+-----+---------+--------+-------+
|    8 |   0 |   1 |       0 |      1 |     0 |
+------+-----+-----+---------+--------+-------+
1 row in set (0.00 sec)
```

图 6-3　例 6-3 执行结果

【例 6-4】输出系统时间，当前年份、月份、日期的值。

SQL 语句如下：

```
SELECT NOW(), YEAR(NOW()), MONTH(NOW()), DAY(now());
```

执行结果如图 6-4 所示。

```
mysql> SELECT NOW(), YEAR(NOW()), MONTH(NOW()), DAY(now());
+---------------------+-------------+--------------+-------------+
| NOW()               | YEAR(NOW()) | MONTH(NOW()) | DAY(now()) |
+---------------------+-------------+--------------+-------------+
| 2023-09-19 10:16:43 |        2023 |            9 |          19 |
+---------------------+-------------+--------------+-------------+
1 row in set (0.00 sec)
```

图 6-4　例 6-4 执行结果

6.3 单表查询

6.3.1 简单查询

1. 查询所有列

使用 SELECT 语句查询数据表中的所有列有两种方法：第 1 种方法是使用 *（星号）通配符来指代所有的字段；第 2 种方法是在 SELECT 和 FROM 之间列出所有的字段名。

（1）在 SELECT 语句中使用“*”通配符的语法格式如下：

```
SELECT * FROM <数据表名>;
```

【例 6-5】通过在 SELECT 语句中使用“*”通配符查询数据表 fruits 中的所有字段。

步骤 1：创建一个新数据库 products。SQL 语句如下：

```
CREATE DATABASE products;
```

步骤 2：指定数据库 products 为当前数据库。SQL 语句如下：

```
USE products;
```

步骤 3：定义一个数据表 fruits。SQL 语句如下：

```
CREATE TABLE fruits (
  f_id VARCHAR(10) NOT NULL,
  s_id INT(11) NOT NULL,
  f_name VARCHAR(100) NOT NULL,
  f_price DECIMAL(10,2) NULL,
  f_quantity INT NULL,
  PRIMARY KEY (f_id)
);
```

执行结果如图 6-5 所示。

```
mysql> CREATE DATABASE products;
Query OK, 1 row affected (0.00 sec)

mysql> USE products;
Database changed
mysql> CREATE TABLE fruits (
    ->    f_id VARCHAR(10) NOT NULL,
    ->    s_id INT(11) NOT NULL,
    ->    f_name VARCHAR(100) NOT NULL,
    ->    f_price DECIMAL(10,2) NULL,
    ->    f_quantity INT NULL,
    ->    PRIMARY KEY (f_id)
    -> );
Query OK, 0 rows affected, 1 warning (0.01 sec)
```

图 6-5　定义数据表的执行结果

步骤 4：插入各种在售水果的数据。SQL 语句如下：

```
INSERT INTO fruits (f_id, s_id, f_name, f_price, f_quantity)
VALUES('apple1', 101, '红富士苹果', 4.90, 10),
('apple2', 102, '金帅苹果', 5.90, 20),
('banana1', 103, '超甜蕉', 5.90, 20),
('banana2', 104, '帝王蕉', 6.90, 10),
('banana3', 105, '红蕉', 7.90, 10),
('grape1', 106, '巨峰葡萄', 7.90, 30),
('grape2', 107, '红玫瑰葡萄', 9.90, 10),
('orange1', 108, '冰糖橙', 4.90, 20),
('orange2', 109, '脐橙', 6.90, 30),
('orange3', 110, '血橙', 8.90, 10),
('peach1', 104, '水蜜桃', 9.90, NULL),
('peach2', 106, '蟠桃', 10.90, NULL),
('peach3', 101, '黄桃', 7.90, NULL),
('peach4', 101, '油桃', 6.90, NULL);
```

执行结果如图 6-6 所示。

```
mysql> INSERT INTO fruits (f_id, s_id, f_name, f_price, f_quantity)
    -> VALUES('apple1', 101, '红富士苹果', 4.90, 10),
    -> ('apple2', 102, '金帅苹果', 5.90, 20),
    -> ('banana1', 103, '超甜蕉', 5.90, 20),
    -> ('banana2', 104, '帝王蕉', 6.90, 10),
    -> ('banana3', 105, '红蕉', 7.90, 10),
    -> ('grape1', 106, '巨峰葡萄', 7.90, 30),
    -> ('grape2', 107, '红玫瑰葡萄', 9.90, 10),
    -> ('orange1', 108, '冰糖橙', 4.90, 20),
    -> ('orange2', 109, '脐橙', 6.90, 30),
    -> ('orange3', 110, '血橙', 8.90, 10),
    -> ('peach1', 104, '水蜜桃', 9.90, NULL),
    -> ('peach2', 106, '蟠桃', 10.90, NULL),
    -> ('peach3', 101, '黄桃', 7.90, NULL),
    -> ('peach4', 101, '油桃', 6.90, NULL);
Query OK, 14 rows affected (0.01 sec)
Records: 14  Duplicates: 0  Warnings: 0
```

图 6-6　插入数据表数据的执行结果

步骤 5：使用 SELECT 语句查看数据表 fruits 的全部字段。SQL 语句如下：

```
SELECT * FROM fruits;
```

执行结果如图 6-7 所示。

```
mysql> SELECT * FROM fruits;
+---------+------+------------+---------+------------+
| f_id    | s_id | f_name     | f_price | f_quantity |
+---------+------+------------+---------+------------+
| apple1  |  101 | 红富士苹果 |    4.90 |         10 |
| apple2  |  102 | 金帅苹果   |    5.90 |         20 |
| banana1 |  103 | 超甜蕉     |    5.90 |         20 |
| banana2 |  104 | 帝王蕉     |    6.90 |         10 |
| banana3 |  105 | 红蕉       |    7.90 |         10 |
| grape1  |  106 | 巨峰葡萄   |    7.90 |         30 |
| grape2  |  107 | 红玫瑰葡萄 |    9.90 |         10 |
| orange1 |  108 | 冰糖橙     |    4.90 |         20 |
| orange2 |  109 | 脐橙       |    6.90 |         30 |
| orange3 |  110 | 血橙       |    8.90 |         10 |
| peach1  |  104 | 水蜜桃     |    9.90 |       NULL |
| peach2  |  106 | 蟠桃       |   10.90 |       NULL |
| peach3  |  101 | 黄桃       |    7.90 |       NULL |
| peach4  |  101 | 油桃       |    6.90 |       NULL |
+---------+------+------------+---------+------------+
14 rows in set (0.00 sec)
```

图 6-7　例 6-5 执行结果

（2）在 SELECT 语句中列出所有字段名称的语法格式如下：

```
SELECT <字段列表> FROM <数据表名>;
```

【例 6-6】通过在 SELECT 语句中列出字段列表的方式查询数据表 fruits 中的所有数据。SQL 语句如下：

```
SELECT f_id, s_id, f_name, f_price, f_quantity FROM fruits;
```

执行结果如图 6-8 所示。

```
mysql> SELECT f_id, s_id, f_name, f_price, f_quantity FROM fruits;
+---------+------+------------+---------+------------+
| f_id    | s_id | f_name     | f_price | f_quantity |
+---------+------+------------+---------+------------+
| apple1  |  101 | 红富士苹果 |    4.90 |         10 |
| apple2  |  102 | 金帅苹果   |    5.90 |         20 |
| banana1 |  103 | 超甜蕉     |    5.90 |         20 |
| banana2 |  104 | 帝王蕉     |    6.90 |         10 |
| banana3 |  105 | 红蕉       |    7.90 |         10 |
| grape1  |  106 | 巨峰葡萄   |    7.90 |         30 |
| grape2  |  107 | 红玫瑰葡萄 |    9.90 |         10 |
| orange1 |  108 | 冰糖橙     |    4.90 |         20 |
| orange2 |  109 | 脐橙       |    6.90 |         30 |
| orange3 |  110 | 血橙       |    8.90 |         10 |
| peach1  |  104 | 水蜜桃     |    9.90 |       NULL |
| peach2  |  106 | 蟠桃       |   10.90 |       NULL |
| peach3  |  101 | 黄桃       |    7.90 |       NULL |
| peach4  |  101 | 油桃       |    6.90 |       NULL |
+---------+------+------------+---------+------------+
14 rows in set (0.00 sec)
```

图 6-8　例 6-6 执行结果

2. 查询指定列

在很多情况下，用户可能只对数据表中的某一列或某几列的值感兴趣，这时可以在 SELECT 子句的字段列表中指定要查询的字段。若要查询多个字段，可用逗号隔开各字段。查询语句的语法格式如下：

```
SELECT <字段 1>,<字段 1>, …, <字段 n> FROM <数据表名>;
```

【例 6-7】使用 SELECT 语句查询数据表 fruits 中字段 f_name 的值。

SQL 语句如下：

```
SELECT f_name FROM fruits;
```

执行结果如图 6-9 所示。

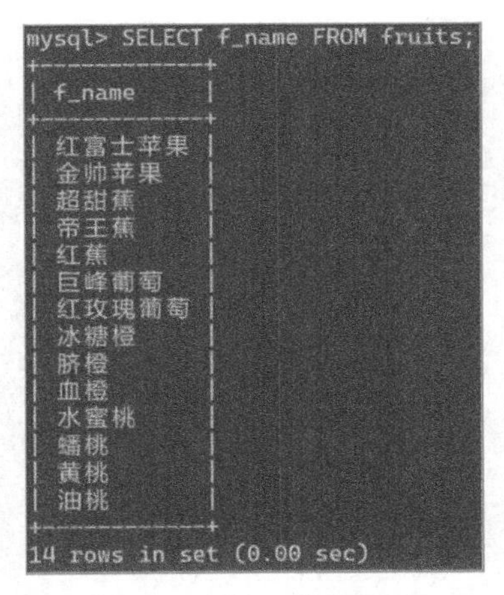

```
mysql> SELECT f_name FROM fruits;
+--------------+
| f_name       |
+--------------+
| 红富士苹果   |
| 金帅苹果     |
| 超甜蕉       |
| 帝王蕉       |
| 红蕉         |
| 巨峰葡萄     |
| 红玫瑰葡萄   |
| 冰糖橙       |
| 脐橙         |
| 血橙         |
| 水蜜桃       |
| 蟠桃         |
| 黄桃         |
| 油桃         |
+--------------+
14 rows in set (0.00 sec)
```

图 6-9　例 6-7 执行结果

【例 6-8】使用 SELECT 语句查询数据表 fruits 中字段 f_name、f_price 的值。

SQL 语句如下：

```
SELECT f_name, f_price FROM fruits;
```

执行结果如图 6-10 所示。

```
mysql> SELECT f_name, f_price FROM fruits;
+--------------+---------+
| f_name       | f_price |
+--------------+---------+
| 红富士苹果   |    4.90 |
| 金帅苹果     |    5.90 |
| 超甜蕉       |    5.90 |
| 帝王蕉       |    6.90 |
| 红蕉         |    7.90 |
| 巨峰葡萄     |    7.90 |
| 红玫瑰葡萄   |    9.90 |
| 冰糖橙       |    4.90 |
| 脐橙         |    6.90 |
| 血橙         |    8.90 |
| 水蜜桃       |    9.90 |
| 蟠桃         |   10.90 |
| 黄桃         |    7.90 |
| 油桃         |    6.90 |
+--------------+---------+
14 rows in set (0.00 sec)
```

图 6-10　例 6-8 执行结果

3. 查询计算列

在设计表结构时，对于能通过计算得到的数据，通常不需要再设计一个列来保存。在 SELECT 语句中，可以对数值列使用“+”“-”“*”“/”等运算符进行计算。同时，运算符也可以用于在多个列之间进行计算。

【例 6-9】从数据表 fruits 中查询水果的供应商编号 s_id、名称 f_name、价格 f_price 以及 80% 折扣后的价格 f_price*0.8。

SQL 语句如下：

```
SELECT s_id, f_name, f_price, f_price*0.8 FROM fruits;
```

执行结果如图 6-11 所示。

```
mysql> SELECT s_id, f_name, f_price, f_price*0.8 FROM fruits;
+------+------------+---------+-------------+
| s_id | f_name     | f_price | f_price*0.8 |
+------+------------+---------+-------------+
|  101 | 红富士苹果 |    4.90 |       3.920 |
|  102 | 金帅苹果   |    5.90 |       4.720 |
|  103 | 超甜蕉     |    5.90 |       4.720 |
|  104 | 帝王蕉     |    6.90 |       5.520 |
|  105 | 红蕉       |    7.90 |       6.320 |
|  106 | 巨峰葡萄   |    7.90 |       6.320 |
|  107 | 红玫瑰葡萄 |    9.90 |       7.920 |
|  108 | 冰糖橙     |    4.90 |       3.920 |
|  109 | 脐橙       |    6.90 |       5.520 |
|  110 | 血橙       |    8.90 |       7.120 |
|  104 | 水蜜桃     |    9.90 |       7.920 |
|  106 | 蟠桃       |   10.90 |       8.720 |
|  101 | 黄桃       |    7.90 |       6.320 |
|  101 | 油桃       |    6.90 |       5.520 |
+------+------------+---------+-------------+
14 rows in set (0.00 sec)
```

图 6-11　例 6-9 执行结果

6.3.2 使用 DISTINCT 关键字消除重复记录

使用 DISTINCT 关键字可以筛选结果集，对于重复的字段值只保留并显示一行。语法格式如下：

```
SELECT DISTINCT <字段列表> FROM <数据表名>;
```

说明：若要筛选多个字段，各个字段间以逗号隔开，最后一个字段后不加逗号。

【例 6-10】筛选出 fruits 数据表中的所有价格，消除重复的价格。

SQL 语句如下：

```
SELECT DISTINCT f_price FROM fruits;
```

执行结果如图 6-12 所示。

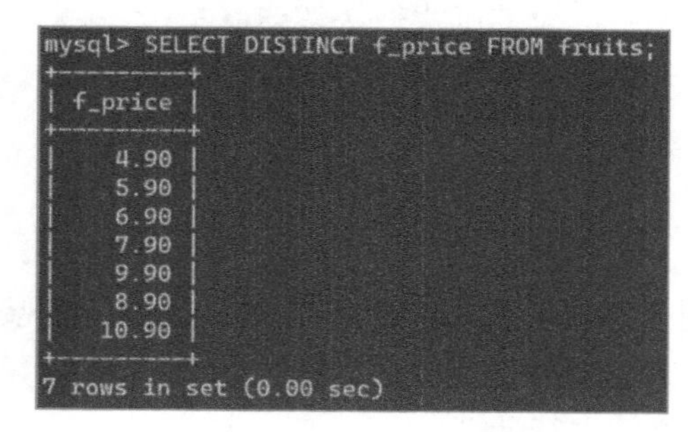

```
mysql> SELECT DISTINCT f_price FROM fruits;
+---------+
| f_price |
+---------+
|    4.90 |
|    5.90 |
|    6.90 |
|    7.90 |
|    9.90 |
|    8.90 |
|   10.90 |
+---------+
7 rows in set (0.00 sec)
```

图 6-12　例 6-10 执行结果

6.3.3 使用 AS 关键字设置查询结果列的别名

为了提高结果的可读性，可以使用 AS 关键字为查询结果中的结果列设置别名。需要注意的是，设置别名只是设置查询结果所显示的列名，数据表中的实际列名并未改变。语法格式如下：

```
SELECT <字段名> [AS] <别名> FROM <数据表名>;
```

说明：<字段名> [AS] <别名> 表达式中的 AS 关键字可以省略。若要设置多个字段的别名，每个字段之间以逗号隔开，最后一个字段后不加逗号。

【例 6-11】为数据表 fruits 的查询结果列设置别名。

SQL 语句如下：

```
SELECT f_id AS '水果编号', s_id AS '供应商编号' FROM fruits;
```

执行结果如图 6-13 所示。

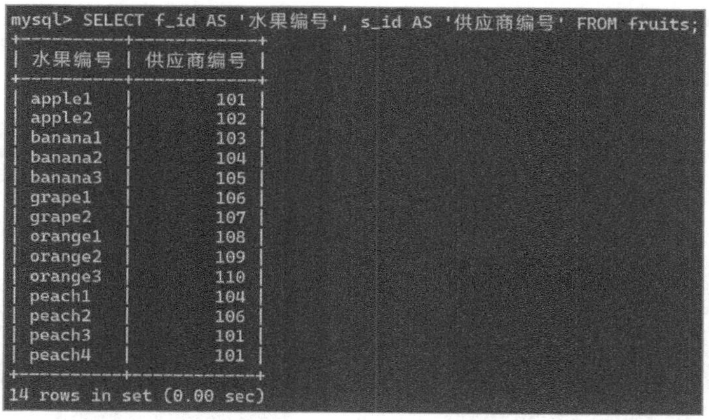

```
mysql> SELECT f_id AS '水果编号', s_id AS '供应商编号' FROM fruits;
+----------+------------+
| 水果编号 | 供应商编号 |
+----------+------------+
| apple1   |        101 |
| apple2   |        102 |
| banana1  |        103 |
| banana2  |        104 |
| banana3  |        105 |
| grape1   |        106 |
| grape2   |        107 |
| orange1  |        108 |
| orange2  |        109 |
| orange3  |        110 |
| peach1   |        104 |
| peach2   |        106 |
| peach3   |        101 |
| peach4   |        101 |
+----------+------------+
14 rows in set (0.00 sec)
```

图 6-13　例 6-11 执行结果

6.3.4 使用 WHERE 关键字限定查询条件

数据库中保存着大量的数据，用户有时只需要查询数据表中的指定记录，即对数据进行过滤。在 SELECT 语句中，可以使用 WHERE 子句限定查询的条件对数据进行过滤。语法格式如下：

```
SELECT <字段列表> FROM <数据表名>
WHERE <查询条件>;
```

查询条件丰富多样，可以简单，也可以很复杂，查询条件中还可使用通配符和函数。

1. 比较条件查询

比较条件查询即使用比较运算符来将两个数值表达式进行对比，然后使用 SELECT 语句输出满足条件的字段及字段值。语法格式如下：

```
SELECT <字段列表> FROM <数据表名> WHERE <表达式1> <比较运算符> <表达式2>;
```

说明：常用的比较运算符有等于（=）、不等于（<>、!=）、大于（>）、小于（<）、大于或等于（>=）、小于或等于（<=）。

【例 6-12】使用 SELECT 语句查询数据表 fruits 中名称为“冰糖橙”的水果的价格。

SQL 语句如下：

```
SELECT f_name, f_price
FROM fruits
WHERE f_name='冰糖橙';
```

执行结果如图 6-14 所示。

【例 6-13】使用 SELECT 语句查询数据表 fruits 中价格大于或等于 7.9 的水果的名称。

SQL 语句如下：

```
SELECT f_name, f_price
FROM fruits
WHERE f_price>=7.9;
```

执行结果如图 6-15 所示。

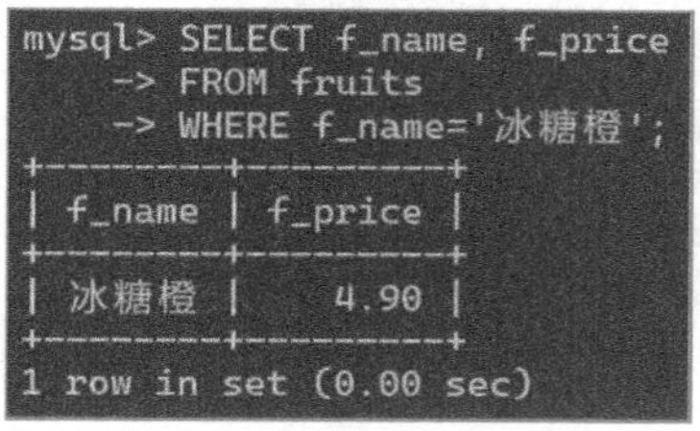

```
mysql> SELECT f_name, f_price
    -> FROM fruits
    -> WHERE f_name='冰糖橙';
+--------+---------+
| f_name | f_price |
+--------+---------+
| 冰糖橙 |    4.90 |
+--------+---------+
1 row in set (0.00 sec)
```

图 6-14　例 6-12 执行结果

```
mysql> SELECT f_name, f_price
    -> FROM fruits
    -> WHERE f_price>=7.9;
+------------+---------+
| f_name     | f_price |
+------------+---------+
| 红蕉       |    7.90 |
| 巨峰葡萄   |    7.90 |
| 红玫瑰葡萄 |    9.90 |
| 血橙       |    8.90 |
| 水蜜桃     |    9.90 |
| 蟠桃       |   10.90 |
| 黄桃       |    7.90 |
+------------+---------+
7 rows in set (0.00 sec)
```

图 6-15　例 6-13 执行结果

2. 范围条件查询

范围条件查询即查询的结果应在某个指定的区间之内，然后使用 SELECT 语句输出满足条件的字段及字段值。语法格式如下：

```
SELECT <字段列表> FROM <数据表名> WHERE <字段名> BETWEEN <表达式1> AND <表达式2>;
```

【例 6-14】使用 SELECT 语句查询数据表 fruits 中价格在 5.9 到 7.9 之间的水果的名称。

SQL 语句如下：

```
SELECT f_name, f_price
FROM fruits
WHERE f_price BETWEEN 5.9 AND 7.9;
```

执行结果如图 6-16 所示。可以看到，查询结果中只显示了价格在 5.9 到 7.9 之间的水果的名称和价格，而价格低于 5.9 或高于 7.9 的水果皆未被列出。

```
mysql> SELECT f_name, f_price
    -> FROM fruits
    -> WHERE f_price BETWEEN 5.9 AND 7.9;
+----------+---------+
| f_name   | f_price |
+----------+---------+
| 金帅苹果 |    5.90 |
| 超甜蕉   |    5.90 |
| 帝王蕉   |    6.90 |
| 红蕉     |    7.90 |
| 巨峰葡萄 |    7.90 |
| 脐橙     |    6.90 |
| 黄桃     |    7.90 |
| 油桃     |    6.90 |
+----------+---------+
8 rows in set (0.00 sec)
```

图 6-16　例 6-14 执行结果

3. 列表条件查询

列表条件查询即查询的结果在或不在一个离散数据集内，然后使用 SELECT 语句输出满足条件的字段及字段值。语法格式如下：

```
SELECT <字段列表> FROM <数据表名> WHERE <字段名> [NOT] IN <表达式列表>;
```

【例 6-15】使用 SELECT 语句查询数据表 fruits 中 s_id 为 101、105 和 107 的记录。

SQL 语句如下：

```
SELECT s_id, f_name, f_price
FROM fruits
WHERE s_id IN (101, 105, 107);
```

执行结果如图 6-17 所示。

```
mysql> SELECT s_id, f_name, f_price
    -> FROM fruits
    -> WHERE s_id IN (101, 105, 107);
+------+------------+---------+
| s_id | f_name     | f_price |
+------+------------+---------+
|  101 | 红富士苹果 |    4.90 |
|  105 | 红蕉       |    7.90 |
|  107 | 红玫瑰葡萄 |    9.90 |
|  101 | 黄桃       |    7.90 |
|  101 | 油桃       |    6.90 |
+------+------------+---------+
5 rows in set (0.00 sec)
```

图 6-17　例 6-15 执行结果

【例 6-16】使用 SELECT 语句查询数据表 fruits 中 s_id 不为 101、105 和 107 的记录。

SQL 语句如下：

```
SELECT s_id, f_name, f_price
FROM fruits
WHERE s_id NOT IN (101, 105, 107);
```

执行结果如图 6-18 所示。

```
mysql> SELECT s_id, f_name, f_price
    -> FROM fruits
    -> WHERE s_id NOT IN (101, 105, 107);
+------+----------+---------+
| s_id | f_name   | f_price |
+------+----------+---------+
|  102 | 金帅苹果 |    5.90 |
|  103 | 超甜蕉   |    5.90 |
|  104 | 帝王蕉   |    6.90 |
|  106 | 巨峰葡萄 |    7.90 |
|  108 | 冰糖橙   |    4.90 |
|  109 | 脐橙     |    6.90 |
|  110 | 血橙     |    8.90 |
|  104 | 水蜜桃   |    9.90 |
|  106 | 蟠桃     |   10.90 |
+------+----------+---------+
9 rows in set (0.00 sec)
```

图 6-18　例 6-16 执行结果

4. 模糊条件查询

模糊条件查询即要查找的内容不能精确定义，只能使用模糊条件来匹配部分内容，然后使用 SELECT 语句输出满足条件的字段及字段值。

1）使用 LIKE 关键字和通配符进行模糊条件查询

用户可以使用 LIKE 关键字和通配符来实现模糊条件查询。通配符是一种在 SQL 的 WHERE 条件子句中拥有特殊意思的字符。SQL 语句中支持多种通配符，MySQL 中可以和 LIKE 一起使用的通配符有百分号通配符（%）和下画线通配符（_）。语法格式如下：

```
SELECT <字段列表> FROM <数据表名> WHERE <字段名> [NOT] LIKE <字符表达式>;
```

（1）使用“%”通配符。百分号通配符可以匹配任意长度的字符，包括零字符。

【例 6-17】使用 SELECT 语句查询数据表 fruits 中名字带有“葡萄”一词的记录。

SQL 语句如下：

```
SELECT f_id, s_id, f_name, f_price
FROM fruits
WHERE f_name LIKE '%葡萄';
```

执行结果如图 6-19 所示。

```
mysql> SELECT f_id, s_id, f_name, f_price
    -> FROM fruits
    -> WHERE f_name LIKE '%葡萄';
+--------+------+------------+---------+
| f_id   | s_id | f_name     | f_price |
+--------+------+------------+---------+
| grape1 |  106 | 巨峰葡萄   |    7.90 |
| grape2 |  107 | 红玫瑰葡萄 |    9.90 |
+--------+------+------------+---------+
2 rows in set (0.00 sec)
```

图 6-19　例 6-17 执行结果

【例 6-18】使用 SELECT 语句查询数据表 fruits 中名字不带有“桃”字的记录。

SQL 语句如下：

```
SELECT f_id, s_id, f_name, f_price
FROM fruits
WHERE f_name NOT LIKE '%桃';
```

执行结果如图 6-20 所示。

```
mysql> SELECT f_id, s_id, f_name, f_price
    -> FROM fruits
    -> WHERE f_name NOT LIKE '%桃';
+---------+------+------------+---------+
| f_id    | s_id | f_name     | f_price |
+---------+------+------------+---------+
| apple1  |  101 | 红富士苹果 |    4.90 |
| apple2  |  102 | 金帅苹果   |    5.90 |
| banana1 |  103 | 超甜蕉     |    5.90 |
| banana2 |  104 | 帝王蕉     |    6.90 |
| banana3 |  105 | 红蕉       |    7.90 |
| grape1  |  106 | 巨峰葡萄   |    7.90 |
| grape2  |  107 | 红玫瑰葡萄 |    9.90 |
| orange1 |  108 | 冰糖橙     |    4.90 |
| orange2 |  109 | 脐橙       |    6.90 |
| orange3 |  110 | 血橙       |    8.90 |
+---------+------+------------+---------+
10 rows in set (0.00 sec)
```

图 6-20 例 6-18 执行结果

（2）使用“_”通配符。下画线通配符一次只能匹配单个任意字符。如果要匹配多个字符，则需要使用数个下画线通配符。

【例 6-19】使用 SELECT 语句查询数据表 fruits 中名称的第三个字是“蕉”的记录。

SQL 语句如下：

```
SELECT f_id, s_id, f_name, f_price
FROM fruits
WHERE f_name LIKE '__蕉';
```

执行结果如图 6-21 所示。

```
mysql> SELECT f_id, s_id, f_name, f_price
    -> FROM fruits
    -> WHERE f_name LIKE '__蕉';
+---------+------+--------+---------+
| f_id    | s_id | f_name | f_price |
+---------+------+--------+---------+
| banana1 |  103 | 超甜蕉 |    5.90 |
| banana2 |  104 | 帝王蕉 |    6.90 |
+---------+------+--------+---------+
2 rows in set (0.00 sec)
```

图 6-21 例 6-19 执行结果

2）使用 REGEXP 关键字进行正则表达式匹配查询

正则表达式是用某种模式去匹配一类字符串的一个方法。正则表达式的查询能力比 LIKE 关键字的查询能力更强大，而且更灵活。语法格式如下：

```
SELECT <字段列表> FROM <数据表名> WHERE <字段名> REGEXP <字符表达式>;
```

常用的正则表达式的模式字符如表 6-1 所示。

表 6-1　正则表达式的模式字符

模式字符	说明
^	匹配以特定字符或字符串开头的字符（串）
$	匹配以特定字符或字符串结尾的字符（串）
.	匹配任何单个字符
[...]	匹配指定范围或集合中任何单个字符
[^...]	匹配不属于指定范围或集合的任何单个字符
*	匹配多个该符号之前的字符，包括 0 个和 1 个
+	匹配多个该符号之前的字符，不包括 0 个
< 字符串 >	匹配包含指定字符的文本
s1|s2|s3	匹配 s1、s2 和 s3 中的任意一个字符串
字符串 {n}	匹配字符串出现 n 次，n 是一个非负数
字符串 {m, n}	匹配字符串出现至少 m 次，最多 n 次，m、n 均为非负数

（1）使用模式字符“^”。

【例 6-20】使用 SELECT 语句查询数据表 fruits 中 f_id 字段以“a”开头的记录。

SQL 语句如下：

```
SELECT * FROM fruits
WHERE f_id REGEXP '^a';
```

执行结果如图 6-22 所示。

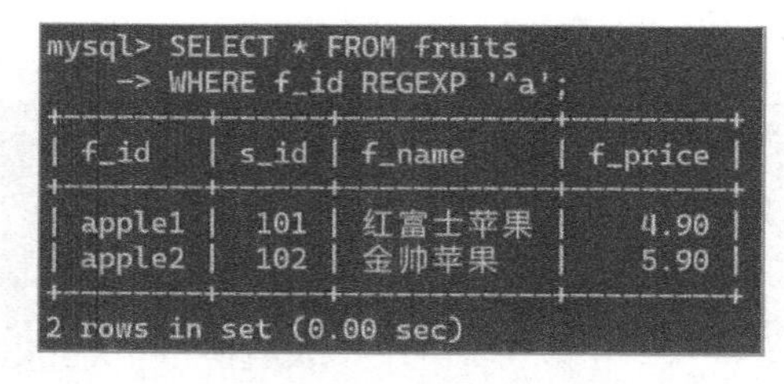

```
mysql> SELECT * FROM fruits
    -> WHERE f_id REGEXP '^a';
+--------+------+------------+---------+
| f_id   | s_id | f_name     | f_price |
+--------+------+------------+---------+
| apple1 |  101 | 红富士苹果 |    4.90 |
| apple2 |  102 | 金帅苹果   |    5.90 |
+--------+------+------------+---------+
2 rows in set (0.00 sec)
```

图 6-22　例 6-20 执行结果

（2）使用模式字符“$”。

【例 6-21】使用 SELECT 语句查询数据表 fruits 中 f_id 字段以“2”结尾的记录。

SQL 语句如下：

```
SELECT * FROM fruits
WHERE f_id REGEXP '2$';
```

执行结果如图 6-23 所示。

```
mysql> SELECT * FROM fruits
    -> WHERE f_id REGEXP '2$';
+---------+------+------------+---------+------------+
| f_id    | s_id | f_name     | f_price | f_quantity |
+---------+------+------------+---------+------------+
| apple2  |  102 | 金帅苹果   |    5.90 |         20 |
| banana2 |  104 | 帝王蕉     |    6.90 |         10 |
| grape2  |  107 | 红玫瑰葡萄 |    9.90 |         10 |
| orange2 |  109 | 脐橙       |    6.90 |         30 |
| peach2  |  106 | 蟠桃       |   10.90 |       NULL |
+---------+------+------------+---------+------------+
5 rows in set (0.00 sec)
```

图 6-23　例 6-21 执行结果

（3）使用模式字符“.”。

【例 6-22】使用 SELECT 语句查询数据表 fruits 的 f_id 字段中包含字母“a”和“e”且这两个字母之间只有一个字母的记录。

SQL 语句如下：

```
SELECT * FROM fruits
WHERE f_id REGEXP 'a.e';
```

执行结果如图 6-24 所示。

```
mysql> SELECT * FROM fruits
    -> WHERE f_id REGEXP 'a.e';
+--------+------+------------+---------+
| f_id   | s_id | f_name     | f_price |
+--------+------+------------+---------+
| grape1 |  106 | 巨峰葡萄   |    7.90 |
| grape2 |  107 | 红玫瑰葡萄 |    9.90 |
+--------+------+------------+---------+
2 rows in set (0.00 sec)
```

图 6-24　例 6-22 执行结果

（4）使用模式字符“[…]”。

【例 6-23】使用 SELECT 语句查询数据表 fruits 的 f_id 字段中包含字母“p”或“g”且所包含字母的后一个字母为“e”的记录。

SQL 语句如下：

```
SELECT * FROM fruits
WHERE f_id REGEXP '[pg]e';
```

执行结果如图 6-25 所示。

```
mysql> SELECT * FROM fruits
    -> WHERE f_id REGEXP '[pg]e';
+---------+------+------------+---------+------------+
| f_id    | s_id | f_name     | f_price | f_quantity |
+---------+------+------------+---------+------------+
| grape1  |  106 | 巨峰葡萄   |    7.90 |         30 |
| grape2  |  107 | 红玫瑰葡萄 |    9.90 |         10 |
| orange1 |  108 | 冰糖橙     |    4.90 |         20 |
| orange2 |  109 | 脐橙       |    6.90 |         30 |
| orange3 |  110 | 血橙       |    8.90 |         10 |
| peach1  |  104 | 水蜜桃     |    9.90 |       NULL |
| peach2  |  106 | 蟠桃       |   10.90 |       NULL |
| peach3  |  101 | 黄桃       |    7.90 |       NULL |
| peach4  |  101 | 油桃       |    6.90 |       NULL |
+---------+------+------------+---------+------------+
9 rows in set (0.00 sec)
```

图 6-25　例 6-23 执行结果

（5）使用模式字符“[^…]”。

【例 6-24】使用 SELECT 语句查询数据表 fruits 的 f_id 字段中不包含字母“r”，并且紧跟在该字符后面的是字母“a”的记录。

SQL 语句如下：

```
SELECT * FROM fruits
WHERE f_id REGEXP '[^r]a';
```

执行结果如图 6-26 所示。

```
mysql> SELECT * FROM fruits
    -> WHERE f_id REGEXP '[^r]a';
+----------+------+--------+---------+------------+
| f_id     | s_id | f_name | f_price | f_quantity |
+----------+------+--------+---------+------------+
| banana1  |  103 | 超甜蕉 |    5.90 |         20 |
| banana2  |  104 | 帝王蕉 |    6.90 |         10 |
| banana3  |  105 | 红蕉   |    7.90 |         10 |
| peach1   |  104 | 水蜜桃 |    9.90 |       NULL |
| peach2   |  106 | 蟠桃   |   10.90 |       NULL |
| peach3   |  101 | 黄桃   |    7.90 |       NULL |
| peach4   |  101 | 油桃   |    6.90 |       NULL |
+----------+------+--------+---------+------------+
7 rows in set (0.00 sec)
```

图 6-26　例 6-24 执行结果

（6）使用模式字符“*”。

【例 6-25】使用 SELECT 语句查询数据表 fruits 的 f_id 字段中包含字母“n”且“n”后面出现字母“a”的记录。

SQL 语句如下：

```
SELECT * FROM fruits
WHERE f_id REGEXP 'na*';
```

执行结果如图 6-27 所示。由于“*”可以匹配任意多个字符（包括 0 个），因此可以看到，“orange”一词中字母“n”后面虽然没有出现字母“a”，但是也满足匹配条件。

```
mysql> SELECT * FROM fruits
    -> WHERE f_id REGEXP 'na*';
+---------+------+--------+---------+------------+
| f_id    | s_id | f_name | f_price | f_quantity |
+---------+------+--------+---------+------------+
| banana1 |  103 | 超甜蕉 |    5.90 |         20 |
| banana2 |  104 | 帝王蕉 |    6.90 |         10 |
| banana3 |  105 | 红蕉   |    7.90 |         10 |
| orange1 |  108 | 冰糖橙 |    4.90 |         20 |
| orange2 |  109 | 脐橙   |    6.90 |         30 |
| orange3 |  110 | 血橙   |    8.90 |         10 |
+---------+------+--------+---------+------------+
6 rows in set (0.00 sec)
```

图 6-27　例 6-25 执行结果

（7）使用模式字符“+”。

【例 6-26】使用 SELECT 语句查询数据表 fruits 的 f_id 字段中字母“n”后面至少出现一次字母“a”的记录。

SQL 语句如下：

```
SELECT * FROM fruits
WHERE f_id REGEXP 'na+';
```

执行结果如图 6-28 所示。

```
mysql> SELECT * FROM fruits
    -> WHERE f_id REGEXP 'na+';
+---------+------+--------+---------+------------+
| f_id    | s_id | f_name | f_price | f_quantity |
+---------+------+--------+---------+------------+
| banana1 |  103 | 超甜蕉 |    5.90 |         20 |
| banana2 |  104 | 帝王蕉 |    6.90 |         10 |
| banana3 |  105 | 红蕉   |    7.90 |         10 |
+---------+------+--------+---------+------------+
3 rows in set (0.00 sec)
```

图 6-28　例 6-26 执行结果

（8）使用模式字符“字符串 {n}”。

【例 6-27】使用 SELECT 语句查询数据表 fruits 的 f_id 字段中连续出现字母“ p”至少 2 次的记录。

SQL 语句如下：

```
SELECT * FROM fruits
WHERE f_id REGEXP 'p{2}';
```

执行结果如图 6-29 所示。

```
mysql> SELECT * FROM fruits
    -> WHERE f_id REGEXP 'p{2}';
+--------+------+------------+---------+------------+
| f_id   | s_id | f_name     | f_price | f_quantity |
+--------+------+------------+---------+------------+
| apple1 |  101 | 红富士苹果 |    4.90 |         10 |
| apple2 |  102 | 金帅苹果   |    5.90 |         20 |
+--------+------+------------+---------+------------+
2 rows in set (0.00 sec)
```

图 6-29　例 6-27 执行结果

（9）使用模式字符“字符串 {m, n}”。

【例 6-28】使用 SELECT 语句查询数据表 fruits 的 f_id 字段中连续出现字符串“ an”至少 1 次、最多 2 次的记录。

SQL 语句如下：

```
SELECT * FROM fruits
WHERE f_id REGEXP 'an{1,2}';
```

执行结果如图 6-30 所示。

（10）使用模式字符“<字符串>”。

【例 6-29】使用 SELECT 语句查询数据表 fruits 的 f_name 字段中含有“苹果”的记录。

SQL 语句如下：

```
SELECT * FROM fruits
WHERE f_name REGEXP '苹果';
```

执行结果如图 6-31 所示。

```
mysql> SELECT * FROM fruits
    -> WHERE f_id REGEXP 'an{1,2}';
+----------+------+--------+---------+------------+
| f_id     | s_id | f_name | f_price | f_quantity |
+----------+------+--------+---------+------------+
| banana1  |  103 | 超甜蕉 |    5.90 |         20 |
| banana2  |  104 | 帝王蕉 |    6.90 |         10 |
| banana3  |  105 | 红蕉   |    7.90 |         10 |
| orange1  |  108 | 冰糖橙 |    4.90 |         20 |
| orange2  |  109 | 脐橙   |    6.90 |         30 |
| orange3  |  110 | 血橙   |    8.90 |         10 |
+----------+------+--------+---------+------------+
6 rows in set (0.00 sec)
```

图 6-30　例 6-28 执行结果

```
mysql> SELECT * FROM fruits
    -> WHERE f_name REGEXP '苹果';
+--------+------+------------+---------+------------+
| f_id   | s_id | f_name     | f_price | f_quantity |
+--------+------+------------+---------+------------+
| apple1 |  101 | 红富士苹果 |    4.90 |         10 |
| apple2 |  102 | 金帅苹果   |    5.90 |         20 |
+--------+------+------------+---------+------------+
2 rows in set (0.00 sec)
```

图 6-31　例 6-29 执行结果

（11）使用模式字符“s1|s2|s3”。

【例 6-30】使用 SELECT 语句查询数据表 fruits 的 f_name 字段中含有“红”或“果”字的记录。

SQL 语句如下：

```
SELECT * FROM fruits
WHERE f_name REGEXP '红|果';
```

执行结果如图 6-32 所示。

```
mysql> SELECT * FROM fruits
    -> WHERE f_name REGEXP '红|果';
+---------+------+------------+---------+------------+
| f_id    | s_id | f_name     | f_price | f_quantity |
+---------+------+------------+---------+------------+
| apple1  |  101 | 红富士苹果 |    4.90 |         10 |
| apple2  |  102 | 金帅苹果   |    5.90 |         20 |
| banana3 |  105 | 红蕉       |    7.90 |         10 |
| grape2  |  107 | 红玫瑰葡萄 |    9.90 |         10 |
+---------+------+------------+---------+------------+
4 rows in set (0.00 sec)
```

图 6-32　例 6-30 执行结果

5. 逻辑条件查询

逻辑条件查询是一种根据指定的逻辑表达式或区间条件筛选数据的方法，其查询的结果应在某个指定的区间之内，然后使用 SELECT 语句输出满足条件的字段及字段值。语法格式如下：

```
SELECT <字段列表> FROM <数据表名> WHERE <逻辑表达式>;
```

说明：逻辑表达式是指用逻辑运算符连接的表达式，逻辑运算符有 AND（与）、OR（或）、NOT（非）。

- AND：当相连接的两个表达式都成立时才成立。
- OR：当相连接的两个表达式中有一个成立时就成立。
- NOT：当原表达式的逻辑值为真，经过 NOT 运算后，整个表达式的逻辑值变为假；而当原表达式的逻辑值为假，经过 NOT 运算后，整个表达式的逻辑值变为真。

【例 6-31】 使用 SELECT 语句查询数据表 fruits 中价格小于或等于 6.9 且名称中有“蕉”字的水果的记录。

SQL 语句如下：

```
SELECT * FROM fruits
WHERE f_price <= 6.9 AND f_name REGEXP '蕉';
```

执行结果如图 6-33 所示。

```
mysql> SELECT * FROM fruits
    -> WHERE f_price <= 6.9 AND f_name REGEXP '蕉';
+---------+------+--------+---------+------------+
| f_id    | s_id | f_name | f_price | f_quantity |
+---------+------+--------+---------+------------+
| banana1 |  103 | 超甜蕉 |    5.90 |         20 |
| banana2 |  104 | 帝王蕉 |    6.90 |         10 |
+---------+------+--------+---------+------------+
2 rows in set (0.00 sec)
```

图 6-33　例 6-31 执行结果

【例 6-32】 使用 SELECT 语句查询数据表 fruits 中价格小于 5.9 或价格大于 7.9 的水果的记录。

SQL 语句如下：

```
SELECT * FROM fruits
WHERE f_price < 5.9 OR f_price > 7.9;
```

执行结果如图 6-34 所示。

```
mysql> SELECT * FROM fruits
    -> WHERE f_price < 5.9 OR f_price > 7.9;
+---------+------+------------+---------+------------+
| f_id    | s_id | f_name     | f_price | f_quantity |
+---------+------+------------+---------+------------+
| apple1  |  101 | 红富士苹果 |    4.90 |         10 |
| grape2  |  107 | 红玫瑰葡萄 |    9.90 |         10 |
| orange1 |  108 | 冰糖橙     |    4.90 |         20 |
| orange3 |  110 | 血橙       |    8.90 |         10 |
| peach1  |  104 | 水蜜桃     |    9.90 |       NULL |
| peach2  |  106 | 蟠桃       |   10.90 |       NULL |
+---------+------+------------+---------+------------+
6 rows in set (0.00 sec)
```

图 6-34　例 6-32 执行结果

6. 空值条件查询

空值条件查询即查询的结果集中包含那些特定字段值为空（NULL）的记录，然后使用 SELECT 语句输出满足条件的字段及字段值。语法格式如下：

```
SELECT <字段列表> FROM <数据表名> WHERE <字段名> IS [NOT] NULL;
```

【例 6-33】使用 SELECT 语句查询数据表 fruits 中 f_quantity 字段为空值的记录。

SQL 语句如下：

```
SELECT * FROM fruits
WHERE f_quantity IS NULL;
```

执行结果如图 6-35 所示。

```
mysql> SELECT * FROM fruits
    -> WHERE f_quantity IS NULL;
+--------+------+--------+---------+------------+
| f_id   | s_id | f_name | f_price | f_quantity |
+--------+------+--------+---------+------------+
| peach1 |  104 | 水蜜桃 |    9.90 |       NULL |
| peach2 |  106 | 蟠桃   |   10.90 |       NULL |
| peach3 |  101 | 黄桃   |    7.90 |       NULL |
| peach4 |  101 | 油桃   |    6.90 |       NULL |
+--------+------+--------+---------+------------+
4 rows in set (0.00 sec)
```

图 6-35　例 6-33 执行结果

6.3.5 使用聚合函数查询

MySQL 提供了一些聚合函数，能够帮助用户对数据进行总结和分析，而不需要返回实际表中的数据。这些函数可以计算数据表中记录的总数，某个字段下数据的总和、最大值、最小值或者平均值等。常用的聚合函数的说明如表 6-2 所示。

表 6-2　常用的聚合函数的说明

函数名称	说明
COUNT()	返回某列的行数
SUM()	返回某列的和
AVG()	返回某列的平均值
MAX()	返回某列的最大值
MIN()	返回某列的最小值

说明：

- 除 COUNT() 函数以外，其他聚合函数都会忽略空值。
- 聚合函数中可以使用表达式。
- 使用聚合函数时可以用 AS 关键字设置别名。

1. 使用 COUNT() 函数查询

COUNT() 函数用于统计数据表中所有记录的行数，也可以根据查询结果返回列中包含的数据行数。语法格式如下：

```
SELECT COUNT({ * | <字段名>}) FROM <数据表名>;
```

说明：

- COUNT(*)：计算数据表中所有记录的行数，包括空值。
- COUNT(< 字段名 >)：计算指定字段下记录的总行数，忽略空值。

【例 6-34】 查询数据表 fruits 中所有记录的总行数。

步骤 1：查询数据表 fruits 中的所有记录。SQL 语句如下：

```
SELECT * FROM fruits;
```

步骤 2：统计数据表 fruits 中所有记录的行数。SQL 语句如下：

```
SELECT COUNT(*) AS f_num FROM fruits;
```

执行结果如图 6-36 所示。

```
mysql> SELECT * FROM fruits;
+---------+------+------------+---------+------------+
| f_id    | s_id | f_name     | f_price | f_quantity |
+---------+------+------------+---------+------------+
| apple1  |  101 | 红富士苹果 |    4.90 |         10 |
| apple2  |  102 | 金帅苹果   |    5.90 |         20 |
| banana1 |  103 | 超甜蕉     |    5.90 |         20 |
| banana2 |  104 | 帝王蕉     |    6.90 |         10 |
| banana3 |  105 | 红蕉       |    7.90 |         10 |
| grape1  |  106 | 巨峰葡萄   |    7.90 |         30 |
| grape2  |  107 | 红玫瑰葡萄 |    9.90 |         10 |
| orange1 |  108 | 冰糖橙     |    4.90 |         20 |
| orange2 |  109 | 脐橙       |    6.90 |         30 |
| orange3 |  110 | 血橙       |    8.90 |         10 |
| peach1  |  104 | 水蜜桃     |    9.90 |       NULL |
| peach2  |  106 | 蟠桃       |   10.90 |       NULL |
| peach3  |  101 | 黄桃       |    7.90 |       NULL |
| peach4  |  101 | 油桃       |    6.90 |       NULL |
+---------+------+------------+---------+------------+
14 rows in set (0.00 sec)

mysql> SELECT COUNT(*) AS f_num FROM fruits;
+-------+
| f_num |
+-------+
|    14 |
+-------+
1 row in set (0.00 sec)
```

图 6-36　例 6-34 执行结果

【例 6-35】 查询数据表 fruits 中所有注明采购数量的记录的总行数。

SQL 语句如下：

```
SELECT COUNT(f_quantity) AS q_num FROM fruits;
```

执行结果如图 6-37 所示。

```
mysql> SELECT COUNT(f_quantity) AS q_num FROM fruits;
+-------+
| q_num |
+-------+
|    10 |
+-------+
1 row in set (0.00 sec)
```

图 6-37　例 6-35 执行结果

2. 使用 SUM() 函数查询

SUM() 函数用于返回指定字段的值的总和。如果指定字段的数据类型不是数值类型，则计算结果为 0。语法格式如下：

```
SELECT SUM(<字段名>) FROM <数据表名>;
```

【例 6-36】 查询数据表 fruits 中所有水果数量的总和。

步骤 1：为数据表 fruits 中的 f_quantity 字段插入完整数据。查询数据表 fruits 中的所有记录，SQL 语句及执行结果如图 6-38 所示。

```
mysql> SELECT * FROM fruits;
+----------+-------+-------------+---------+------------+
| f_id     | s_id  | f_name      | f_price | f_quantity |
+----------+-------+-------------+---------+------------+
| apple1   |  101  | 红富士苹果  |    4.90 |         10 |
| apple2   |  102  | 金帅苹果    |    5.90 |         20 |
| banana1  |  103  | 超甜蕉      |    5.90 |         20 |
| banana2  |  104  | 帝王蕉      |    6.90 |         10 |
| banana3  |  105  | 红蕉        |    7.90 |         10 |
| grape1   |  106  | 巨峰葡萄    |    7.90 |         30 |
| grape2   |  107  | 红玫瑰葡萄  |    9.90 |         10 |
| orange1  |  108  | 冰糖橙      |    4.90 |         20 |
| orange2  |  109  | 脐橙        |    6.90 |         30 |
| orange3  |  110  | 血橙        |    8.90 |         10 |
| peach1   |  104  | 水蜜桃      |    9.90 |         20 |
| peach2   |  106  | 蟠桃        |   10.90 |         20 |
| peach3   |  101  | 黄桃        |    7.90 |         20 |
| peach4   |  101  | 油桃        |    6.90 |         30 |
+----------+-------+-------------+---------+------------+
14 rows in set (0.00 sec)
```

图 6-38　查询显示结果

步骤 2：查询数据表 fruits 中所有水果数量的总和。SQL 语句如下：

```
SELECT SUM(f_quantity) AS q_total FROM fruits;
```

执行结果如图 6-39 所示。

```
mysql> SELECT SUM(f_quantity) AS q_total FROM fruits;
+---------+
| q_total |
+---------+
|     260 |
+---------+
1 row in set (0.00 sec)
```

图 6-39　例 6-36 执行结果

3. 使用 AVG() 函数查询

AVG() 函数用于返回指定字段的平均值。如果指定字段的数据类型不是数值类型，则计算结果为 0。语法格式如下：

```
SELECT AVG(<字段名>) FROM <数据表名>;
```

【例 6-37】 查询数据表 fruits 中水果的平均价格。

SQL 语句如下：

```
SELECT AVG(f_price) AS p_avg FROM fruits;
```

执行结果如图 6-40 所示。

```
mysql> SELECT AVG(f_price) AS p_avg FROM fruits;
+----------+
| p_avg    |
+----------+
| 7.542857 |
+----------+
1 row in set (0.00 sec)
```

图 6-40　例 6-37 执行结果

4. 使用 MAX() 函数查询

MAX() 函数用于返回指定字段的最大值。如果指定字段的数据类型是字符串类型，则根据字符串排序的结果获得最大值。语法格式如下：

```
SELECT MAX(<字段名>) FROM <数据表名>;
```

【例 6-38】查询数据表 fruits 中水果的最高价格。

SQL 语句如下：

```
SELECT MAX(f_price) AS p_max FROM fruits;
```

执行结果如图 6-41 所示。

```
mysql> SELECT MAX(f_price) AS p_max FROM fruits;
+-------+
| p_max |
+-------+
| 10.90 |
+-------+
1 row in set (0.00 sec)
```

图 6-41　例 6-38 执行结果

5. 使用 MIN() 函数查询

MIN() 函数用于返回指定字段的最小值。如果指定字段的数据类型是字符串类型，则根据字符串排序的结果获得最小值。语法格式如下：

```
SELECT MIN(<字段名>) FROM <数据表名>;
```

【例 6-39】查询数据表 fruits 中水果的最低价格。

SQL 语句如下：

```
SELECT MIN(f_price) AS p_min FROM fruits;
```

执行结果如图 6-42 所示。

```
mysql> SELECT MIN(f_price) AS p_min FROM fruits;
+-------+
| p_min |
+-------+
|  4.90 |
+-------+
1 row in set (0.00 sec)
```

图 6-42　例 6-39 执行结果

6.3.6 使用 GROUP BY 关键字对查询结果进行分组

GROUP BY 关键字通常与聚合函数一起使用，以对数据进行分组计算。语法格式如下：

```
SELECT <字段列表> FROM <数据表名> GROUP BY <分组字段> [HAVING <分组条件>];
```

说明：

- < 分组字段 >：给定要进行分组的字段名。
- [HAVING < 分组条件 >]：给定分组的限制条件。

1. 创建分组

【例 6-40】根据字段 s_id 对数据表 fruits 中的记录进行分组。

SQL 语句如下：

```
SELECT s_id, COUNT(*) AS s_total
FROM fruits
GROUP BY s_id;
```

执行结果如图 6-43 所示。

```
mysql> SELECT s_id, COUNT(*) AS s_total
    -> FROM fruits
    -> GROUP BY s_id;
+------+---------+
| s_id | s_total |
+------+---------+
|  101 |       3 |
|  102 |       1 |
|  103 |       1 |
|  104 |       2 |
|  105 |       1 |
|  106 |       2 |
|  107 |       1 |
|  108 |       1 |
|  109 |       1 |
|  110 |       1 |
+------+---------+
10 rows in set (0.00 sec)
```

图 6-43　例 6-40 执行结果

2. 统计记录数量

使用 WITH ROLLUP 关键字可以在查询出的分组记录之后增加一条记录，标明所有记录的总和。

【例6-41】根据字段s_id对数据表fruits中的记录进行分组，并统计记录的数量。

SQL语句如下：

```
SELECT s_id, COUNT(*) AS s_total
FROM fruits
GROUP BY s_id WITH ROLLUP;
```

执行结果如图6-44所示。

```
mysql> SELECT s_id, COUNT(*) AS s_total
    -> FROM fruits
    -> GROUP BY s_id WITH ROLLUP;
+------+---------+
| s_id | s_total |
+------+---------+
|  101 |       3 |
|  102 |       1 |
|  103 |       1 |
|  104 |       2 |
|  105 |       1 |
|  106 |       2 |
|  107 |       1 |
|  108 |       1 |
|  109 |       1 |
|  110 |       1 |
| NULL |      14 |
+------+---------+
11 rows in set (0.00 sec)
```

图6-44　例6-41执行结果

3. 限定分组条件

【例6-42】根据字段s_id对数据表fruits中的记录进行分组，并显示水果种类大于1的分组信息。

SQL语句如下：

```
SELECT s_id, GROUP_CONCAT(f_name) AS f_variety
FROM fruits
GROUP BY s_id
HAVING COUNT(f_name)>1;
```

执行结果如图6-45所示。

```
mysql> SELECT s_id, GROUP_CONCAT(f_name) AS f_variety
    -> FROM fruits
    -> GROUP BY s_id
    -> HAVING COUNT(f_name)>1;
+------+------------------------+
| s_id | f_variety              |
+------+------------------------+
|  101 | 红富士苹果,黄桃,油桃   |
|  104 | 帝王蕉,水蜜桃          |
|  106 | 巨峰葡萄,蟠桃          |
+------+------------------------+
3 rows in set (0.00 sec)
```

图6-45　例6-42执行结果

6.3.7 使用 ORDER BY 关键字对查询结果排序

MySQL 可以通过在 SELECT 语句中使用 ORDER BY 关键字对查询结果进行排序。语法格式如下：

```
SELECT <字段列表> FROM <数据表名> ORDER BY <排序字段> [ASC | DESC];
```

说明：ASC 表示按升序排列，DESC 表示按降序排列。对于数值类型的字段值，默认按照升序排列；对于字符串类型的字段值，默认按照字母表的顺序进行升序排列。

1. 单字段排序

【例 6-43】对数据表 fruits 中的 f_name 字段按升序排列。

SQL 语句如下：

```
SELECT * FROM fruits ORDER BY f_name;
```

执行结果如图 6-46 所示。

mysql> SELECT * FROM fruits ORDER BY f_name;

f_id	s_id	f_name	f_price	f_quantity
orange1	108	冰糖橙	4.90	20
grape1	106	巨峰葡萄	7.90	30
banana2	104	帝王蕉	6.90	10
peach1	104	水蜜桃	9.90	20
peach4	101	油桃	6.90	30
apple1	101	红富士苹果	4.90	10
grape2	107	红玫瑰葡萄	9.90	10
banana3	105	红蕉	7.90	10
orange2	109	脐橙	6.90	30
peach2	106	蟠桃	10.90	20
orange3	110	血橙	8.90	10
banana1	103	超甜蕉	5.90	20
apple2	102	金帅苹果	5.90	20
peach3	101	黄桃	7.90	20

14 rows in set (0.00 sec)

图 6-46 例 6-43 执行结果

2. 多字段排序

在进行多字段排序时，需要排序的各个字段按照从左至右的方式决定优先顺序。

【例 6-44】对数据表 fruits 中的 s_id 和 f_price 字段进行排序，先按 s_id 字段进行排列，再按 f_price 字段降序排列。

SQL 语句如下：

```
SELECT * FROM fruits ORDER BY s_id, f_price DESC;
```

执行结果如图 6-47 所示。

```
mysql> SELECT * FROM fruits ORDER BY s_id, f_price DESC;
+---------+------+------------+---------+------------+
| f_id    | s_id | f_name     | f_price | f_quantity |
+---------+------+------------+---------+------------+
| peach3  | 101  | 黄桃       |    7.90 |         20 |
| peach4  | 101  | 油桃       |    6.90 |         30 |
| apple1  | 101  | 红富士苹果 |    4.90 |         10 |
| apple2  | 102  | 金帅苹果   |    5.90 |         20 |
| banana1 | 103  | 超甜蕉     |    5.90 |         20 |
| peach1  | 104  | 水蜜桃     |    9.90 |         20 |
| banana2 | 104  | 帝王蕉     |    6.90 |         10 |
| banana3 | 105  | 红蕉       |    7.90 |         10 |
| peach2  | 106  | 蟠桃       |   10.90 |         20 |
| grape1  | 106  | 巨峰葡萄   |    7.90 |         30 |
| grape2  | 107  | 红玫瑰葡萄 |    9.90 |         10 |
| orange1 | 108  | 冰糖橙     |    4.90 |         20 |
| orange2 | 109  | 脐橙       |    6.90 |         30 |
| orange3 | 110  | 血橙       |    8.90 |         10 |
+---------+------+------------+---------+------------+
14 rows in set (0.00 sec)
```

图 6-47　例 6-44 执行结果

6.3.8　使用 LIMIT 关键字限制查询结果的数量

查询数据时，查询的结果可能为很多条记录，而用户需要的记录可能只是其中很少的一部分，这样就需要限制查询结果的数量。使用 LIMIT 关键字可以对查询结果数量进行限定，控制输出的行数。

1. 输出前 *n* 条记录

语法格式如下：

```
SELECT <字段列表> FROM<数据表名> LIMIT <记录数>;
```

【例 6-45】查询数据表 fruits 中的前 5 条记录。

SQL 语句如下：

```
SELECT * FROM fruits LIMIT 5;
```

执行结果如图 6-48 所示。

```
mysql> SELECT * FROM fruits LIMIT 5;
+---------+------+------------+---------+------------+
| f_id    | s_id | f_name     | f_price | f_quantity |
+---------+------+------------+---------+------------+
| apple1  | 101  | 红富士苹果 |    4.90 |         10 |
| apple2  | 102  | 金帅苹果   |    5.90 |         20 |
| banana1 | 103  | 超甜蕉     |    5.90 |         20 |
| banana2 | 104  | 帝王蕉     |    6.90 |         10 |
| banana3 | 105  | 红蕉       |    7.90 |         10 |
+---------+------+------------+---------+------------+
5 rows in set (0.00 sec)
```

图 6-48　例 6-45 执行结果

2. 输出第 *n*1 ～ *n*2 条记录

语法格式如下：

```
SELECT <字段列表> FROM<数据表名> LIMIT <位置偏移量>, <记录数>;
```

【例 6-46】查询数据表 fruits 中从第 4 条记录开始的连续 5 条记录。

SQL 语句如下：

```
SELECT * FROM fruits LIMIT 3, 5;
```

执行结果如图 6-49 所示。

```
mysql> SELECT * FROM fruits LIMIT 3, 5;
+---------+------+------------+---------+------------+
| f_id    | s_id | f_name     | f_price | f_quantity |
+---------+------+------------+---------+------------+
| banana2 |  104 | 帝王蕉     |    6.90 |         10 |
| banana3 |  105 | 红蕉       |    7.90 |         10 |
| grape1  |  106 | 巨峰葡萄   |    7.90 |         30 |
| grape2  |  107 | 红玫瑰葡萄 |    9.90 |         10 |
| orange1 |  108 | 冰糖橙     |    4.90 |         20 |
+---------+------+------------+---------+------------+
5 rows in set (0.00 sec)
```

图 6-49　例 6-46 执行结果

6.4 多表查询

多表查询是指查询涉及两个或两个以上表的数据。在进行多表查询之前，需要了解各表之间的关联关系，这是多表查询的基础。连接查询是多表查询中用得最多的一种。

6.4.1 连接查询

连接查询是通过将多个表连接在一起来查询数据。连接查询可以分为 4 种类型：内连接查询、自连接查询、交叉连接查询和外连接查询。

1. 内连接查询

内连接查询会返回两个表中都符合连接条件的记录，即只返回两个表中都存在的记录。在执行内连接时，只有当连接条件在两个表中都得到满足时，数据库系统才会将这些匹配的行组合在一起形成结果集。语法格式如下：

```
SELECT <字段列表>
FROM <数据表 1>, <数据表 2>
WHERE <数据表 1.字段名 = 数据表 2.字段名>;
```

或

```
SELECT <字段列表> FROM <数据表 1>
INNER JOIN <数据表 2>
ON <数据表 1.字段名 = 数据表 2.字段名>;
```

【例 6-47】通过 WHERE 子句在数据表 fruits 与数据表 suppliers 之间实现内连接查询。

步骤 1：在 products 数据库中创建数据表 suppliers。SQL 语句如下：

```
CREATE TABLE suppliers (
    s_id INT(11) NOT NULL AUTO_INCREMENT,
    s_name VARCHAR(50) NOT NULL,
    s_address VARCHAR(50) NOT NULL,
    s_contact VARCHAR(50) NOT NULL,
    PRIMARY KEY (s_id)
);
```

步骤 2：在数据表 suppliers 中输入数据。SQL 语句如下：

```
INSERT INTO suppliers (s_id, s_name, s_address, s_contact)
VALUES(101, 'Fine Fruits', '山东', '0531-62588888'),
(102, 'Crisp & Fresh', '辽宁', '024-68686666'),
(103, 'Fruitopia', '广西', '0771-86620126'),
(104, 'Juicy Fruits ', '广东', '020-85336278'),
(105, 'Fresh Fruits ', '海南', '0899-61028258'),
(106, 'SunRipe Fruits ', '新疆', '0991-69525656'),
(107, 'Sweet Fruits ', '宁夏', '0951-65663662'),
(108, 'Organic Fruits ', '江西', '0791-68560206'),
(109, 'Harvest Fruits ', '湖南', '0731-62608286'),
(110, 'Pure Fruits ', '四川', '028-83966360');
```

步骤 3：查看数据表 suppliers 的内容，如图 6-50 所示。查看数据表 fruits 的内容，如图 6-51 所示。由图 6-50 和图 6-51 可以看出，数据表 fruits 和数据表 suppliers 中都有相同的字段 s_id，两个表通过 s_id 字段建立联系。

mysql> SELECT * FROM suppliers;

s_id	s_name	s_address	s_contact
101	Fine Fruits	山东	-62588357
102	Crisp & Fresh	辽宁	-68686642
103	Fruitopia	广西	-86619355
104	Juicy Fruits	广东	-85336258
105	Fresh Fruits	海南	-61027359
106	SunRipe Fruits	新疆	-69524665
107	Sweet Fruits	宁夏	-65662711
108	Organic Fruits	江西	-68559415
109	Harvest Fruits	湖南	-62607555
110	Pure Fruits	四川	-83966332

10 rows in set (0.00 sec)

图 6-50　查看数据表 suppliers 的内容

mysql> SELECT * FROM fruits;

f_id	s_id	f_name	f_price	f_quantity
apple1	101	红富士苹果	4.90	10
apple2	102	金帅苹果	5.90	20
banana1	103	超甜蕉	5.90	20
banana2	104	帝王蕉	6.90	10
banana3	105	红蕉	7.90	10
grape1	106	巨峰葡萄	7.90	30
grape2	107	红玫瑰葡萄	9.90	10
orange1	108	冰糖橙	4.90	20
orange2	109	脐橙	6.90	30
orange3	110	血橙	8.90	10
peach1	104	水蜜桃	9.90	20
peach2	106	蟠桃	10.90	20
peach3	101	黄桃	7.90	20
peach4	101	油桃	6.90	30

14 rows in set (0.00 sec)

图 6-51　查看数据表 fruits 的内容

步骤 4：从数据表 fruits 中查询 f_name、f_price 字段，同时，从数据表 suppliers 中查询 s_id、s_name 字段。SQL 语句如下：

```
SELECT suppliers.s_id, s_name, f_name, f_price
FROM fruits, suppliers
WHERE fruits.s_id = suppliers.s_id;
```

执行结果如图 6-52 所示。

```
mysql> SELECT suppliers.s_id, s_name, f_name, f_price
    -> FROM fruits, suppliers
    -> WHERE fruits.s_id = suppliers.s_id;
+------+----------------+------------+---------+
| s_id | s_name         | f_name     | f_price |
+------+----------------+------------+---------+
|  101 | Fine Fruits    | 红富士苹果 |    4.90 |
|  102 | Crisp & Fresh  | 金帅苹果   |    5.90 |
|  103 | Fruitopia      | 超甜蕉     |    5.90 |
|  104 | Juicy Fruits   | 帝王蕉     |    6.90 |
|  105 | Fresh Fruits   | 红蕉       |    7.90 |
|  106 | SunRipe Fruits | 巨峰葡萄   |    7.90 |
|  107 | Sweet Fruits   | 红玫瑰葡萄 |    9.90 |
|  108 | Organics Fruits| 冰糖橙     |    4.90 |
|  109 | Harvest Fruits | 脐橙       |    6.90 |
|  110 | Pure Fruits    | 血橙       |    8.90 |
|  104 | Juicy Fruits   | 水蜜桃     |    9.90 |
|  106 | SunRipe Fruits | 蟠桃       |   10.90 |
|  101 | Fine Fruits    | 黄桃       |    7.90 |
|  101 | Fine Fruits    | 油桃       |    6.90 |
+------+----------------+------------+---------+
14 rows in set (0.00 sec)
```

图 6-52　例 6-47 执行结果

【例 6-48】通过 INNER JOIN 子句在数据表 fruits 与数据表 suppliers 之间实现内连接查询。SQL 语句如下：

```
SELECT suppliers.s_id, s_name, f_name, f_price FROM fruits
INNER JOIN suppliers
ON fruits.s_id = suppliers.s_id;
```

执行结果如图 6-53 所示。

```
mysql> SELECT suppliers.s_id, s_name, f_name, f_price FROM fruits
    -> INNER JOIN suppliers
    -> ON fruits.s_id = suppliers.s_id;
+------+----------------+------------+---------+
| s_id | s_name         | f_name     | f_price |
+------+----------------+------------+---------+
|  101 | Fine Fruits    | 红富士苹果 |    4.90 |
|  102 | Crisp & Fresh  | 金帅苹果   |    5.90 |
|  103 | Fruitopia      | 超甜蕉     |    5.90 |
|  104 | Juicy Fruits   | 帝王蕉     |    6.90 |
|  105 | Fresh Fruits   | 红蕉       |    7.90 |
|  106 | SunRipe Fruits | 巨峰葡萄   |    7.90 |
|  107 | Sweet Fruits   | 红玫瑰葡萄 |    9.90 |
|  108 | Organics Fruits| 冰糖橙     |    4.90 |
|  109 | Harvest Fruits | 脐橙       |    6.90 |
|  110 | Pure Fruits    | 血橙       |    8.90 |
|  104 | Juicy Fruits   | 水蜜桃     |    9.90 |
|  106 | SunRipe Fruits | 蟠桃       |   10.90 |
|  101 | Fine Fruits    | 黄桃       |    7.90 |
|  101 | Fine Fruits    | 油桃       |    6.90 |
+------+----------------+------------+---------+
14 rows in set (0.00 sec)
```

图 6-53　例 6-48 执行结果

2. 自连接查询

自连接查询是指连接同一张表中的两个或多个实例。自连接是一种特殊的内连接，相互连接的表在物理意义上为同一张表，但在逻辑意义上被分为了两张表。这种查询通常用于需要比较同一个表中不同记录之间的关系的情况。语法格式如下：

```
SELECT <字段列表>
FROM <数据表> AS <别名1>,<数据表> AS <别名2>
WHERE <别名1.字段名 = 别名2.字段名>;
```

或

```
SELECT <字段列表>
FROM <数据表> AS <别名1>
INNER JOIN <数据表> AS <别名2>
ON <别名1.字段名 = 别名2.字段名>;
```

【例 6-49】查询 f_id 为 banana2 的供应商提供的所有水果品种。

SQL 语句如下：

```
SELECT F1.f_id, F1.s_id, F1.f_price
FROM fruits AS F1, fruits AS F2
WHERE F1.s_id = F2.s_id AND F2.f_id = 'banana2';
```

或

```
SELECT F1.f_id, F1.s_id, F1.f_price
FROM fruits AS F1
INNER JOIN fruits AS F2
ON F1.s_id = F2.s_id AND F2.f_id = 'banana2';
```

执行结果如图 6-54 所示。

```
mysql> SELECT F1.f_id, F1.s_id, F1.f_price
    -> FROM fruits AS F1, fruits AS F2
    -> WHERE F1.s_id = F2.s_id AND F2.f_id = 'banana2';
+---------+------+---------+
| f_id    | s_id | f_price |
+---------+------+---------+
| banana2 |  104 |    6.90 |
| peach1  |  104 |    9.90 |
+---------+------+---------+
2 rows in set (0.00 sec)
```

图 6-54　例 6-49 执行结果

3. 交叉连接查询

交叉连接即两个表做笛卡儿积运算，交叉连接的结果集的行数即为两个表行数的乘积，结果集的列数即为两个表列数之和。交叉连接查询会返回两个表中所有可能的组合结果，这种查询适用于需要比较两个表之间的所有可能匹配项的情况。语法格式如下：

```
SELECT <列表字段> FROM <数据表名1>, <数据表名2>;
```

或

```
SELECT < 列表字段 > FROM < 数据表名 1> CROSS JOIN < 数据表名 2>;
```

【例 6-50】将数据表 customers 和数据表 orders 进行交叉连接。

步骤 1：在数据库 products 中新建一个数据表 customers。SQL 语句如下：

```
CREATE TABLE customers (
c_id INT NOT NULL AUTO_INCREMENT,
c_name VARCHAR(20) NOT NULL,
c_contact VARCHAR(20) NULL,
PRIMARY KEY (c_id)
);
```

步骤 2：为数据表 customers 插入数据。SQL 语句如下：

```
INSERT INTO customers (c_id, c_name, c_contact)
VALUES (100001, 'Mr. Wang', '13625468428'),
(100002, 'Mrs. Li', '15954628452'),
(100003, 'Mr. Zhao', '13737395465'),
(100004, 'Mr. Qin', '15214871456');
```

步骤 3：查看数据表 customers 的内容，如图 6-55 所示。

```
mysql> SELECT * FROM customers;
+--------+----------+-------------+
| c_id   | c_name   | c_contact   |
+--------+----------+-------------+
| 100001 | Mr. Wang | 13625468428 |
| 100002 | Mrs. Li  | 15954628452 |
| 100003 | Mr. Zhao | 13737395465 |
| 100004 | Mr. Qin  | 15214871456 |
+--------+----------+-------------+
4 rows in set (0.00 sec)
```

图 6-55　查看数据表 customers 的内容

步骤 4：在数据库 products 中新建一个数据表 orders。SQL 语句如下：

```
CREATE TABLE orders (
o_num INT NOT NULL AUTO_INCREMENT,
c_id INT NOT NULL,
f_id VARCHAR(10) NOT NULL,
o_quantity INT NOT NULL,
PRIMARY KEY (o_num)
);
```

步骤 5：在数据表 orders 中插入数据。SQL 语句如下：

```
INSERT INTO orders (o_num, c_id, f_id, o_quantity)
VALUES (230921001, 100001, 'grape1', 2),
(230921002, 100002, 'banana3', 1),
(230921003, 100005, 'apple2', 3),
(230921004, 100006, 'orange1', 2);
```

步骤 6：查看数据表 orders 的内容，如图 6-56 所示。

```
mysql> SELECT * FROM orders;
+-----------+--------+---------+------------+
| o_num     | c_id   | f_id    | o_quantity |
+-----------+--------+---------+------------+
| 230921001 | 100001 | grape1  |          2 |
| 230921002 | 100002 | banana3 |          1 |
| 230921003 | 100005 | apple2  |          3 |
| 230921004 | 100006 | orange1 |          2 |
+-----------+--------+---------+------------+
4 rows in set (0.00 sec)
```

图 6-56 查看数据表 orders 的内容

步骤 7：将数据表 customers 和数据表 orders 进行交叉连接。SQL 语句如下：

```
SELECT * FROM customers, orders;
```

或

```
SELECT * FROM customers CROSS JOIN orders;
```

执行结果如图 6-57 所示。

```
mysql> SELECT * FROM customers CROSS JOIN orders;
+--------+-----------+-------------+-----------+--------+---------+------------+
| c_id   | c_name    | c_contact   | o_num     | c_id   | f_id    | o_quantity |
+--------+-----------+-------------+-----------+--------+---------+------------+
| 100004 | Mr. Qin   | 15214871456 | 230921001 | 100001 | grape1  |          2 |
| 100003 | Mr. Zhao  | 13737395465 | 230921001 | 100001 | grape1  |          2 |
| 100002 | Mrs. Li   | 15954628452 | 230921001 | 100001 | grape1  |          2 |
| 100001 | Mr. Wang  | 13625468428 | 230921001 | 100001 | grape1  |          2 |
| 100004 | Mr. Qin   | 15214871456 | 230921002 | 100002 | banana3 |          1 |
| 100003 | Mr. Zhao  | 13737395465 | 230921002 | 100002 | banana3 |          1 |
| 100002 | Mrs. Li   | 15954628452 | 230921002 | 100002 | banana3 |          1 |
| 100001 | Mr. Wang  | 13625468428 | 230921002 | 100002 | banana3 |          1 |
| 100004 | Mr. Qin   | 15214871456 | 230921003 | 100005 | apple2  |          3 |
| 100003 | Mr. Zhao  | 13737395465 | 230921003 | 100005 | apple2  |          3 |
| 100002 | Mrs. Li   | 15954628452 | 230921003 | 100005 | apple2  |          3 |
| 100001 | Mr. Wang  | 13625468428 | 230921003 | 100005 | apple2  |          3 |
| 100004 | Mr. Qin   | 15214871456 | 230921004 | 100006 | orange1 |          2 |
| 100003 | Mr. Zhao  | 13737395465 | 230921004 | 100006 | orange1 |          2 |
| 100002 | Mrs. Li   | 15954628452 | 230921004 | 100006 | orange1 |          2 |
| 100001 | Mr. Wang  | 13625468428 | 230921004 | 100006 | orange1 |          2 |
+--------+-----------+-------------+-----------+--------+---------+------------+
16 rows in set (0.00 sec)
```

图 6-57 例 6-50 执行结果

知识魔方

复合连接查询

复合条件连接查询是指在连接查询的过程中通过增加筛选条件限制查询的结果。

【例 6-51】在数据表 customers 和 orders 中，查询 c_id 为 100002 的客户的订单信息。SQL 语句如下：

```
SELECT * FROM customers INNER JOIN orders
ON customers.c_id = orders.c_id AND customers.c_id = 100002;
```

执行结果如图 6-58 所示。

```
mysql> SELECT * FROM customers INNER JOIN orders
    -> ON customers.c_id = orders.c_id AND customers.c_id = 100002;
+--------+----------+-------------+-----------+--------+---------+------------+
| c_id   | c_name   | c_contact   | o_num     | c_id   | f_id    | o_quantity |
+--------+----------+-------------+-----------+--------+---------+------------+
| 100002 | Mrs. Li  | 15954628452 | 230921002 | 100002 | banana3 |          1 |
+--------+----------+-------------+-----------+--------+---------+------------+
1 row in set (0.00 sec)
```

图 6-58　例 6-51 执行结果

4. 外连接查询

外连接查询是指连接两个表，并保留其中一个表中的所有记录，即使另一个表中没有匹配的记录。外连接包括左外连接（LEFT OUTER JOIN）、右外连接（RIGHT OUTER JOIN）及全外连接（FULL OUTER JOIN）。MySQL 中不支持全外连接，仅支持左外连接和右外连接。

1）左外连接

左外连接：返回左表中的所有记录以及右表中连接字段相等的记录。如果左表中的某行在右表中没有匹配行，则在相关联的结果行中，右表的所有列均为空值。语法格式如下：

```
SELECT * FROM <数据表1>
LEFT JOIN <数据表2> ON <数据表1.列名 = 数据表2.列名>;
```

【例 6-52】在数据表 customers 和数据表 orders 中，查询所有的客户，包括没有订单的客户。

SQL 语句如下：

```
SELECT customers.c_id, orders.o_num
FROM customers LEFT OUTER JOIN orders
ON customers.c_id = orders.c_id;
```

执行结果如图 6-59 所示。

```
mysql> SELECT customers.c_id, orders.o_num
    -> FROM customers LEFT OUTER JOIN orders
    -> ON customers.c_id = orders.c_id;
+--------+-----------+
| c_id   | o_num     |
+--------+-----------+
| 100001 | 230921001 |
| 100002 | 230921002 |
| 100003 |      NULL |
| 100004 |      NULL |
+--------+-----------+
4 rows in set (0.00 sec)
```

图 6-59　例 6-52 执行结果

2）右外连接

右外连接：返回右表中的所有记录以及左表中连接字段相等的记录。如果右表中的某行在左表中没有匹配行，则在相关联的结果行中，左表的所有列均为空值。语法格式如下：

```
SELECT * FROM <数据表 1>
RIGHT JOIN <数据表 2> ON <数据表 1.列名 = 数据表 2.列名>;
```

【例 6-53】在数据表 customers 和数据表 orders 中，查询所有的订单客户，包括没有客户的订单。

SQL 语句如下：

```
SELECT customers.c_id, orders.o_num
FROM customers RIGHT OUTER JOIN orders
ON customers.c_id = orders.c_id;
```

执行结果如图 6-60 所示。

```
mysql> SELECT customers.c_id, orders.o_num
    -> FROM customers RIGHT OUTER JOIN orders
    -> ON customers.c_id = orders.c_id;
+--------+-----------+
| c_id   | o_num     |
+--------+-----------+
| 100001 | 230921001 |
| 100002 | 230921002 |
|   NULL | 230921003 |
|   NULL | 230921004 |
+--------+-----------+
4 rows in set (0.00 sec)
```

图 6-60　例 6-53 执行结果

6.4.2 联合查询

联合查询是将多个 SELECT 语句的查询结果合并到一个结果集中。在进行联合查询操作时，要求两个查询结果对应的字段数及其数据类型必须相同。在 MySQL 中，可以使用 UNION 关键字或 UNION ALL 关键字进行联合查询。语法格式如下：

```
SELECT <字段列表 1> FROM <数据表 1>
UNION [ALL]
SELECT <字段列表 2> FROM <数据表 2>;
```

1. 使用 UNION 关键字进行联合查询

在 MySQL 中，使用 UNION 关键字可以实现合并左外连接和右外连接的查询结果，达到全外连接的效果。

【例 6-54】查询数据表 fruits 中所有价格小于 6 的水果的供应商编号信息，查询数据表 suppliers 中 s_name 字段带有“Fruits”的供应商编号信息，然后使用 UNION 关键字联合查询结果。

SQL 语句如下：

```
SELECT s_id FROM fruits WHERE f_price < 6
UNION
SELECT s_id FROM suppliers WHERE s_name REGEXP 'Fruits';
```

执行结果如图 6-61 所示。

```
mysql> SELECT s_id FROM fruits WHERE f_price < 6
    -> UNION
    -> SELECT s_id FROM suppliers WHERE s_name REGEXP 'Fruits';
+------+
| s_id |
+------+
|  101 |
|  102 |
|  103 |
|  108 |
|  104 |
|  105 |
|  106 |
|  107 |
|  109 |
|  110 |
+------+
10 rows in set (0.00 sec)
```

图 6-61　使用 UNION 关键字的执行结果

如果分别执行两个查询，则结果如图 6-62 和图 6-63 所示。可以看到，第一条 SELECT 语句用于查询数据表 fruits 中所有价格小于 6 的水果的供应商编号信息，第二条 SELECT 语句用于查询数据表 suppliers 中 s_name 字段带有“ Fruits”的供应商编号信息，使用 UNION 关键字可以将两次查询的结果合并到一个结果集中，并删除了重复的记录。

```
mysql> SELECT s_id FROM fruits WHERE f_price < 6;
+------+
| s_id |
+------+
|  101 |
|  102 |
|  103 |
|  108 |
+------+
4 rows in set (0.00 sec)
```

图 6-62　数据表 fruits 的查询结果

```
mysql> SELECT s_id FROM suppliers WHERE s_name REGEXP 'Fruits';
+------+
| s_id |
+------+
|  101 |
|  104 |
|  105 |
|  106 |
|  107 |
|  108 |
|  109 |
|  110 |
+------+
8 rows in set (0.00 sec)
```

图 6-63　数据表 suppliers 的查询结果

2. 使用 UNION ALL 关键字进行联合查询

在【例 6-54】中，联合查询的结果集中重复的记录被删除了。若不想删除重复记录，可以使用 UNION ALL 关键字，执行结果如图 6-64 所示。

```
mysql> SELECT s_id FROM fruits WHERE f_price < 6
    -> UNION ALL
    -> SELECT s_id FROM suppliers WHERE s_name REGEXP 'Fruits';
+------+
| s_id |
+------+
|  101 |
|  102 |
|  103 |
|  108 |
|  101 |
|  104 |
|  105 |
|  106 |
|  107 |
|  108 |
|  109 |
|  110 |
+------+
12 rows in set (0.00 sec)
```

图 6-64　使用 UNION ALL 关键字的执行结果

6.5 嵌套查询

嵌套查询是指一个查询语句嵌套在另一个查询语句内部的查询。在 MySQL 中，嵌套查询可以嵌套多个层级，也可以在 SELECT、UPDATE 和 DELETE 语句中使用。嵌套查询中常用的操作符有 IN、EXISTS、ALL、ANY（SOME）等，且可以使用比较运算符进行过滤。内层查询的结果可以作为外层查询的过滤条件，可以基于一个或多个表进行查询。

6.5.1 带 IN 关键字的子查询

使用 IN 关键字的子查询返回列表中每一个值分别进行相等比较的结果，可实现多值的相等比较。

【例 6-55】查询编号为 100002 的客户购买的水果信息。

SQL 语句如下：

```
SELECT f_id, f_name, f_price FROM fruits
WHERE f_id IN (SELECT f_id FROM orders WHERE c_id = 100002);
```

执行结果如图 6-65 所示。

上述语句就是一个嵌套查询语句，内层查询语句“SELECT f_id FROM orders WHERE c_id = 100002”嵌套在外层查询语句“SELECT f_id, f_name, f_price FROM fruits WHERE f_id IN”的 WHERE 子句中。外层查询语句又称为父查询，内层查询语句又称为子查询。

```
mysql> SELECT f_id, f_name, f_price FROM fruits
    -> WHERE f_id IN (SELECT f_id FROM orders WHERE c_id = 100002);
+---------+--------+---------+
| f_id    | f_name | f_price |
+---------+--------+---------+
| banana3 | 红蕉   |    7.90 |
+---------+--------+---------+
1 row in set (0.00 sec)
```

图 6-65　例 6-55 执行结果

6.5.2　带 ALL 关键字的子查询

使用 ALL 关键字时，只有满足内层查询返回的所有值时才可以执行外层查询。“<ALL”表示小于子查询结果中的最小值，“>ALL”表示大于子查询结果中的最大值。

【例 6-56】 查询 fruits 表中价格高于编号为 101 的供应商所供应的全部水果价格的水果信息。

SQL 语句如下：

```
SELECT * FROM fruits
WHERE f_price > ALL (SELECT f_price FROM fruits WHERE s_id = 101);
```

执行结果如图 6-66 所示。

```
mysql> SELECT * FROM fruits
    -> WHERE f_price > ALL (SELECT f_price FROM fruits WHERE s_id = 101);
+---------+------+------------+---------+------------+
| f_id    | s_id | f_name     | f_price | f_quantity |
+---------+------+------------+---------+------------+
| grape2  |  107 | 红玫瑰葡萄 |    9.90 |         10 |
| orange3 |  110 | 血橙       |    8.90 |         10 |
| peach1  |  104 | 水蜜桃     |    9.90 |         20 |
| peach2  |  106 | 蟠桃       |   10.90 |         20 |
+---------+------+------------+---------+------------+
4 rows in set (0.00 sec)
```

图 6-66　例 6-56 执行结果

6.5.3　带 ANY 关键字的子查询

使用 ANY 关键字时，只要满足内层查询返回值中的任意一个，就可以执行外层查询。“ <ANY”表示小于子查询结果中的最大值，“ >ANY”表示大于子查询结果中的最小值。

【例 6-57】 查询 fruits 表中价格高于编号为 101 的供应商所供应的任意一种水果价格的水果信息。

SQL 语句如下：

```
SELECT * FROM fruits
WHERE f_price > ANY (SELECT f_price FROM fruits WHERE s_id = 101);
```

执行结果如图 6-67 所示。

```
mysql> SELECT * FROM fruits
    -> WHERE f_price > ANY (SELECT f_price FROM fruits WHERE s_id = 101);
+---------+------+------------+---------+------------+
| f_id    | s_id | f_name     | f_price | f_quantity |
+---------+------+------------+---------+------------+
| apple2  |  102 | 金帅苹果   |    5.90 |         20 |
| banana1 |  103 | 超甜蕉     |    5.90 |         20 |
| banana2 |  104 | 帝王蕉     |    6.90 |         10 |
| banana3 |  105 | 红蕉       |    7.90 |         10 |
| grape1  |  106 | 巨峰葡萄   |    7.90 |         30 |
| grape2  |  107 | 红玫瑰葡萄 |    9.90 |         10 |
| orange2 |  109 | 脐橙       |    6.90 |         30 |
| orange3 |  110 | 血橙       |    8.90 |         10 |
| peach1  |  104 | 水蜜桃     |    9.90 |         20 |
| peach2  |  106 | 蟠桃       |   10.90 |         20 |
| peach3  |  101 | 黄桃       |    7.90 |         20 |
| peach4  |  101 | 油桃       |    6.90 |         30 |
+---------+------+------------+---------+------------+
12 rows in set (0.00 sec)
```

图 6-67　例 6-57 执行结果

6.5.4 带 EXISTS 关键字的子查询

EXISTS 关键字比较子查询返回结果的每一行。使用 EXISTS 时应注意，外层查询的 WHERE 子句格式为 WHERE EXISTS；内层子查询中必须有 WHERE 子句，用于给出外层查询和内层子查询所使用表的连接条件。

【例 6-58】查询已有订单的客户信息。

SQL 语句如下：

```
SELECT * FROM customers
WHERE EXISTS (SELECT * FROM orders WHERE customers.c_id = orders.c_id);
```

执行结果如图 6-68 所示。

```
mysql> SELECT * FROM customers
    -> WHERE EXISTS (SELECT * FROM orders WHERE customers.c_id = orders.c_id);
+--------+-----------+-------------+
| c_id   | c_name    | c_contact   |
+--------+-----------+-------------+
| 100001 | Mr. Wang  | 13625468428 |
| 100002 | Mrs. Li   | 15954628452 |
+--------+-----------+-------------+
2 rows in set (0.00 sec)
```

图 6-68　例 6-58 执行结果

习题

一、选择题

1．如果要查看 MySQL 中单个全局变量 long_query_time 的值，下列语句正确的是（　　）。

A．SHOW @long_query_time;　　　　B．SHOW @@long_query_time;

C．SELECT @long_query_time;　　D．SELECT @@long_query_time;

2．进行单表查询时，使用（　　）关键字可以实现消除查询结果中的重复记录的功能。

A．ALL　　B．AS

C．DISTINCT　　D．DESC

3．下述代码可以实现的功能是（　　）。

```
SELECT f_name, f_price
FROM fruits
WHERE f_price BETWEEN 4.9 AND 6.9;
```

A．查询数据表 fruits 中价格小于 4.9 及大于 6.9 的水果的名称及价格

B．查询数据表 fruits 中价格大于 4.9 及小于 6.9 的水果的名称及价格

C．查询数据表 fruits 中价格等于 4.9 及等于 6.9 的水果的名称及价格

D．查询数据表 fruits 中价格大于或等于 4.9 及小于或等于 6.9 的水果的名称及价格

4．下列关于模式字符的说法中不正确的是（　　）。

A．“%”模式字符与 LIKE 关键字搭配使用，用以匹配任意长度的字符

B．“_”模式字符与 LIKE 关键字搭配使用，用以匹配单个任意字符

C．“[…]”模式字符与 REGEXP 关键字搭配使用，用以匹配指定范围中的任意字符

D．“.”模式字符与 REGEXP 关键字搭配使用，用以匹配任何单个字符

5．使用聚合函数查询时，若要返回结果列的平均值，则要使用（　　）函数。

A．AVG()　　B．COUNT()

C．MAX()　　D．SUM()

6．在 SELECT 语句中，GROUP BY 关键字可以与（　　）关键字搭配使用来限定结果列的分组条件。

A．WHERE　　B．COUNT

C．WITH ROLLUP　　D．HAVING

7．在 SELECT 语句中，要对字段进行排序，需要使用（　　）关键字。

A．GROUP BY　　B．LIMIT

C．ORDER BY　　D．UNION

8．如需将数据表 customers 和数据表 orders 进行交叉连接，应使用（　　）关键字。

A．INNER JOIN　　B．CROSS JOIN

C．FULL OUTER JOIN　　D．UNION

9．在 MySQL 中，使用（　　）关键字可以达到全外连接的效果。

A．CROSS JOIN　　B．LEFT OUTER JOIN

C．RIGHT OUTER JOIN　　D．UNION

10．下列关于嵌套查询的说法中不正确的是（　　）。

A．内层查询语句称为父查询，外层查询语句称为子查询

B．使用 IN 关键字可实现多值的相等比较

C．使用 ALL 关键字时，只有满足内层查询返回的所有值时才可以执行外层查询

D．使用 ANY 关键字时，只要满足内层查询返回值中的任意一个，就可以执行外层查询

二、操作题

新建一个 final_exam 数据库，添加学生数据表 students、成绩数据表 scores，并添加相应的数据信息。两个数据表的结构分别如下：

```
students(st_id, st_name, gender, birthdate, cst_contact)
scores(sc_id, st_id, math_score, english_score, chinese_score, total_score)
```

试进行下列操作：

1．查询 students 表中所有学生的信息。

2．计算 students 表中所有学生的年龄。

3．筛选出 scores 数据表中的所有成绩，消除重复的成绩。

4．查询 scores 表中 math_score、english_score、chinese_score 的信息，并分别设置“数学成绩”“语文成绩”“英语成绩”为其别名。

5．查询 scores 表中数学成绩大于 80 分的学生的学号。

6．查询 scores 表中英语成绩在 60~90 分的学生的学号。

7．查询 scores 表中 sc_id 为 1、5、8 的学生的学号。

8．查询 students 表中出生日期在 6 月的学生信息。

9．查询 scores 表中 3 科成绩均在 80 分以上的学生的学号。

10．查询 scores 表中数学成绩的平均分。

11．查询 scores 表中语文成绩最高的学生的学号。

12．按照 gender 字段对 students 表中的记录进行分组。

13．根据英语成绩降序的方式对 scores 表中学生学号进行排序。

14．查询 scores 表中的第 3 条到第 9 条记录。

15．在 students 表和 scores 表之间使用内连接查询 st_id、st_name、total_score 等字段的信息。

16．在 students 表和 scores 表中查询所有的学生，包括没有成绩的学生。

17．查询 sc_id 为 3 的学生的姓名及联系方式。

18．查询任意一门成绩在 90 分以上的所有学生的姓名及联系方式。

扫码获取
- 配套资源
- 系统教程
- 专项实战
- 学习笔记

>> 模块 7

MySQL 的索引与视图

学习目标

（1）了解索引的概念、分类及设计原则，掌握创建、查看、删除索引的操作方法。
（2）了解视图的概念，掌握创建、查看、修改、删除视图的操作方法。

重点和难点

1. 重点

（1）索引的概念、分类及设计原则，创建、查看、删除索引的操作方法。
（2）创建、查看、修改、删除视图的操作方法。

2. 难点

索引的设计原则，创建索引的方法，修改视图的方法。

导言

索引和视图都可以提高数据库的查询效率。学习使用索引和视图，可以更好地理解数据，认识到数据是信息的基础，数据的质量和有效性对信息传递和使用的重要性；可以帮助我们掌握数据分析的基本方法和技能，提高对数据的分析和处理能力；可以帮助我们认识到信息安全的重要性，了解如何保护数据的安全性和隐私性；可以帮助我们更快地获取所需的数据信息，提高工作效率，为企业和社会创造更大的价值。

7.1 MySQL 的索引

7.1.1 索引概述

1. 什么是索引

索引是一种数据结构，类似于书的目录。在没有索引的情况下，当用户需要检索一条记录时，DBMS 需要按顺序逐条读取数据表中的记录并进行条件比较，以筛选出符合条件的记录，这需要占用大量的磁盘空间，因而系统效率较低。索引可以帮助用户快速定位和访问数据库中的特定数据，通过建立索引，可以减少查询操作的时间开销，节省磁盘空间，提高系统的响应速度和性能。

2. 索引的特点

1）索引的优点

（1）通过创建唯一索引，可以保证数据表中每一行数据的唯一性。

（2）索引可以大大加快数据的查询速度，这是创建索引的主要原因。

（3）索引可以加速表和表之间的连接，提高数据的参考完整性。

（4）在使用分组和排序子句进行数据查询时，通过索引可以显著减少查询时间。

2）索引的缺点

（1）创建和维护索引都需要耗费时间，并且随着数据量的增加所耗费的时间也会增加。

（2）每条索引都要占用一定的磁盘空间，如果有大量的索引，索引文件可能比数据文件更快达到最大文件尺寸。

（3）当对表中的数据进行增加、删除和修改时，索引需要动态地维护，这会降低数据的处理速度。

3. 索引的分类

MySQL 支持多种类型的索引，包括普通索引、唯一性索引、单列索引、多列索引、全文索引和空间索引等。

普通索引是 MySQL 的基本索引类型，可以创建在任何数据类型的列中，允许有重复值和空值。

唯一性索引通过 UNIQUE 参数设置，其值必须是唯一的，但允许有空值。主键索引是一种特殊的唯一性索引，不允许有空值。

单列索引和多列索引分别是指在单个字段和多个字段上创建索引。使用多列索引查询时遵循最左前缀集合原则。

全文索引通过 FULLTEXT 参数设置，只能创建在 CHAR、VARCHAR、TEXT 类型的字段上，查询数据量较大的字符串类型的字段时可以提高查询速度。

空间索引通过 SPATIAL 参数设置，只能创建在 GEOMETRY、POINT、LINESTRING 和 PLOYGON 类型的字段上，可以提高系统获取空间数据的效率，但目前只有 MyISAM 存储引擎支持空间索引，且索引的字段不能为空值。对初学者来说，空间索引很少用到。

4. 索引的设计原则

（1）索引的数量应该适量，一个表中如有大量的索引，不仅占用磁盘空间，还会影响 INSERT、DELETE、UPDATE 等语句的性能，因为表中的数据更改时，索引也会进行调整和更新。

（2）对于经常更新的表，应避免创建过多的索引，并且索引中的列要尽可能少。应该在经常用于查询的字段上创建索引，但要避免添加不必要的字段。

（3）数据量小的表最好不要使用索引，由于数据较少，查询花费的时间可能比遍历索引的时间还要短，此种情况下索引可能不会产生优化效果。

（4）索引应该建立在条件表达式中经常用到的值较多的列上。例如，在学生表的“性别”字段上只有“男”和“女”两个不同值，因此就无须建立索引，否则建立索引不但不会提高查询效率，反而会严重降低数据更新速度。

（5）只有当唯一性是某种数据本身的特征时才可指定唯一索引。使用唯一索引需能够确保定义的列的数据完整性。

（6）索引应该建立在频繁进行排序和分组的列上，如果待排序的列有多个，可以在这些列上建立组合索引。

7.1.2 索引操作

索引操作包括创建索引、查看索引和删除索引。

1. 创建索引

创建索引有不同的方式，可以是在建表的同时就创建索引，也可以在表已经建立好后再创建索引。

1）在建立数据表时创建索引

在建立数据表时创建索引的语法格式如下：

```
CREATE TABLE <数据表名> (
<字段名1> 数据类型,
<字段名2> 数据类型,
…
<字段名n> 数据类型,
[UNIQUE | FULLTEXT | SPATIAL] INDEX <索引名>
(<字段名> [ASC | DESC] [,<字段名>[ASC|DESC] [, …]])
);
```

【例 7-1】创建 suppliers_1 数据表，同时在 s_name 字段上创建普通索引 name_idx1，要求按降序排列。

SQL 语句如下：

```
CREATE TABLE suppliers_1 (
    s_id INT,
    s_name VARCHAR(50),
    s_address VARCHAR(50),
    s_contact VARCHAR(50),
    INDEX name_idx1 (s_name DESC)
);
```

【例 7-2】创建 suppliers_2 数据表，同时在 s_id 字段上创建唯一性索引 id_uq_idx2，要求按降序排列。

SQL 语句如下：

```
CREATE TABLE suppliers_2 (
    s_id INT,
    s_name VARCHAR(50),
    s_address VARCHAR(50),
    s_contact VARCHAR(50),
    INDEX id_uq_idx2 (s_id DESC)
);
```

2）在已建立的数据表中创建索引

对于已经存在的数据表，在需要时可以添加索引。其语法格式如下：

```
CREATE [UNIQUE | FULLTEXT | SPATIAL] INDEX <索引名> ON <数据表名> (<字段名>
[ASC | DESC] [,<字段名> [ASC|DESC] [, …]]);
```

【例 7-3】为 suppliers_1 数据表按 s_id 字段和 s_name 字段创建唯一性索引 id_uq_idx3。

SQL 语句如下：

```
CREATE UNIQUE INDEX id_uq_idx3 ON suppliers_1 (s_id, s_name);
```

3）修改数据表结构添加索引

对于已经存在的数据表，还可通过修改表结构语句添加索引。其语法格式如下：

```
ALTER TABLE <数据表名>
ADD [UNIQUE | FULLTEXT | SPATIAL] INDEX <索引名>
(<字段名> [ASC | DESC] [,<字段名>[ASC|DESC] [, …]]);
```

【例 7-4】为 suppliers_2 数据表按 s_address 字段建立普通索引 add_idx4。

SQL 语句如下：

```
ALTER TABLE suppliers_2 ADD INDEX add_idx4 (s_address);
```

2. 查看索引

索引建立好以后，可以通过查看索引语句查看索引的具体内容。查看索引语句的语法格式如下：

```
SHOW INDEX FROM <数据表名>;
```

【例 7-5】查看表 suppliers_2 的索引信息。

SQL 语句如下：

```
SHOW INDEX FROM suppliers_2;
```

执行结果如图 7-1 所示。

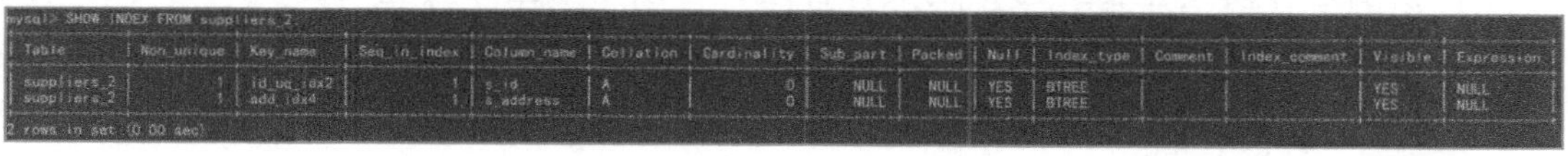

mysql> SHOW INDEX FROM suppliers_2;

Table	Non_unique	Key_name	Seq_in_index	Column_name	Collation	Cardinality	Sub_part	Packed	Null	Index_type	Comment	Index_comment	Visible	Expression
suppliers_2	1	id_uq_idx2	1	s_id	A	0	NULL	NULL	YES	BTREE			YES	NULL
suppliers_2	1	add_idx4	1	s_address	A	0	NULL	NULL	YES	BTREE			YES	NULL

2 rows in set (0.00 sec)

图 7-1　例 7-5 执行结果

3. 删除索引

索引是可以删除的。删除索引语句的语法格式如下：

```
ALTER TABLE <数据表名> DROP INDEX <索引名>;
```

或

```
DROP INDEX <索引名> ON <数据表名>;
```

【例 7-6】删除表 suppliers_2 中的索引 add_idx4。

SQL 语句如下：

```
ALTER TABLE suppliers_2 DROP INDEX add_idx4;
```

或

```
DROP INDEX add_idx4 ON suppliers_2;
```

执行上述语句并查看结果，如图 7-2 所示。可以看到，索引 add_idx4 已从 suppliers_2 表中删除。

```
mysql> DROP INDEX add_idx4 ON suppliers_2;
Query OK, 0 rows affected (0.01 sec)
Records: 0  Duplicates: 0  Warnings: 0

mysql> SHOW INDEX FROM suppliers_2;
| Table       | Non_unique | Key_name  | Seq_in_index | Column_name | Collation | Cardinality | Sub_part | Packed | Null | Index_type | Comment | Index_comment | Visible | Expression |
| suppliers_2 |          1 | id_uq_idx2 |           1 | s_id        | A         |           0 |     NULL |   NULL | YES  | BTREE      |         |               | YES     | NULL       |
1 row in set (0.00 sec)
```

图 7-2　例 7-6 执行结果

7.2 MySQL 的视图

7.2.1 视图概述

视图是一种虚拟的表，它基于一个或多个基础表的查询结果构建而成，类似于书的摘录或概述。视图可以提供各种数据表现形式，隐藏数据的逻辑复杂性并简化查询语句。视图可以通过连接多个表来查询相关信息，避免了用户了解表之间关系的麻烦，简化了查询语句的编写。此外，视图还可以提供某些安全性保证。例如，限制用户对基础表的访问权限，只允许用户访问视图中的数据。视图还可以用于执行特殊查询，如聚合查询、分组查询等，以及保存复杂查询的结果，提高查询效率和数据的可重用性。在关系数据库中，视图是外模式在 DBMS 中的具体体现，可以为数据库的重构提供一定的逻辑独立性。

7.2.2 视图操作

在 MySQL 中，视图操作包括创建视图、查看视图、修改视图和删除视图。

1. 创建视图

创建视图语句的语法格式如下：

```
CREATE [ON REPLACE] VIEW <视图名> [(别名 [, 别名][, ...])] AS
SELECT <字段列表> FROM <数据表名> WHERE <条件表达式>
WITH CHECK OPTION;
```

说明：

- ON REPLACE：如果创建的视图已经存在，MySQL 会重新创建这个视图。
- (别名 [, 别名][, ...])：为视图产生的列定义的列名。
- WITH CHECK OPTION：插入或修改的数据必须满足视图定义的约束条件。

【例 7-7】在数据表 fruits 中创建带有 WITH CHECK OPTION 选项的视图 v_fruits。

SQL 语句如下：

```
CREATE VIEW v_fruits AS
SELECT * FROM fruits WHERE f_price > 5
WITH CHECK OPTION;
```

下面通过视图 v_fruits 向数据表 fruits 中插入不满足 f_price>5 的记录，可以验证 WITH CHECK OPTION 是否有效。SQL 语句如下：

```
INSERT INTO v_fruits(f_id, s_id, f_name, f_price,f_quantity)
VALUES('apple3', 101, '青苹果', 3.90, 20);
```

执行结果如图 7-3 所示。可以看到，插入记录失败，说明 WITH CHECK OPTION 有效。

```
mysql> INSERT INTO v_fruits(f_id, s_id, f_name, f_price,f_quantity)
    -> VALUES('apple3', 101, '青苹果', 3.90, 20);
ERROR 1369 (HY000): CHECK OPTION failed 'products.v_fruits'
```

图 7-3　例 7-7 执行结果 1

下面通过视图 v_fruits 向数据表 fruits 中插入满足 f_price>5 的记录，看看是否可以成功插入记录。SQL 语句如下：

```
INSERT INTO v_fruits(f_id, s_id, f_name, f_price,f_quantity)
VALUES('apple3', 101, '青苹果', 6.90, 20);
```

执行结果如图 7-4 所示。可以看到，已成功插入记录。

```
mysql> INSERT INTO v_fruits(f_id, s_id, f_name, f_price,f_quantity)
    -> VALUES('apple3', 101, '青苹果', 6.90, 20);
Query OK, 1 row affected (0.00 sec)
```

图 7-4　例 7-7 执行结果 2

2. 查看视图

视图创建好以后，可以像查看表一样查看视图的结构与内容。

1）查看视图定义

查看视图定义的方法与查看数据表定义的方法一样，其语法格式如下：

```
DESCRIBE | DESC <视图名>;
```

【例 7-8】查看视图 v_fruits 的定义。

SQL 语句如下：

```
DESCRIBE v_fruits;
```

执行结果如图 7-5 所示。

```
mysql> DESCRIBE v_fruits;
+------------+---------------+------+-----+---------+-------+
| Field      | Type          | Null | Key | Default | Extra |
+------------+---------------+------+-----+---------+-------+
| f_id       | varchar(10)   | NO   |     | NULL    |       |
| s_id       | int           | NO   |     | NULL    |       |
| f_name     | varchar(100)  | NO   |     | NULL    |       |
| f_price    | decimal(10,2) | YES  |     | NULL    |       |
| f_quantity | int           | YES  |     | NULL    |       |
+------------+---------------+------+-----+---------+-------+
5 rows in set (0.00 sec)
```

图 7-5　例 7-8 执行结果

2）查看视图的创建语句

查看视图的创建语句的语法格式如下：

```
SHOW CREATE VIEW <视图名>;
```

【例 7-9】查看视图 v_fruits 的创建语句。

SQL 语句如下：

```
SHOW CREATE VIEW v_fruits;
```

执行结果会包含该视图的完整创建语句。

3. 修改视图

修改视图的语法格式如下：

```
{CREATE OR REPLACE | ALTER } VIEW <视图名> AS
SELECT <字段列表> FROM <数据表名> WHERE <条件表达式>;
```

【例 7-10】修改视图 v_fruits，取消其 f_price >5 的约束条件。

SQL 语句如下：

```
CREATE OR REPLACE VIEW v_fruits AS
SELECT * FROM fruits WHERE f_price >5;
```

或

```
ALTER VIEW v_fruits AS
SELECT * FROM fruits WHERE f_price >5;
```

执行完上述语句后再通过视图 v_fruits 向数据表 fruits 中插入 f_price ≤ 5 的水果，即可插入成功，如图 7-6 所示。

```
mysql> INSERT INTO v_fruits(f_id, s_id, f_name, f_price,f_quantity)
    -> VALUES('apple4', 104, '嘎啦苹果', 3.90, 20);
Query OK, 1 row affected (0.00 sec)
```

图 7-6　修改视图后执行插入的结果

4. 删除视图

视图作为一个数据库对象可以被整体删除。删除视图并不会删除与其关联的基本表。删除视图的语法格式如下：

```
DROP VIEW [IF EXISTS] <视图名1> [, <视图名2>, …];
```

说明：

- DROP VIEW 语句可以一次性删除多个视图，各视图名之间以逗号隔开。
- 当没有选择 IF EXISTS 选项时，若要删除不存在的视图，系统会提示有错误。

【例 7-11】删除视图 v_fruits。

SQL 语句如下：

```
DROP VIEW v_fruits;
```

习题

一、选择题

1．下列关于索引的说法中正确的是（　　）。

A．索引的数量越多越好

B．索引可以提高数据的查询速度

C．索引可以提高数据的更新速度

D．索引可以创建在任何字段上

2．创建唯一性索引需要用到（　　）关键字。

A．COMMON　　B．FULLTEXT

C．SPATIAL　　D．UNIQUE

3．创建视图所使用的语句是（　　）。

A．CREATE TABLE　　B．ALTER TABLE

C．CREATE VIEW　　D．ALTER VIEW

4．删除视图所使用的语句是（　　）。

A．DESCRIBE VIEW　　B．ALTER VIEW

C．SHOW VIEW　　D．DROP VIEW

5．下列关于视图的说法中不正确的是（　　）。

A．视图可以提高数据安全性

B．一个数据库只能创建一个视图

C．使用视图可以提高数据查询速度

D．删除视图不会删除其所关联的数据表

二、操作题

1．为 final_exam 数据库的 students 数据表按 st_id 字段和 st_name 字段创建唯一性索引 id_uq_idx1。

2．删除 students 数据表的 id_uq_idx1 索引。

3．为 final_exam 数据库的 scores 数据表创建带有 WITH CHECK OPTION 选项的视图 v_scores，要求输入的任意一门成绩不得小于 60 分。

4．修改视图 v_scores，取消成绩输入限制。

5．删除视图 v_scores。

>> 模块 8

MySQL 程序设计

学习目标

（1）了解存储过程、存储函数、触发器、事件的概念，掌握创建、调用、查看、修改、删除存储过程、存储函数、触发器、事件的方法。

（2）了解流程控制语句的概念，掌握流程控制语句的使用方法。

（3）了解游标的概念，掌握声明游标、打开游标、读取游标中数据、删除游标的方法。

重点和难点

1. 重点

（1）存储过程、存储函数、触发器、事件的概念，创建、调用、查看、修改、删除存储过程、存储函数、触发器、事件的方法。

（2）流程控制语句的概念，流程控制语句的使用方法。

（3）声明游标、打开游标、读取游标中数据、删除游标的方法。

2. 难点

（1）创建、调用、查看、修改、删除存储过程、存储函数、触发器、事件的方法。

（2）流程控制语句的使用方法。

导言

在 MySQL 中，可以通过使用存储程序来保证数据的完整性、安全性、一致性，简化代码逻辑，减少每次执行时的开销，提高性能。存储程序是一组预编译的 SQL 语句，可以存储在数据库中并重复使用。MySQL 中的存储程序包括存储过程、存储函数、触发器、事件等。在编写存储程序时需要认真仔细，因为程序出现问题可能会对系统造成严重影响。同学们应该认识到，学习和工作不仅仅是为了完成任务，更是为了服务社会、造福人民。对待学习和工作，我们不仅要有责任心，也要有使命感。

8.1 存储过程

存储过程是功能强大的数据库对象。我们首先来了解一下它的概念和作用。

8.1.1 存储过程概述

存储过程（stored procedure）是一组预定义的 SQL 语句集合，经过编译后被存储在数据库服务器上。用户可以通过指定存储过程的名称并传递必要的参数来执行存储过程。

使用存储过程的优势如下：

（1）使用存储过程可以提高数据库的执行效率。由于存储过程在创建时被编译，并且在第一次执行之后就驻留在内存中，因此每次执行该存储过程时不需要重新编译，这使得存储过程具有较快的执行速度。

（2）使用存储过程可以减少网络通信流量，从而减轻网络负载。存储过程由多条 SQL 语句组成，但是它们是作为一个整体进行调用和执行的。这意味着只需要发送一条语句到数据库服务器来执行存储过程，而不是多个单独的语句。

（3）使用存储过程有助于保护数据库的安全性，并防止未经授权的用户访问或修改数据。存储过程具有安全特性，其中参数化存储过程可以防止 SQL 注入攻击。此外，系统管理员可以使用 GRANT 和 REVOKE 语句来控制用户对数据库数据的访问权限，从而确保只有经过授权的用户才能访问和修改数据。

（4）使用存储过程可以提高开发效率，同时也能保证数据的稳定性。存储过程具有模块化编程的优势，在数据库中，存储过程创建后可以多次重复使用，从而减少了数据库开发人员的工作量。此外，数据库专业人员可以随时修改存储过程，而不会影响应用程序源代码。

8.1.2 存储过程操作

存储过程操作包括存储过程的创建、调用、查看、修改、删除等。下面首先来学习创建和调用存储过程。

1. 创建和调用存储过程

1）创建存储过程

创建存储过程的语法格式如下：

```
DELIMITER <结束标记>
CREATE PROCEDURE <存储过程名> ([参数列表])
[存储过程的特性列表]
     BEGIN
          <存储过程体>
     END
<结束标记>
```

说明：

- DELIMITER <结束标记>：在 MySQL 中，SQL 语句是以分号结束的，但在创建存储过程、存储函数的时候，存储过程体或函数体中可以包含多个 SQL 语句，每个 SQL 语句也需要以分号结尾。如果没有使用 DELIMITER 语句将 MySQL 语句的结束标记设置为其他符号，则服务器会在遇到第一个分号时停止执行。而通过使用 DELIMITER 语句将 MySQL 语句的结束标记修改为其他符号，可以使服务器正确地处理存储过程体或函数体中的多个 SQL 语句。当存储过程体或函数体执行完毕后需要将结束标记重新设置为默认的分号。需要注意的是，使用 DELIMITER 语句时，应避免使用反斜杠字符“\”，因为反斜杠字符是 MySQL 的转义字符。
- [参数列表]：可选项，用来指定数据传递方向参数、参数名称和参数的数据类型，其格式为：[IN | OUT | INOUT] <形式参数名><数据类型>。MySQL 存储过程形式参数按照数据传递方向可分为三种类型，即输入参数、输出参数和输入/输出参数，标识符分别使用 IN、OUT 和 INOUT。输入参数（IN）的功能是在存储过程被调用时接收实参值；输出参数（OUT）的功能是在存储过程被调用时把内部处理结果进行输出；输入/输出参数（INOUT）则可以同时实现输入参数和输出参数的功能。另外，对于参数名应避免使用系统保留字和列名，否则该参数某些时候会被系统当作列名处理。默认参数类型为输入参数。需要注意的是，不管有没有参数，存储过程名后面的小括号“()”都不能省略。
- [特性列表]：可选项，用于为存储过程加一些特征描述和约束条件。特征包括语言（目前只支持 SQL 语言）、确定性情况（DETERMINISTIC/NOT DETERMINISTIC）、包含的 SQL 类型（CONTAINS SQL/NO SQL/READS SQL DATA/MODIFIES SQL DATA）以及 SQL 安全性（DEFINER/INVOKER）。这些特征的取值可以提供关于存储过程的信息，帮助用户更好地理解和使用存储过程。其中，SQL 安全性特征用于指定调用存储过程时应用的权限检查方式。此外，MySQL 还支持一个扩展特性——注释（COMMENT），可以用于提供存储过程的详细说明信息。这些特征的取值可以通过 SHOW CREATE PROCEDURE 和 SHOW CREATE FUNCTION 语句来显示。
- 存储过程体：存储过程体是存储过程的主体部分，由一系列 SQL 语句和流程控制语句组成，这些语句和语句块通常被包围在 BEGIN 和 END 关键字之间，形成过程体。如果存储过程的主体只包含一条 SQL 语句，则可以省略 BEGIN 和 END 关键字，因为一条 SQL 语句本身就构成了一个语句块。过程体是存储过程的核心部分，其中定义了存储过程的具体功能和操作逻辑。

2）调用存储过程

调用存储过程的语法格式如下：

```
CALL <存储过程名> (<过程实际参数> [, …])
```

说明：

过程实际参数（实参）是指赋值给存储过程形式参数的实际值，实参的数据类型必须与对应的形式参数一致。

在 MySQL 中，当前的存储过程可以调用当前库中其他的存储过程或者函数，还可以调用其他数据库中定义的存储过程。如果要调用其他数据库中的存储过程，则语法格式如下：

```
CALL <数据库名>.<存储过程名> (<过程实际参数> [, …])
```

3）实例演示

（1）创建和调用没有参数的存储过程。

【例 8-1】在 fruits 数据表中创建并调用存储过程 proc。

步骤 1：创建存储过程 proc。SQL 语句如下：

```
DELIMITER &&
CREATE PROCEDURE proc()
    BEGIN
       SELECT * FROM fruits;
    END &&
```

执行结果如图 8-1 所示。上述代码创建了一个查看 fruits 表的内容的存储过程 proc，每次调用这个存储过程时都会执行 SELECT 语句查看表的内容。

```
mysql> DELIMITER &&
mysql> CREATE PROCEDURE proc()
    ->   BEGIN
    ->      SELECT * FROM fruits;
    ->   END &&
Query OK, 0 rows affected (0.01 sec)
```

图 8-1　创建存储过程执行结果

步骤 2：调用存储过程 proc。SQL 语句如下：

```
DELIMITER ;
CALL proc;
```

执行结果如图 8-2 所示。

```
mysql> DELIMITER ;
mysql> CALL proc;
+----------+------+------------+---------+------------+
| f_id     | s_id | f_name     | f_price | f_quantity |
+----------+------+------------+---------+------------+
| apple1   |  101 | 红富士苹果 |    4.90 |         10 |
| apple2   |  102 | 金帅苹果   |    5.90 |         20 |
| banana1  |  103 | 超甜蕉     |    5.90 |         20 |
| banana2  |  104 | 帝王蕉     |    6.90 |         10 |
| banana3  |  105 | 红蕉       |    7.90 |         10 |
| grape1   |  106 | 巨峰葡萄   |    7.90 |         30 |
| grape2   |  107 | 红玫瑰葡萄 |    9.90 |         10 |
| orange1  |  108 | 冰糖橙     |    4.90 |         20 |
| orange2  |  109 | 脐橙       |    6.90 |         30 |
| orange3  |  110 | 血橙       |    8.90 |         10 |
| peach1   |  104 | 水蜜桃     |    9.90 |         20 |
| peach2   |  106 | 蟠桃       |   10.90 |         20 |
| peach3   |  101 | 黄桃       |    7.90 |         20 |
| peach4   |  101 | 油桃       |    6.90 |         30 |
+----------+------+------------+---------+------------+
14 rows in set (0.00 sec)

Query OK, 0 rows affected (0.01 sec)
```

图 8-2　调用存储过程执行结果

（2）创建和调用带 OUT 参数的存储过程。

【例 8-2】在 fruits 数据表中创建名称为 count_proc 的存储过程，用以查看所有水果的种类。

步骤 1：创建存储过程 count_proc。SQL 语句如下：

```
DELIMITER &&
CREATE PROCEDURE count_proc(OUT param1 INT)
    BEGIN
       SELECT COUNT(*) INTO param1 FROM fruits;
    END &&
```

执行结果如图 8-3 所示。上述代码创建了一个查看 fruits 表中记录总条数的存储过程 count_proc，并在每次计算后，将结果存入参数 param1 中。

```
mysql> DELIMITER &&
mysql> CREATE PROCEDURE count_proc(OUT param1 INT)
    ->   BEGIN
    ->       SELECT COUNT(*) INTO param1 FROM fruits;
    ->   END &&
Query OK, 0 rows affected (0.00 sec)
```

图 8-3　创建存储过程执行结果

步骤 2：调用存储过程 count_proc。SQL 语句如下：

```
DELIMITER ;
CALL count_proc(@param2) ;
```

执行上述语句并查看结果，如图 8-4 所示。

```
mysql> DELIMITER ;
mysql> CALL count_proc(@param2) ;
Query OK, 1 row affected (0.00 sec)

mysql> SELECT @param2;
+---------+
| @param2 |
+---------+
|      14 |
+---------+
1 row in set (0.00 sec)
```

图 8-4　调用存储过程执行结果

（3）创建和调用带 IN 参数的存储过程。

【例 8-3】在 fruits 数据表中创建名称为 show_fruit_price 的存储过程，用以查看某种水果的价格。

步骤 1：创建存储过程 show_fruit_price，设置一个输入参数输入水果的名称。SQL 语句如下：

```
DELIMITER &&
CREATE PROCEDURE show_fruit_price (IN fruit_name VARCHAR(20))
    BEGIN
        SELECT f_price FROM fruits WHERE f_name =fruit_name;
    END &&
```

执行结果如图 8-5 所示。

```
mysql> DELIMITER &&
mysql> CREATE PROCEDURE show_fruit_price (IN fruit_name VARCHAR(20))
    ->   BEGIN
    ->      SELECT f_price FROM fruits WHERE f_name =fruit_name;
    ->   END &&
Query OK, 0 rows affected (0.01 sec)
```

图 8-5 创建存储过程执行结果

步骤 2：调用存储过程 show_fruit_price，查看水果“超甜蕉”的价格。SQL 语句如下：

```
DELIMITER ;
CALL show_fruit_price('超甜蕉');
```

执行结果如图 8-6 所示。

```
mysql> DELIMITER ;
mysql> CALL show_fruit_price('超甜蕉');
+---------+
| f_price |
+---------+
|    5.90 |
+---------+
1 row in set (0.00 sec)

Query OK, 0 rows affected (0.00 sec)
```

图 8-6 调用存储过程执行结果

（4）创建和调用带 INOUT 参数的存储过程。

【例 8-4】在 fruits 数据表中创建名称为 show_fruit_quantity 的存储过程，实现输入某种水果的名称后，输出其数量。

步骤 1：创建存储过程 show_fruit_quantity。SQL 语句如下：

```
DELIMITER &&
CREATE PROCEDURE show_fruit_quantity (INOUT fruit_name VARCHAR(20))
    BEGIN
        SELECT f_quantity INTO fruit_name FROM fruits
        WHERE f_id =( SELECT f_id FROM fruits WHERE f_name =fruit_name);
    END &&
```

步骤 2：输入水果的名称。SQL 语句如下：

```
DELIMITER ;
SET @fruit_quantity = '超甜蕉';
```

步骤 3：调用存储过程 show_fruit_quantity。SQL 语句如下：

```
CALL show_fruit_quantity(@fruit_name);
```

步骤 4：查看水果的数量。SQL 语句如下：

```
SELECT @fruit_name;
```

执行结果如图 8-7 所示。

```
mysql> DELIMITER &&
mysql> CREATE PROCEDURE show_fruit_quantity (INOUT fruit_name VARCHAR(20))
    ->   BEGIN
    ->     SELECT f_quantity INTO fruit_name FROM fruits
    -> WHERE f_id =( SELECT f_id FROM fruits WHERE f_name =fruit_name);
    ->    END &&
Query OK, 0 rows affected (0.01 sec)

mysql> DELIMITER ;
mysql> SET @fruit_quantity = '超甜蕉';
Query OK, 0 rows affected (0.00 sec)

mysql> CALL show_fruit_quantity(@fruit_name);
Query OK, 0 rows affected, 1 warning (0.00 sec)

mysql> SELECT @fruit_name;
+-------------+
| @fruit_name |
+-------------+
| 20          |
+-------------+
1 row in set (0.00 sec)
```

图 8-7　例 8-4 执行结果

知识魔方

声明局部变量

在 MySQL 中，可以使用 DECLARE 语句定义一个局部变量，变量的作用域为 BEGIN...END 语句块，也可以用在嵌套的语句块中。变量的定义需要写在语句块的开始位置，并在任何其他语句的前面。在定义变量时，可以一次声明多个相同类型的变量，也可以使用 DEFAULT 为变量赋予默认值。局部变量声明之后，可以使用 SELECT...INTO 或 SET 语句为局部变量赋值。语法格式如下：

```
BEGIN
    #声明局部变量
    DECLARE 变量名 1 变量数据类型 [DEFAULT 变量默认值];
    DECLARE 变量名 2, 变量名 3,…, 变量数据类型 [DEFAULT 变量默认值];

    #为局部变量赋值
    SET 变量名 1= 值;
    SELECT 值 INTO 变量名 2 [FROM 子句];

    #查看局部变量的值
    SELECT 变量 1, 变量 2, 变量 3;
END
```

2. 查看存储过程

查看存储过程可分为查看存储过程的状态信息和查看存储过程的定义。

1）使用 SHOW STATUS 语句查询存储过程的状态信息

查询存储过程的状态信息的语法格式如下：

```
SHOW PROCEDURE STATUS LIKE '存储过程名';
```

2）使用 SHOW CREATE 语句查询存储过程的定义

查询存储过程的定义的语法格式如下：

```
SHOW CREATE PROCEDURE <存储过程名>;
```

3. 修改存储过程

修改存储过程不会影响存储过程的功能，只是修改了存储过程的特性。修改存储过程的语法格式如下：

```
ALTER PROCEDURE <存储过程名> [存储过程的特性列表];
```

【例 8-5】将 fruits 表中存储过程 show_fruit_price 的 SQL 约束改为“READS SQL DATA”，表示子程序中包含读数据的语句，然后将存储过程的权限限制改为“INVOKER”并注释信息。

SQL 语句如下：

```
ALTER PROCEDURE show_fruit_price
READS SQL DATA
SQL SECURITY INVOKER
COMMENT '查看 fruits 表的水果价格';
```

执行结果如图 8-8 所示。

```
mysql> ALTER PROCEDURE show_fruit_price
    -> READS SQL DATA
    -> SQL SECURITY INVOKER
    -> COMMENT '查看fruits表的水果价格';
Query OK, 0 rows affected (0.00 sec)
```

图 8-8　例 8-5 执行结果

4. 删除存储过程

删除存储过程的语法格式如下：

```
DROP PROCEDURE [IF EXISTS] <存储过程名>;
```

说明：

[IF EXISTS] 为可选项，如果存储过程不存在，使用 IF EXISTS 可以防止发生错误。

【例 8-6】删除存储过程 proc。

SQL 语句如下：

```
DROP PROCEDURE proc;
```

执行结果如图 8-9 所示。

```
mysql> DROP PROCEDURE proc;
Query OK, 0 rows affected (0.01 sec)
```

图 8-9　例 8-6 执行结果

8.2 存储函数

存储函数是一种在数据库中定义的可重用的函数，类似于编程语言中的函数。存储函数一定有返回值，返回值可以是一个值或一组值或一张表。返回单值或多值的存储函数可以称为标量函数，返回值是一张表的存储函数可以称为表值函数。

存储函数通常用于实现复杂的计算、数据处理或逻辑操作（存储函数可以通过使用变量和流程控制语句来实现复杂的逻辑），以便在 SQL 查询中重复使用。利用存储函数可以提高查询效率，减少重复代码，并提供更好的可读性和可维护性。

1. 存储函数

用户需要创建存储函数后才能使用。创建存储函数的语法格式如下：

```
DELIMITER <结束标记>
CREATE FUNCTION <函数名> ([参数列表])
RETURNS <返回值类型>
[函数的特性列表]
    BEGIN
        <函数体>
    END
<结束标记>
```

说明：

RETURNS <返回值类型>语句表示函数返回数据的类型。

在 MySQL 中，存储函数的使用方法与 MySQL 系统内置函数的使用方法是一样的。换言之，用户自己定义的存储函数与 MySQL 的系统内置函数性质相同，区别仅在于存储函数是用户自己定义的，而系统内置函数是 MySQL 系统定义的。

【例 8-7】在 fruits 表中创建存储函数 count_func()，然后调用这个函数查看 s_id 为 106 的供应商所供应水果的数量。

步骤 1：创建存储函数 count_func()。SQL 语句如下：

```
DELIMITER &&
CREATE FUNCTION count_func(sid INT)
RETURNS INT
    BEGIN
        RETURN (SELECT COUNT(*) FROM fruits WHERE s_id = sid );
    END &&
```

需要注意的是，如果在创建存储函数时系统提示错误信息“This function has none of DETERMINISTIC, NO SQL, or READS SQL DATA in its declaration and binary logging is enabled (you *might* want to use the less safe log_bin_trust_function_creators variable)”，则需要先执行以下代码再重新创建存储函数：

```
SET GLOBAL log_bin_trust_function_creators = 1;
```

步骤 2：调用存储函数 count_func()，查看 s_id 为 106 的供应商所供应水果的数量。

SQL 语句如下：

```
DELIMITER ;
SELECT count_func(106);
```

执行结果如图 8-10 所示。

```
mysql> DELIMITER ;
mysql> SELECT count_func(106);
+-----------------+
| count_func(106) |
+-----------------+
|               2 |
+-----------------+
1 row in set (0.00 sec)
```

图 8-10　例 8-7 执行结果

提示：查看、修改、删除存储函数的操作方法与查看、修改、删除存储过程的操作方法相同，只用把关键字“PROCEDURE”换成“FUNCTION”即可，此处不再赘述。

2. 存储函数与存储过程的区别

存储函数和存储过程是两种不同的数据库对象，它们之间有以下一些区别。

- 存储过程和存储函数都可以接收输入参数，存储过程可以有输出参数但不是必须有，而函数则强制要求有返回值。
- 存储过程的参数类型可以是输入、输出和输入 / 输出，而函数的参数类型只能是输入。
- 如果函数要接收数据，则必须通过输入参数传递，计算结果必须通过返回值返回；而存储过程可以通过输入参数传递数据，并通过输出参数返回计算结果，或者通过返回结果集返回数据。
- 如果参数是输入 / 输出类型，则在调用存储过程之前必须传递参数，并且在存储过程中修改参数的值，调用存储过程后会返回最新值，相当于将计算结果返回给调用方。

因此，在选择使用哪种对象时，需要根据具体的需求和情况进行选择。

8.3　触发器

触发器是一种特殊的存储过程，不过与存储过程不同的是，触发器是在预先定义好的事件（如插入、更新或删除等）发生时自动调用的。创建触发器时需要与数据表相关联，当表发生特定事件时，就会自动执行触发器中预定义的 SQL 代码。

触发器通常用于增强数据的完整性约束和业务规则等，它比约束更灵活，具有更精细和更强大的数据控制能力。

要使用触发器，需要先创建触发器。触发器创建好以后，可以查看，触发器不再需要时，可以删除。

1. 创建触发器

在创建触发器时需要指定触发器的操作对象——数据表，且该数据表不能是临时表或视图。创建触发器的基本语法格式如下：

```
CREATE TRIGGER <触发器名> <触发时机> <触发事件>
ON <数据表名> FOR EACH ROW
<触发的 SQL 语句>;
```

说明：

- 触发器名：要创建的触发器的名称，需在当前数据库中是唯一的。
- 触发时机：取值为 BEFORE 或 AFTER，表示触发器是在激活它的语句之前还是之后触发。如果需要在激活触发器的语句执行后执行多个操作，通常选择 AFTER 选项；如果需要验证新数据是否满足使用的限制，通常选择 BEFORE 选项。
- 触发事件：取值为 INSERT、UPDATE 或 DELETE，分别表示当执行插入新行、更新某一行或删除某一行的操作时，相应的触发器会被激活。需要注意的是，同一个表不能拥有两个具有相同触发时机和事件的触发器，例如，不能同时存在两个 BEFORE UPDATE 触发器，但可以有一个 BEFORE UPDATE 触发器和一个 BEFORE INSERT 触发器，或者一个 BEFORE UPDATE 触发器和一个 AFTER UPDATE 触发器。
- ON <数据表名>：表示该触发器仅在指定表上触发。
- FOR EACH ROW：表示对于受触发事件影响的每一行，都会激活触发器。例如，如果要向表中添加多行并希望触发器对每一行执行特定操作，则可以使用该语句。
- 触发的 SQL 语句：表示触发器中包含的语句。如果需要执行多个语句，则可以使用 BEGIN...END 语句结构。

2. 查看触发器

查看触发器是指查询数据库中已存在的触发器的定义、状态和语法信息等。在 MySQL 中，触发器的信息存储在 information_schema 数据库下的 triggers 表中，因而用户可以通过查询该表的数据来查看触发器的信息，也可以查询指定触发器的信息。查看触发器的语法格式如下：

```
SELECT * FROM information_schema.triggers
WHERE trigger_name = '<触发器名>' ;
```

也可以使用 SHOW 语句来查看触发器，该语句会显示当前数据库中所有触发器的定义。执行该语句将返回所有触发器的名称、表名、事件类型和定义语句等信息。语句的格式如下：

```
SHOW TRIGGERS;
```

说明：使用 SHOW 语句时，信息显示会比较混乱，可以在语句后加上“\G”，这样显示的信息会比较有条理。语句的格式如下：

```
SHOW TRIGGERS \G;
```

【例 8-8】创建一个包含多条执行语句的触发器，查看并使用触发器。

步骤 1：创建 test 数据库，在数据库 test 中创建数据表 test_tb1、test_tb2、test_tb3、test_tb4，并为数据表 test_tb3、test_tb4 插入数据。SQL 语句如下：

```
CREATE DATABASE test;
USE test;
CREATE TABLE test_tb1(a1 INT);
CREATE TABLE test_tb2(a2 INT);
CREATE TABLE test_tb3(a3 INT NOT NULL AUTO_INCREMENT PRIMARY KEY);
CREATE TABLE test_tb4(
    a4 INT NOT NULL AUTO_INCREMENT PRIMARY KEY,
    b4 INT DEFAULT 0 );
INSERT INTO test_tb3 (a3) VALUES
    (NULL), (NULL), (NULL), (NULL), (NULL), (NULL), (NULL), (NULL);
INSERT INTO test_tb4 (a4) VALUES
    (0), (0), (0), (0), (0), (0), (0), (0);
```

步骤 2：创建触发器 test_trig。SQL 代码如下：

```
DELIMITER &&
CREATE TRIGGER test_trig BEFORE INSERT
ON test_tb1 FOR EACH ROW
    BEGIN
    INSERT INTO test_tb2 SET a2 = NEW.a1;
    DELETE FROM test_tb3 WHERE a3 = NEW.a1;
    UPDATE test_tb4 SET b4=b4+1 WHERE a4 = NEW.a1;
    END &&
```

执行结果如图 8-12 所示。

```
mysql> DELIMITER &&
mysql> CREATE TRIGGER test_trig BEFORE INSERT
    -> ON test_tb1 FOR EACH ROW
    -> BEGIN
    -> INSERT INTO test_tb2 SET a2 = NEW.a1;
    -> DELETE FROM test_tb3 WHERE a3 = NEW.a1;
    -> UPDATE test_tb4 SET b4=b4+1 WHERE a4 = NEW.a1;
    -> END &&
Query OK, 0 rows affected (0.00 sec)
```

图 8-12　创建触发器执行结果

步骤 3：查看触发器 test_trig。SQL 语句如下：

```
DELIMITER ;
SELECT * FROM information_schema.triggers
WHERE trigger_name = 'test_trig' \G
```

执行结果如图 8-13 所示。

```
mysql> DELIMITER ;
mysql> SELECT * FROM information_schema.triggers
    -> WHERE trigger_name = 'test_trig' \G
*************************** 1. row ***************************
           TRIGGER_CATALOG: def
            TRIGGER_SCHEMA: test
              TRIGGER_NAME: test_trig
        EVENT_MANIPULATION: INSERT
      EVENT_OBJECT_CATALOG: def
       EVENT_OBJECT_SCHEMA: test
        EVENT_OBJECT_TABLE: test_tb1
              ACTION_ORDER: 1
          ACTION_CONDITION: NULL
          ACTION_STATEMENT: BEGIN
INSERT INTO test_tb2 SET a2 = NEW.a1;
DELETE FROM test_tb3 WHERE a3 = NEW.a1;
UPDATE test_tb4 SET b4=b4+1 WHERE a4 = NEW.a1;
END
        ACTION_ORIENTATION: ROW
             ACTION_TIMING: BEFORE
ACTION_REFERENCE_OLD_TABLE: NULL
ACTION_REFERENCE_NEW_TABLE: NULL
  ACTION_REFERENCE_OLD_ROW: OLD
  ACTION_REFERENCE_NEW_ROW: NEW
                   CREATED: 2023-09-26 11:49:41.29
                  SQL_MODE: ONLY_FULL_GROUP_BY,STRICT_TRANS_TABLES,NO_ZERO_IN_DATE,NO_ZERO_DATE,ERROR_FOR_DIVISION_BY_ZERO,NO_ENGINE_SUBSTITUTION
                   DEFINER: root@localhost
      CHARACTER_SET_CLIENT: gbk
      COLLATION_CONNECTION: gbk_chinese_ci
        DATABASE_COLLATION: utf8mb4_0900_ai_ci
1 row in set (0.00 sec)
```

图 8-13 查看触发器执行结果

步骤 4：向表 test_tb1 中输入数据。SQL 语句如下：

```
INSERT INTO test_tb1 (a1) VALUES
    (1), (2), (1), (4), (1), (6), (5),(5);
```

步骤 5：分别查看数据表 test_tb1、test_tb2、test_tb3、test_tb4 中的数据，测试触发器的效果。SQL 语句如下：

```
SELECT * FROM test_tb1;
SELECT * FROM test_tb2;
SELECT * FROM test_tb3;
SELECT * FROM test_tb4;
```

执行结果如图 8-14 所示。可以看到，当向表 test_tb1 插入记录时，触发器被触发，数据表 test_tb2、test_tb3、test_tb4 中的数据都跟着发生了变化。具体来说，在插入 test_tb 1 表中的记录时，触发器向 test_tb 2 表中插入了 test_tb 1 表中的值，并从 test_tb 3 表中删除了相同的内容，同时更新了 test_tb 4 表中的 b4 字段，使其值与插入的值的个数相同。

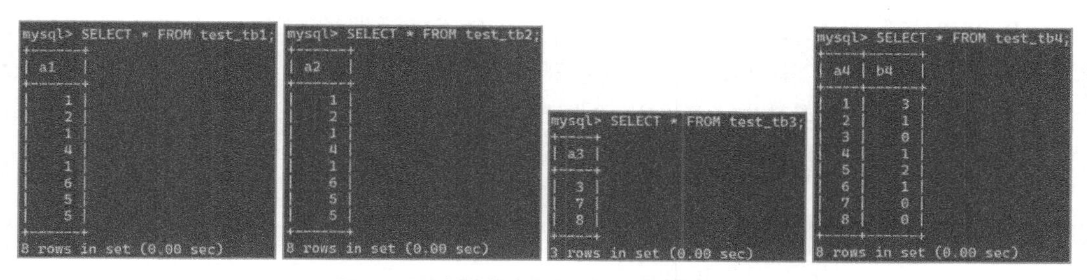

图 8-14 查看触发器执行后各表的结果

3. 删除触发器

删除触发器的语法格式如下：

```
DROP TRIGGER [<数据库名>.]<触发器名>;
```

说明：

[< 数据库名 >.] 是可选的。如果省略了数据库名，将从当前数据库中删除触发器。

8.4 事件

本节我们将深入探讨 MySQL 的事件机制。首先来认识一下事件的基本概念和应用场景。

8.4.1 事件概述

事件调度器（event scheduler）简称事件，可以作为定时任务调度器，取代部分原来只能用操作系统的计划任务才能执行的工作。与操作系统的计划任务相比，事件调度器具有更高的精度，可以精确到每秒钟执行一个任务。

事件调度器也称临时触发器。与触发器不同，事件调度器不是基于某个表所产生的事件触发，而是基于特定时间周期触发来执行某些任务的。事件调度器可以帮助用户更好地管理和调度一些定时任务，提高系统的可靠性和稳定性。

8.4.2 事件操作

事件的操作主要有开启或关闭事件调度器，创建、查看、启动或关闭、修改或删除事件等。

1. 开启或关闭事件调度器

1）查看事件调度器是否开启

启用事件调度器后，系统中的事件将由一个特定的线程来管理。拥有 SUPER 权限的账户可以通过执行 SHOW PROCESSLIST 命令来查看当前正在运行的进程列表，其中也包括事件调度器所使用的线程。MySQL 的 SUPER 权限是一种特殊的权限，它允许用户执行一些高级操作，如更改系统变量、重置密码、查看所有数据库、执行任意 SQL 语句等。SUPER 权限是 MySQL 中的最高权限，只有超级管理员（即 root 用户）才能拥有此权限。在 MySQL 中，事件调度器默认是开启的。

查看事件调度器是否开启的语句格式如下：

```
SHOW VARIABLES LIKE 'event_scheduler';
```

执行结果如图 8-15 所示。

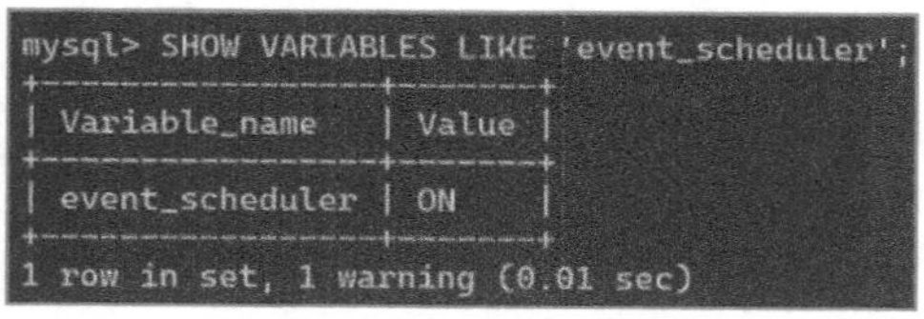

```
mysql> SHOW VARIABLES LIKE 'event_scheduler';
+-----------------+-------+
| Variable_name   | Value |
+-----------------+-------+
| event_scheduler | ON    |
+-----------------+-------+
1 row in set, 1 warning (0.01 sec)
```

图 8-15　执行结果

2）开启或关闭事件调度器

开启或关闭事件调度器的语句格式如下：

```
SET GLOBAL event_scheduler = {ON | OFF };
```

说明：

- ON：开启事件调度器。
- OFF：关闭事件调度器。

如果要在某个数据库中开启或关闭事件调度器，需要先使用 USE 命令切换到该数据库。

【例 8-9】关闭数据库 products 的事件调度器，并查看结果。

SQL 语句如下：

```
USE products;
SET GLOBAL event_scheduler = OFF;
SHOW VARIABLES LIKE 'event_scheduler';
```

执行结果如图 8-16 所示。

```
mysql> USE products;
Database changed
mysql> SET GLOBAL event_scheduler = OFF;
Query OK, 0 rows affected (0.00 sec)

mysql> SHOW VARIABLES LIKE 'event_scheduler';
+-----------------+-------+
| Variable_name   | Value |
+-----------------+-------+
| event_scheduler | OFF   |
+-----------------+-------+
1 row in set, 1 warning (0.00 sec)
```

图 8-16　例 8-9 执行结果

2. 创建事件

创建事件的语句格式如下：

```
DELIMITER <结束标记>
CREATE EVENT [IF NOT EXISTS] <事件名>
ON SCHEDULE <事件执行时间>
[ON COMPLETION [NOT] PRESERVE]
[ENABLE | DISABLE | DISABLE ON SLAVE]
[COMMENT '注释信息']
DO <事件体>
<结束标记>
DELIMITER ;
```

说明：

- [IF NOT EXISTS]：可选项，用于判断要创建的事件是否存在。
- ON SCHEDULE <事件执行时间>：必选项，用于定义事件执行的时间和时间间隔，即指定事件的发生时刻。事件执行时间的格式如下：

```
AT timestamp [+ INTERVAL interval] ...
```

或

```
EVERY interval
[STARTS timestamp [+ INTERVAL interval] ...]
[ENDS timestamp [+ INTERVAL interval] ...]
```

其中，timestamp 表示一个具体的时间点，如果后面加上一个时间间隔，则表示在这个时间间隔后事件发生，一般用于一次性的事件；EVERY 子句用于表示事件在指定时间区间内每隔多长时间发生一次，STARTS 子句用于指定开始时间，ENDS 子句用于指定结束时间；interval 表示间隔时间，其值由一个数值和一个参数构成，interval 的相关参数如表 8-1 所示。

表 8-1 interval 的相关参数

参数类型	描述	参数类型	描述	参数类型	描述
YEAR	年	SECOND	秒	DAY_MINUTE	日、时、分
MONTH	月	WEEK	星期	DAY_SECOND	日、时、分、秒
DAY	日	QUARTER	一刻	HOUR_MINUTE	时、分
HOUR	时	YEAR_MONTH	年、月	HOUR_SECOND	时、分、秒
MINUTE	分	DAY_HOUR	日、时	MINUTE_SECOND	分、秒

- [ON COMPLETION [NOT] PRESERVE]：可选项，用于定义事件是否循环执行。ON COMPLETION NOT PRESERVE 表示事件完成之后不继续循环，直接结束事件；ON COMPLETION PRESERVE 表示本次事件完成之后，继续循环下一次的事件时间。
- [ENABLE | DISABLE | DISABLE ON SLAVE]：可选项，用于指定事件的一种属性。其中，ENABLE 表示该事件是活动的，也就是调度器检查事件是否要被调用；DISABLE 表示该事件是关闭的，也就是事件的声明存储到目录中，但是调度器不会检查它是否应该调用；DISABLE ON SLAVE 表示事件在从机中是关闭的。如果不指定这三个选择中的任意一个，则在一个事件创建之后，它立即变为活动的。
- [COMMENT '注释信息 ']：可选项，用于添加事件定义的注释信息。
- DO <事件体>：必选项，用于指定事件启动时所要执行的代码。事件体可以是任何有效的 SQL 语句、存储过程或者一个计划执行的事件。如果包含多条语句，则可以使用 BEGIN...END 语句结构。

3. 查看事件

要查看数据库中已存在事件的定义、状态和语法信息等，可以使用 SHOW 语句或直接查询系统库“information_schema”的“EVENTS”表。

如果要查看当前数据库中所有事件的定义，可以使用“ SHOW EVENTS”语句；要查看特定事件的定义，可以使用“SHOW CREATE EVENT<事件名>”语句。

【例 8-10】在 test 数据库中创建事件表 test_event_tb，然后创建事件 test_event，要

求每隔 10 s 为事件表 test_event_tb 添加一条记录，从 2023-09-26 17:09:00 开始，到 2023-09-26 17:10:00 结束。创建完成后查看事件信息。

步骤 1：在 test 数据库中创建事件表 test_event_tb。SQL 语句如下：

```
USE test;
CREATE TABLE test_event_tb (
    id INT NOT NULL AUTO_INCREMENT,
    tvalue TIMESTAMP NULL,
    PRIMARY KEY (id)
);
```

步骤 2：创建事件 test_event。SQL 语句如下：

```
CREATE EVENT IF NOT EXISTS test_event
ON SCHEDULE EVERY 10 SECOND STARTS '2023-09-26 17:09:00' ENDS '2023-09-26 17:10:00'
ON COMPLETION PRESERVE
COMMENT '每隔 10 秒为事件表 test_event_tb 添加一条记录'
DO INSERT INTO test_event_tb VALUES (NULL, NOW());
```

执行结果如图 8-17 所示。

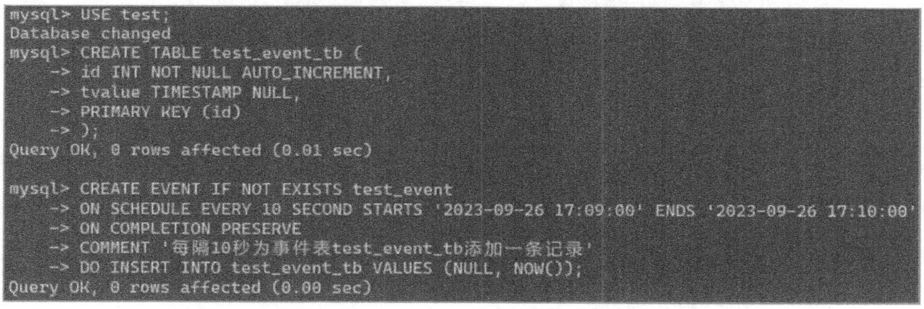

```
mysql> USE test;
Database changed
mysql> CREATE TABLE test_event_tb (
    -> id INT NOT NULL AUTO_INCREMENT,
    -> tvalue TIMESTAMP NULL,
    -> PRIMARY KEY (id)
    -> );
Query OK, 0 rows affected (0.01 sec)

mysql> CREATE EVENT IF NOT EXISTS test_event
    -> ON SCHEDULE EVERY 10 SECOND STARTS '2023-09-26 17:09:00' ENDS '2023-09-26 17:10:00'
    -> ON COMPLETION PRESERVE
    -> COMMENT '每隔10秒为事件表test_event_tb添加一条记录'
    -> DO INSERT INTO test_event_tb VALUES (NULL, NOW());
Query OK, 0 rows affected (0.00 sec)
```

图 8-17　创建事件执行结果

步骤 3：在“2023-09-26 17:09:00”之前查询 test_event_tb 表的数据，SQL 语句及执行结果如图 8-18 所示。

步骤 4：在“2023-09-26 17:10:00”之后查询 test_event_tb 表的数据，SQL 语句及执行结果如图 8-19 所示。可以看到，在 2023-9-26 17:09:00 到 2023-9-26 17:10:00 的这段时间内每隔 10 s，便有一条数据插入数据表 test_event_tb 中，说明事件成功执行。

```
mysql>  SELECT * FROM test_event_tb;
Empty set (0.00 sec)
```

图 8-18　事件执行前查询结果

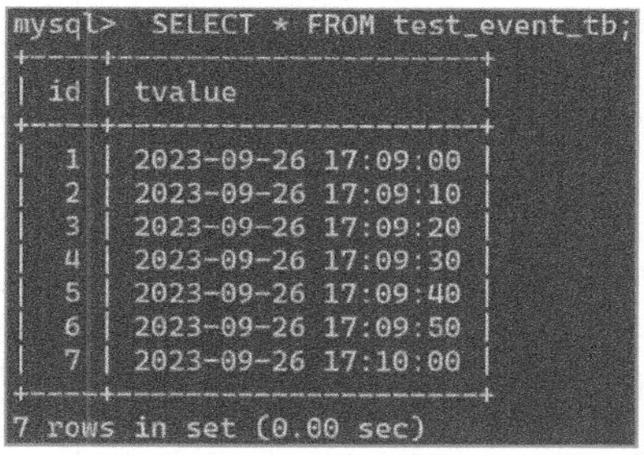

```
mysql>  SELECT * FROM test_event_tb;
+----+---------------------+
| id | tvalue              |
+----+---------------------+
|  1 | 2023-09-26 17:09:00 |
|  2 | 2023-09-26 17:09:10 |
|  3 | 2023-09-26 17:09:20 |
|  4 | 2023-09-26 17:09:30 |
|  5 | 2023-09-26 17:09:40 |
|  6 | 2023-09-26 17:09:50 |
|  7 | 2023-09-26 17:10:00 |
+----+---------------------+
7 rows in set (0.00 sec)
```

图 8-19　事件执行后查询结果

步骤 5：查看事件 test_event 的信息。SQL 语句如下：

```
select * from information_schema.EVENTS
where event_schema = 'test'
AND event_name = 'test_event' \G
```

执行结果如图 8-20 所示。

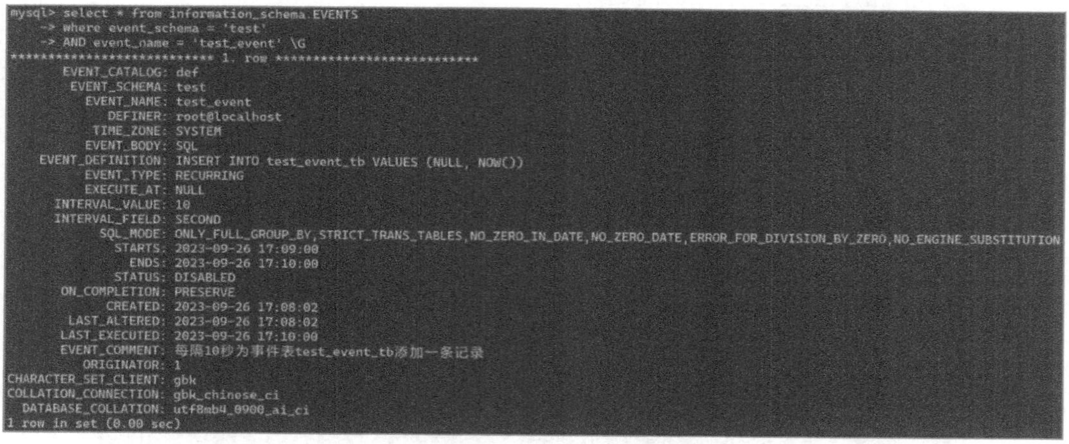

```
mysql> select * from information_schema.EVENTS
    -> where event_schema = 'test'
    -> AND event_name = 'test_event' \G
*************************** 1. row ***************************
       EVENT_CATALOG: def
        EVENT_SCHEMA: test
          EVENT_NAME: test_event
             DEFINER: root@localhost
           TIME_ZONE: SYSTEM
          EVENT_BODY: SQL
    EVENT_DEFINITION: INSERT INTO test_event_tb VALUES (NULL, NOW())
          EVENT_TYPE: RECURRING
          EXECUTE_AT: NULL
      INTERVAL_VALUE: 10
      INTERVAL_FIELD: SECOND
            SQL_MODE: ONLY_FULL_GROUP_BY,STRICT_TRANS_TABLES,NO_ZERO_IN_DATE,NO_ZERO_DATE,ERROR_FOR_DIVISION_BY_ZERO,NO_ENGINE_SUBSTITUTION
              STARTS: 2023-09-26 17:09:00
                ENDS: 2023-09-26 17:10:00
              STATUS: DISABLED
       ON_COMPLETION: PRESERVE
             CREATED: 2023-09-26 17:08:02
        LAST_ALTERED: 2023-09-26 17:08:02
       LAST_EXECUTED: 2023-09-26 17:10:00
       EVENT_COMMENT: 每隔10秒为事件表test_event_tb添加一条记录
          ORIGINATOR: 1
CHARACTER_SET_CLIENT: gbk
COLLATION_CONNECTION: gbk_chinese_ci
  DATABASE_COLLATION: utf8mb4_0900_ai_ci
1 row in set (0.00 sec)
```

图 8-20　查看事件信息执行结果

4. 重新启动或关闭事件

在 MySQL 中，一个事件执行完毕后会自动关闭，也就是变为 DISABLE 状态。如果需要再次启用该事件，可以使用 ALTER EVENT 语句。同时，也可以使用 ALTER EVENT 语句将事件关闭。重新启动或关闭事件的语句格式如下：

```
ALTER EVENT< 事件名 > ENABLE | DISABLE;
```

说明：

- ENABLE：重新启动事件。
- DISABLE：重新关闭事件。

【例 8-11】在例 8-10 的事件执行完后重启事件 test_event。

SQL 语句如下：

```
ALTER EVENT test_event ENABLE;
```

执行结果如图 8-21 所示。可以看到，虽然不在例 8-10 的事件规定的时间范围内，依然触发了一次事件。

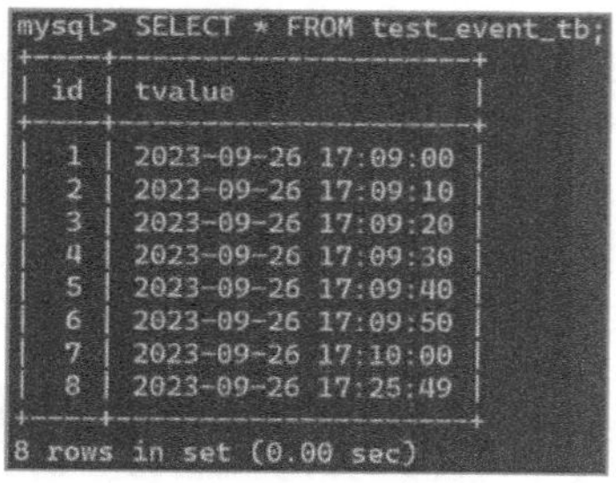

```
mysql> SELECT * FROM test_event_tb;
+----+---------------------+
| id | tvalue              |
+----+---------------------+
|  1 | 2023-09-26 17:09:00 |
|  2 | 2023-09-26 17:09:10 |
|  3 | 2023-09-26 17:09:20 |
|  4 | 2023-09-26 17:09:30 |
|  5 | 2023-09-26 17:09:40 |
|  6 | 2023-09-26 17:09:50 |
|  7 | 2023-09-26 17:10:00 |
|  8 | 2023-09-26 17:25:49 |
+----+---------------------+
8 rows in set (0.00 sec)
```

图 8-21　例 8-11 执行结果

5. 修改事件

如果要修改事件，可以使用 ALTER EVENT 语句，语句格式与 CREATE EVENT 基本相同。

【例 8-12】修改事件 test_event 的执行时间。

SQL 语句如下：

```
    ALTER EVENT test_event
    ON SCHEDULE EVERY 15 SECOND STARTS '2023-09-26 17:38:00' ENDS '2023-09-26
17:39:00'
    ON COMPLETION PRESERVE
    ENABLE
    COMMENT '每隔15秒为事件表test_event_tb添加一条记录'
    DO INSERT INTO test_event_tb VALUES (NULL, NOW());
```

查询执行结果，如图 8-22 所示。可以看到，test_event_tb 表中多出了几条记录，说明事件 test_event 在指定时间发生了。

```
mysql> SELECT * FROM test_event_tb;
+----+---------------------+
| id | tvalue              |
+----+---------------------+
|  1 | 2023-09-26 17:09:00 |
|  2 | 2023-09-26 17:09:10 |
|  3 | 2023-09-26 17:09:20 |
|  4 | 2023-09-26 17:09:30 |
|  5 | 2023-09-26 17:09:40 |
|  6 | 2023-09-26 17:09:50 |
|  7 | 2023-09-26 17:10:00 |
|  8 | 2023-09-26 17:25:49 |
|  9 | 2023-09-26 17:38:00 |
| 10 | 2023-09-26 17:38:15 |
| 11 | 2023-09-26 17:38:30 |
| 12 | 2023-09-26 17:38:45 |
| 13 | 2023-09-26 17:39:00 |
+----+---------------------+
13 rows in set (0.00 sec)
```

图 8-22 例 8-12 查看事件执行后结果

6. 删除事件

删除事件的语句格式如下：

```
DROP EVENT IF EXISTS <事件名>;
```

说明：

IF EXISTS 子句可以防止当事件不存在的时候出现错误。

8.5 流程控制语句

在 MySQL 的存储程序中，当需要处理一些相对复杂的逻辑关系时，常会借助一些流程控制语句来控制程序的执行。流程控制语句可以是一个单独的语句，也可以是使用 BEGIN...END 构造的复合语句，流程控制语句可以嵌套。

程序结构包括顺序结构、分支结构和循环结构。顺序结构即按语句的先后顺序执行，分支结构和循环结构是流程控制的主要部分。

8.5.1 分支结构程序控制

MySQL 中常用的分支结构程序控制语句主要有 IF 分支语句和 CASE 分支语句。

1. IF 分支语句

IF 分支语句用来进行条件判断，根据不同的条件执行不同的操作。IF 分支语句的语法格式如下：

```
IF <条件表达式 1>  THEN <语句块 1>
[ELSEIF <条件表达式 2>  THEN <语句块 2>]
…
[ELSE <语句块 n>]
END IF
```

该语句在执行时，首先判断 IF 后的 <条件表达式 1> 的值是否为 TRUE，若为 TRUE 则执行 THEN 后的 <语句块 1>；若为 FALSE，则继续判断 <条件表达式 2> 的值是否为 TRUE，若为 TRUE 则执行其对应的 THEN 子句后的 <语句块 2>，以此类推；若所有条件表达式都为 FALSE，则执行 ELSE 子句后的 <语句块 n>。

需要注意的是，每个语句块必须由一个或多个 SQL 语句组成，且不许为空。ELSEIF 子句中的条件表达式要么只能有一个成立，要么都不成立，各个表达式之间互为排斥关系。

【例 8-13】创建存储函数 leap_year()，用于判断输入的某一年份是否为闰年。

SQL 语句如下：

```
#闰年的判断条件为：年份值能被 4 整除但不能被 100 整除，或者能被 400 整除
DELIMITER &&
CREATE FUNCTION leap_year (year_date INT)
RETURNS VARCHAR(20)
    BEGIN
        DECLARE leap BOOLEAN;
        IF MOD(year_date,4)<>0 THEN
            SET leap = FALSE;
        ELSEIF MOD(year_date,100)<>0 THEN
            SET leap = TRUE;
        ELSEIF MOD(year_date,400)<>0 THEN
            SET leap = FALSE;
        ELSE
            SET leap = TRUE;
        END IF;
        IF leap THEN
            RETURN ('闰年');
        ELSE
            RETURN ('平年');
        END IF;
    END &&
```

执行上述语句后，创建完成了存储函数 leap_year( )，然后调用 leap_year( ) 存储函数输入 SQL 语句如下：

```
DELIMITER ;
SELECT leap_year(2023);
SELECT leap_year(2024);
```

执行结果如图 8-23 所示。

```
mysql> DELIMITER ;
mysql> SELECT leap_year(2023);
+-----------------+
| leap_year(2023) |
+-----------------+
| 平年            |
+-----------------+
1 row in set (0.00 sec)

mysql> SELECT leap_year(2024);
+-----------------+
| leap_year(2024) |
+-----------------+
| 闰年            |
+-----------------+
1 row in set (0.00 sec)
```

图 8-23　例 8-13 执行结果

2. CASE 分支语句

CASE 分支语句是根据不同条件表达式返回对应的结果，如果所有条件都不满足，则返回 ELSE 分支的结果。CASE 分支语句具有两种格式，两种格式都支持可选的 ELSE 参数。

1）简单 CASE 语句

简单 CASE 语句是将某个表达式与一组简单表达式进行比较，以确定执行分支，其语法格式如下：

```
CASE <表达式>
WHEN <表达式值 1>  THEN <结果 1>
[WHEN <表达式值 2>  THEN <结果 2>]
…
[ELSE <结果 n>]
END [CASE]
```

该语句在执行时，先计算 CASE 后的表达式，然后将其与分支 WHEN 后的表达式值逐个匹配，若存在匹配的表达式值，则返回相应分支 THEN 后的结果；若所有表达式值均不匹配，但存在 ELSE 分支，则返回 ELSE 分支的结果；若所有表达式值均不匹配且无 ELSE 分支，CASE 语句将不执行任何分支语句，返回 NULL。

2）CASE 搜索语句

CASE 搜索语句是计算一组布尔表达式以确定执行分支，其语法格式如下：

```
CASE
WHEN <条件表达式 1>  THEN <结果 1>
[WHEN <条件表达式 2>  THEN <结果 2>]
…
[ELSE <结果 n>]
END
```

该语句在执行时，先按照指定顺序对每个分支 WHEN 后的条件表达式进行计算，返回第 1 个条件表达式的值为 TRUE 的分支的结果；如果所有分支的条件表达式均为 FALSE，但存在 ELSE 分支，则返回 ELSE 分支的结果；如果所有分支的条件表达式均为 FALSE 且不存在 ELSE 分支，则 CASE 语句返回 NULL。

【例 8-14】创建存储函数 address()，根据给出的供应商编号，查询该供应商的所在地，并显示 fruits 表中的 f_name、s_id 字段和供应商地址。

步骤 1：创建存储函数 address()。SQL 语句如下：

```
DELIMITER &&
CREATE FUNCTION address( sid INT )
RETURNS VARCHAR(45)
    BEGIN
    RETURN(SELECT s_address FROM suppliers WHERE s_id = sid);
    END &&
```

步骤 2：调用存储函数 address()。SQL 语句如下：

```
DELIMITER ;
SELECT f_name, s_id, CASE s_id
    WHEN 101 THEN address(101)
    WHEN 102 THEN address(102)
    WHEN 103 THEN address(103)
    WHEN 104 THEN address(104)
END 供应商地址
FROM fruits;
```

执行结果如图 8-24 所示。

f_name	s_id	供应商地址
红富士苹果	101	山东
金帅苹果	102	辽宁
青苹果	101	山东
嘎啦苹果	104	广东
超甜蕉	103	广西
帝王蕉	104	广东
红蕉	105	NULL
巨峰葡萄	106	NULL
红玫瑰葡萄	107	NULL
冰糖橙	108	NULL
脐橙	109	NULL
血橙	110	NULL
水蜜桃	104	广东
蟠桃	106	NULL
黄桃	101	山东
油桃	101	山东

16 rows in set (0.00 sec)

图 8-24　例 8-14 执行结果

可以看出，这里的 CASE 语句是放在 SQL 语句中作为一个字段使用的。

8.5.2 循环结构程序控制

MySQL 中，实现循环的方式主要有三种：LOOP 循环、REPEAT 循环、WHILE 循环。另外，配合循环语句使用的还有两种跳转语句。

1. LOOP 循环语句及 LEAVE 跳转语句

LOOP 循环语句用来重复执行某些语句，与 IF 语句和 CASE 语句相比，LOOP 语句只是创建一个循环操作的过程，并不进行条件判断，其语句本身没有终止循环的部分，因而在语句块中需要给出结束循环的条件（使用 LEAVE 子句跳出循环过程），否则循环会一直重复执行，即出现死循环。LOOP 循环语句的语法格式如下：

```
[label:] LOOP
<语句块>
[LEAVE label]
END LOOP [label]
```

上述语句在执行时，语句块会被重复执行，直到遇到 LEAVE 语句才能跳出循环。

需要注意的是，在使用 LEAVE 语句时，必须在循环的开头使用标签（label），并在标签的末尾添加冒号，且必须在语句中使用正确的标签，如此才可以随时退出整个循环。标签是一个用户自定义的标识符，用于标识循环语句的循环体，它可以使用 DECLARE 语句进行声明，但必须遵循命名规则。标签的命名规则如下：

- 标签必须以字母开头，可以包含字母、数字和下画线。
- 每个循环体的标签必须是唯一的，不能与其他标签重复。
- 标签不能是 MySQL 的保留字。MySQL 保留字（reserved words）是指在 MySQL 中被预定义为具有特殊含义的单词，不能用作标识符（如表名、列名、变量名等）。这些单词在 MySQL 中有特殊的用途。例如，用于控制结构（如 IF、WHILE、LOOP 等）、数据类型（如 INT、VARCHAR、DATE 等）、函数名和操作符等。
- 标签最多可以有 16 个字符长。

LEAVE 语句除了可以结束 LOOP 循环语句的执行，还可以用来结束 WHILE 循环语句、REPEAT 循环语句及 BEGIN...END 语句的执行。

【例 8-15】创建存储函数 sum_func1()，计算 1~7 的偶数和。

首先创建存储函数。SQL 语句如下：

```
DELIMITER &&
CREATE FUNCTION sum_func1( n INT )
RETURNS INT
    BEGIN
        DECLARE s, i INT;
        SET s = 0, i = 1;
        loop_label: LOOP                       #声明 LOOP 循环标签为 loop_label
            IF i % 2 = 0 THEN
                SET s = s + i;
            END IF;
            SET i = i + 1;
            IF i > n THEN
                LEAVE loop_label;              #通过 loop_label 标签结束循环
            END IF;
        END LOOP loop_label;
        RETURN s;
    END &&
```

执行上述语句后，创建了存储函数 sum_func1( )，然后调用此存储函数。SQL 语句如下：

```
DELIMITER ;
SELECT sum_func1(7);
```

执行结果如图 8-25 所示。

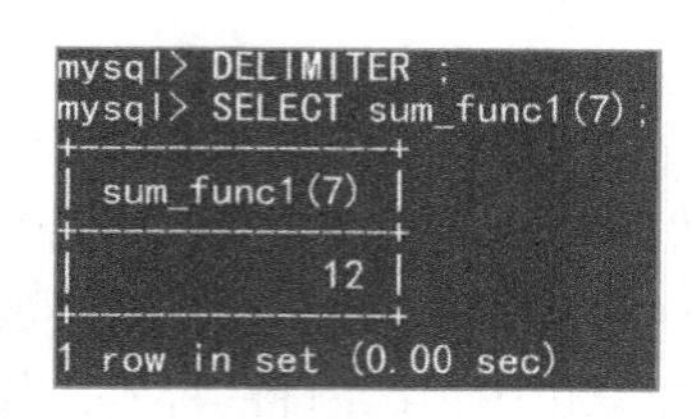

图 8-25 例 8-15 执行结果

2. REPEAT 循环语句

REPEAT 循环语句创建的是一个带条件判断的循环过程。REPEAT 循环语句的语法格式如下：

```
[label:] REPEAT
<语句块>
UNTIL <条件表达式>
END REPEAT [label]
```

上述语句在执行时，先执行一次循环体，然后判断条件表达式的值是否为 TRUE，若为 TRUE 则退出循环，否则继续执行循环。标签（label）参数表示循环开始和结束的标志，这两个标志必须相同，而且都可以省略。

【例 8-16】创建存储函数 sum_func2()，计算 1~16 中能被 3 和 5 整除的数的和。

首先创建存储函数。SQL 语句如下：

```
DELIMITER &&
CREATE FUNCTION sum_func2( n INT )
RETURNS INT
    BEGIN
        DECLARE s, i INT;
        SET s = 0, i = 1;
        REPEAT
            IF i % 3 = 0 AND i % 5 = 0 THEN
                SET s = s + i;
            END IF;
        SET i = i + 1;
        UNTIL i > n
    END REPEAT;
    RETURN s;
END &&
```

执行上述语句后，创建了存储函数 sum_func2( )，然后调用此存储函数。SQL 语句如下：

```
DELIMITER ;
SELECT sum_func2(16);
```

执行结果如图 8-26 所示。

```
mysql> DELIMITER ;
mysql> SELECT sum_func2(16);
+----------------+
| sum_func2(16)  |
+----------------+
|             15 |
+----------------+
1 row in set (0.00 sec)
```

图 8-26　例 8-16 执行结果

3. WHILE 循环语句

WHILE 循环语句是有条件控制的循环语句。与 REPEAT 循环语句不同，WHILE 循环语句在执行时先对指定的表达式进行判断，如果结果为 TRUE，才执行循环内的语句，否则退出循环。WHILE 循环语句的语法格式如下：

```
[label:] WHILE < 条件表达式 >  DO
< 语句块 >
END WHILE [label]
```

上述语句在执行时，若条件表达式成立，则程序开始重复执行语句块，直到条件表达式的值为 FALSE 才结束循环体的执行。标签（label）参数表示循环开始和结束的标志，这两个标志必须相同，而且都可以省略。

【例 8-17】创建存储函数 sum_func3()，计算 1~4 的和。

首先创建存储函数。SQL 语句如下：

```
DELIMITER &&
CREATE FUNCTION sum_func3( n INT )
RETURNS INT
    BEGIN
        DECLARE s, i INT;
        SET s = 0, i = 1;
        WHILE i <= n DO
            SET s = s + i;
            SET i = i + 1;
        END WHILE;
        RETURN s;
END &&
```

执行上述语句后，创建了存储函数 sum_func3( )，然后调用此存储函数。SQL 语句如下：

```
DELIMITER ;
SELECT sum_func3(4);
```

执行结果如图 8-27 所示。

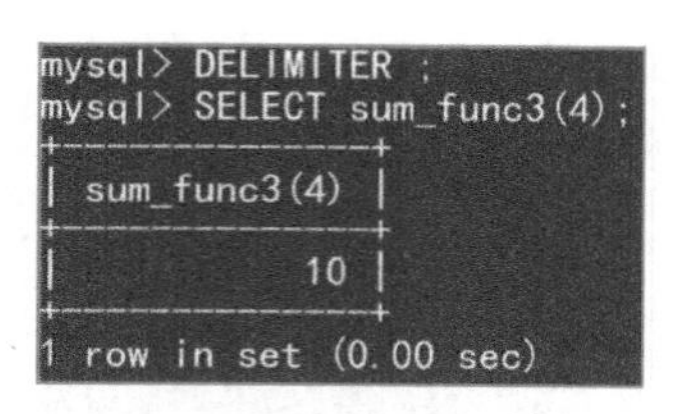
```
mysql> DELIMITER ;
mysql> SELECT sum_func3(4);
+--------------+
| sum_func3(4) |
+--------------+
|           10 |
+--------------+
1 row in set (0.00 sec)
```

图 8-27　例 8-17 执行结果

4. ITERATE 跳转语句

跳转语句用于实现程序执行过程中的流程跳转，除了前述的 LEAVE 跳转语句，MySQL 中常用的还有 ITERATE 跳转语句。ITERATE 语句可以将程序的执行顺序转到语句段的开头处。其语法格式如下：

```
ITERATE label
```

需要注意的是，ITERATE 语句只可以出现在 LOOP、REPEAT 和 WHILE 循环语句内。

8.6 游标

游标（cursor）是一种在关系型数据库中用于处理查询结果集的机制。它允许程序逐行读取查询结果集，并在每一行上执行特定的操作。游标通常与存储过程、存储函数一起使用，用于在数据处理过程中实现复杂的逻辑和流程控制。

游标可以看作是一个指向查询结果集的指针，通过游标，程序可以访问查询结果集中的每一行数据，并对其进行操作。在使用游标时，通常需要先声明游标，然后打开游标，读取游标数据，最后关闭游标。

使用游标可以实现许多高级的数据处理操作，如遍历结果集、批量更新数据、计算聚合统计等。但是，游标也有一些缺点，如使用不当会导致性能问题、内存泄漏等问题。因此，在使用游标时需要仔细考虑其使用场景和优缺点，并谨慎编写代码。

游标操作包括声明游标、打开游标、读取游标中的数据和关闭游标。

1. 声明游标

声明游标时需要指定查询语句，并给游标取一个名称。声明游标的语法格式如下：

```
DECLARE <游标名> CURSOR FOR SELECT 语句;
```

说明：

- SELECT 语句是针对表或视图的查询语句，可以返回一行或多行数据，可以使用 WHERE 子句、GROUP BY 子句和 ORDER BY 子句，但不能使用 INTO 子句。
- 该语句可以在存储过程中定义多个游标，但必须保证每个游标的唯一性，即每一个游标都有自己唯一的名称。

2. 打开游标

使用 OPEN 语句可以打开游标。打开游标的语法格式如下：

```
OPEN <游标名>;
```

游标必须先声明才能打开。游标打开后，SELECT 语句的查询结果就会被传送到游标工作区，供用户读取使用。

3. 读取游标中的数据

使用 FETCH 语句可以逐行读取查询结果集中的记录。读取游标数据的语法格式如下：

```
FETCH <游标名> INTO <变量1>[, <变量2>, … <变量n>];
```

成功打开游标后，游标会指向结果集的第一行之前。使用 FETCH 语句可以将游标指针指向下一行，并将该行数据保存到变量中。每执行一次 FETCH 语句，游标指针就会移动到结果集的下一行。通常将 FETCH 语句放在循环中使用，以便逐行读取结果集中的数据并进行相同的逻辑处理。

4. 关闭游标

读取完查询结果集中的所有数据后，需要使用 CLOSE 语句关闭游标。关闭游标的语法格式如下：

```
CLOSE <游标名>;
```

一旦关闭游标，它所占用的资源将被释放，用户便无法再从结果集中检索数据了。如果需要重新检索数据，必须重新打开游标。

【例 8-18】创建存储过程 c_cur，用游标提取 customers 表中 c_id 为 100001 的客户的姓名和联系方式。

首先创建存储过程。SQL 语句如下：

```
DELIMITER &&
CREATE PROCEDURE c_cur(cid INT)
    BEGIN
        DECLARE cname VARCHAR(45);                  #定义存放姓名的变量
        DECLARE ccontact VARCHAR(45);               #定义存放联系方式的变量
        DECLARE c_cur CURSOR                        #声明游标
            FOR SELECT c_name, c_contact FROM customers
                WHERE c_id = cid;
        OPEN c_cur;                                 #打开游标
        FETCH c_cur INTO cname, ccontact;           #提取游标数据到变量
        CLOSE c_cur;                                #关闭游标
        SELECT cname, ccontact;
    END &&
```

执行上述语句后，创建了存储过程 c_cur，然后调用此存储过程。SQL 语句如下：

```
DELIMITER ;
CALL c_cur(100001);
```

执行结果如图 8-28 所示。

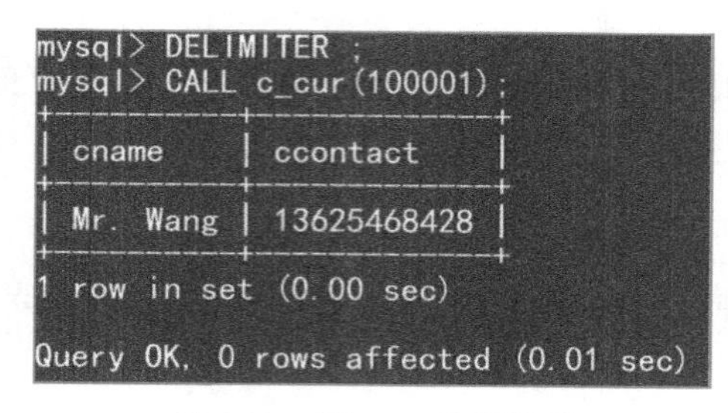

图 8-28　例 8-18 执行结果

习题

一、选择题

1．下面关于存储过程的叙述错误的是（　　）。

A．使用存储过程可以提高数据库的执行效率

B．在一个存储过程中不可以调用其他存储过程

C．存储过程可以带多个输入参数，也可以带多个输出参数

D．MySQL 允许在存储过程创建时引用一个不存在的对象

2．下列参数类型不是 MySQL 存储过程形式参数的是（　　）。

A．IN　　B．OUT　　C．INOUT　　D．OUTIN

3．创建存储过程应使用（　　）语句。

A．CREATE FUNCTION　　B．CREATE PROCEDURE

C．SHOW CREATE FUNCTION　　D．SHOW CREATE PROCEDURE

4．下列关于存储函数说法不正确的是（　　）。

A．存储函数通常用于执行复杂的计算、数据处理或逻辑操作

B．存储函数必须返回值

C．存储函数的参数类型只能是输出

D．如果函数要接收数据，则必须通过输入参数传递

5．下列关于触发器说法不正确的是（　　）。

A．触发时机的取值为 BEFORE 或 AFTER

B．创建的触发器的名称，需在当前数据库中是唯一的

C．MySQL 中允许同时存在两个 BEFORE UPDATE 触发器

D．触发事件可以发生在执行插入新行、更新某一行或删除某一行的操作时

6．下列语句可以用来开启或关闭事件调度器的是（　　）。

A．SET GLOBAL event_scheduler

B．SHOW VARIABLES LIKE 'event_scheduler'

C．CREATE EVENT

D．ALTER EVENT

7．在 MySQL 中，当一个事件执行完毕后，状态会变为（　　）。

A．ON　　B．OFF

C．ENABLE　　D．DISABLE

8．下列语句中，不属于循环语句的是（　　）。

A．CASE 语句　　B．LOOP 语句

C．REPEAT 语句　　D．WHILE 语句

9．下列说法不正确的是（　　）。

A．在使用 LEAVE 语句时，必须在循环的开头使用 label，并在 label 的末尾添加冒号

B．每个循环体的 label 必须是唯一的，不能与其他 label 重复

C．WHILE 循环语句在执行时，如果表达式结果为 FALSE，才执行循环内的语句

D．ITERATE 语句可以将程序的执行顺序转到语句段的开头处

10．以下游标的使用步骤正确的是（　　）。

A．声明游标→使用游标→打开游标→关闭游标

B．打开游标→声明游标→使用游标→关闭游标

C．声明游标→打开游标→选择游标→关闭游标

D．声明游标→打开游标→使用游标→关闭游标

二、操作题

创建数据库 company，然后创建员工表 employee、主管表 manager，并插入数据。各数据表的结构分别如下：

```
employee(e_id, e_name, m_id, salary, hiredate, contact)
manager(m_id, m_name, salary)
```

1．创建并使用存储过程 show_max_salary，查询 employee 表中员工的最高薪资值，并将最高薪资值通过 OUT 参数输出。

2．创建并使用存储过程 show_manager_name，查询某个员工的主管的姓名，使用 INOUT 参数实现输入员工姓名后输出主管的姓名。

3．创建并调用存储函数 select_em_contact()，查询某一员工的联系方式。

4．创建并调用存储过程 update_salary1，输入某一员工的编号，判断该员工的薪资情况，若其薪资低于 8 000 元并且入职时间超过 5 年，就涨薪 500 元；否则涨薪 200 元。

5．创建并调用存储过程 update_salary2，输入某一员工的编号，判断该员工的薪资情况，如果其薪资低于 8 000 元，就调整薪资为 8 000 元；如果其薪资高于 8 000 元且低于 10 000 元，就涨薪 500 元；其余情况涨薪 200 元。

6．创建并调用存储过程 update_salary3，查询某一员工的薪资情况，若其薪资超过

20 000 元，则降薪 1 000 元；若其薪资超过 15 000 元但低于或等于 20 000 元，则降薪 500 元；若其薪资超过 10 000 元但低于或等于 15 000 元，则降薪 300 元；若其薪资超过 8 000 元但低于或等于 10 000 元，则降薪 100 元；若其薪资小于或等于 8 000 元，则薪资不变。

7．创建并调用存储过程 update_salary4，查询全公司员工的平均薪资，给所有员工循环涨薪，每次涨幅为原来工资的 1.1 倍，直至全公司员工的平均薪资达到 12 000 元时结束，同时输出循环次数。

8．创建触发器 salary_check_trigger，基于员工表 employee 的 INSERT 事件，在 INSERT 之前查询要添加的新员工工资是否大于其主管的工资，如果大于其主管的工资，则报错，添加失败。

9．创建存储函数 count_salary()，定义 DOUBLE 类型的参数 limit_total_salary，累加薪资最高的几个员工的薪资，直到薪资总和达到 limit_total_salary 参数的值，返回累加的人数。

>> 模块 9

MySQL的事务

学习目标

（1）了解事务的概念及特征。
（2）掌握事务的控制方法。
（3）了解事务的并发控制，了解事务的隔离级别及封锁机制。

重点和难点

1. 重点

（1）事务的概念及特征。
（2）事务的控制方法。
（3）事务的并发控制，事务的隔离级别，事务的封锁机制。

2. 难点

事务的控制方法，事务的隔离级别，事务的封锁机制。

导言

事务的处理是数据库管理的核心。事务适用于多用户同时操作的数据库系统的场景，如银行、保险公司及证券交易系统等。通过学习事务的原理和操作，可以培养人们在处理问题时思维的严谨性，了解如何以有组织、有顺序的方式处理一系列动作，以保持数据的完整性和一致性。这种思维严谨性也可以应用到日常生活和工作中，帮助人们更好地组织和规划自己的行动，更好地适应数字化时代的发展趋势并提高自己在信息时代的能力和竞争力。

9.1 事务概述

1. 事务的概念

MySQL 中，事务（transaction）是指一组必须一起执行的操作单元，它们共同保证对数据库的正确修改，并确保数据的完整性。如果事务中的任何一个操作单元失败，整个事务将被取消，数据库将恢复到事务开始之前的状态。

在处理 MySQL 数据库时，对于简单的业务逻辑或中小型程序，可以不必考虑使用 MySQL 事务。但是，在处理比较复杂的数据操作时，可能需要执行多个并行的业务逻辑或程序，并且需要保证这些操作的同步性。此时，应优先考虑使用 MySQL 事务来处理，以确保执行序列中的动作能够同时成功或恢复到初始状态。

2. 事务的特征

事务必须具备四个特征：原子性（atomicity）、一致性（consistency）、隔离性（isolation）和持久性（durability），简称 ACID。

- 原子性：一个事务中的所有操作要么全部成功，要么全部失败回滚，不允许出现部分成功的情况。
- 一致性：事务执行前后数据库的完整性约束没有被破坏。
- 隔离性：多个事务之间互不干扰，每个事务都感觉不到其他事务的存在。
- 持久性：事务一旦提交，对数据库的修改就是永久性的，即使系统崩溃也不会丢失。

9.2 事务控制

事务控制用于管理数据库的更改并确保数据的一致性。

1. 设置事务模式

MySQL 支持三种事务模式：自动提交事务模式、显式事务模式和隐式事务模式。

在自动提交事务模式下，每条单独的语句都被视为一个事务，并在成功执行后会自动提交，如果执行过程中发生错误，则会自动回滚。

在显式事务模式下，用户可以定义事务的开始和结束，并使用 BEGIN WORK 或 START TRANSACTION 语句显式地开始事务，使用 COMMIT 或 ROLLBACK 语句显式地结束事务。

在隐式事务模式下，新的事务会在当前事务完成提交或回滚后自动启动，不需要使用 BEGIN WORK 或 START TRANSACTION 语句显式地标识事务的开始，但需要使用 COMMIT 或 ROLLBACK 语句提交或回滚事务。可以使用 SET AUTOCOMMIT 语句修改当前事务的提交方式。其语法格式为：

```
SET AUTOCOMMIT=0
```

或

```
SET AUTOCOMMIT=1
```

说明：

- SET AUTOCOMMIT=0 表示需要显式地使用 COMMIT 或 ROLLBACK 语句提交或回滚事务。
- SET AUTOCOMMIT=1 表示使用自动提交事务模式。

2. 开始事务

在默认情况下，MySQL 的事务是自动提交的，也就是执行 SQL 语句后会立即执行 COMMIT 操作。如果要显式地开启一个事务，需使用 START 或 BEGIN 语句。其语法格式如下：

```
START TRANSACTION;
```

或

```
BEGIN WORK;
```

需要注意的是，在存储过程中只能使用 START TRANSACTION 语句开启一个事务，因为 MySQL 数据库分析器会将 BEGIN…END 语句识别为 BEGIN…END 语句块。

3. 提交事务

提交事务由 COMMIT 语句来实现。COMMIT 语句用于结束一个用户定义的事务，并确保对数据的修改已经成功写入数据库。其语法格式如下：

```
COMMIT [WORK] [AND [NO] CHAIN] [[NO] RELEASE];
```

说明：

- 提交事务最简单的形式是只给出 COMMIT 命令。
- 如果使用了 AND CHAIN 子句，将会在当前事务结束时立即启动一个新事务，并且新事务与刚结束的事务隔离等级相同。
- 如果使用了 RELEASE 子句，将会终止当前事务并使服务器断开与当前客户端的连接。
- NO 关键字可以抑制 CHAIN 或 RELEASE 子句的完成。

4. 回滚事务

ROLLBACK 语句用于结束一个用户定义的事务，并撤销所有未提交的修改，即回滚事务。其语法格式如下：

```
ROLLBACK [WORK] [AND [NO]CHAIN] [[NO] RELEASE];
```

5. 设置保存点

SAVEPOINT 语句用于在事务中创建一个保存点，以便在事务执行期间需要回滚到该点时使用。其语法格式如下：

```
SAVEPOINT <保存点名称>;
```

其中，保存点名称为用户指定的名称。

回滚事务到指定的保存点需要使用 ROLLBACK 语句，以撤销事务执行期间的所有未提交的修改。回滚到保存点的语法格式如下：

```
ROLLBACK [WORK] TO SAVEPOINT <保存点名称>;
```

其中，保存点名称为先前创建的保存点的名称。如果不指定保存点名称，则回滚到事务开始时的状态。

【例 9-1】 事务操作案例。

步骤 1：创建 test1 数据库，并在其中创建两张结构完全一样的数据表 table1 和 table2，然后在这两张数据表中各插入一条数据。SQL 语句如下：

```
CREATE DATABASE test1;
USE test1;
CREATE TABLE table1 (
    id INT NOT NULL AUTO_INCREMENT,
    name VARCHAR(50) NOT NULL,
    age INT NOT NULL,
    PRIMARY KEY (id)
);
CREATE TABLE table2 LIKE table1;
INSERT INTO table1 (id, name, age) VALUES (1, 'Tom', 18);
INSERT INTO table2 (id, name, age) VALUES (1, 'Tom', 18);
```

执行上述语句后查看表 table1、table2 中的数据。SQL 语句及执行结果如图 9-1 所示。

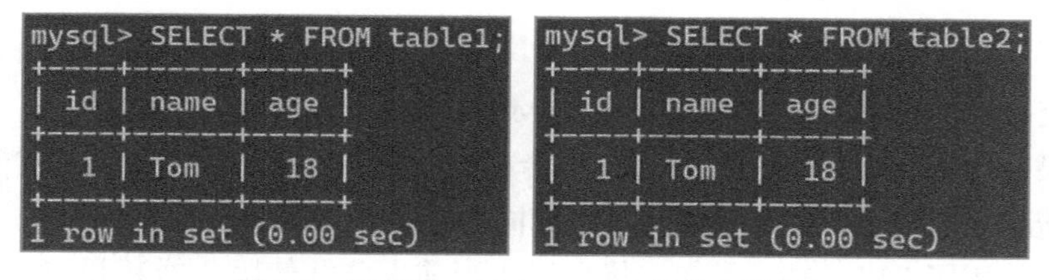

```
mysql> SELECT * FROM table1;
+----+------+-----+
| id | name | age |
+----+------+-----+
|  1 | Tom  |  18 |
+----+------+-----+
1 row in set (0.00 sec)
```

```
mysql> SELECT * FROM table2;
+----+------+-----+
| id | name | age |
+----+------+-----+
|  1 | Tom  |  18 |
+----+------+-----+
1 row in set (0.00 sec)
```

图 9-1　查看表 table1、table2 的执行结果

步骤 2：使用事务对 table1 表和 table2 表进行修改操作，提交事务。SQL 语句如下：

```
START TRANSACTION;
-- 修改 table1 表中的数据
UPDATE table1 SET name = 'Jerry' WHERE id = 1;
-- 修改 table2 表中的数据
UPDATE table2 SET name = 'Jerry' WHERE id = 1;
-- 提交事务
COMMIT;
```

执行上述语句后查看表 table1、table2 中的数据。SQL 语句及执行结果如图 9-2 所示。

```
mysql> SELECT * FROM table1;
+----+-------+-----+
| id | name  | age |
+----+-------+-----+
|  1 | Jerry |  18 |
+----+-------+-----+
1 row in set (0.00 sec)
```

```
mysql> SELECT * FROM table2;
+----+-------+-----+
| id | name  | age |
+----+-------+-----+
|  1 | Jerry |  18 |
+----+-------+-----+
1 row in set (0.00 sec)
```

图 9-2　查看表 table1、table2 的执行结果

步骤 3：再次使用事务对表 table1 和 table2 进行修改，并在修改表 table2 中的数据前创建保存点，然后回滚事务至保存点，最后提交事务。SQL 语句如下：

```
START TRANSACTION;
-- 再次修改 table1 表中的数据
UPDATE table1 SET name = 'Spike' WHERE id = 1;
-- 创建保存点
SAVEPOINT sp1;
-- 再次修改 table2 表中的数据
UPDATE table2 SET name = 'Spike' WHERE id = 1;
-- 回滚到保存点
ROLLBACK TO SAVEPOINT sp1;
COMMIT;
```

执行上述语句后查看表 table1、table2 中的数据。SQL 语句及执行结果如图 9-3 所示。

```
mysql> SELECT * FROM table1;
+----+-------+-----+
| id | name  | age |
+----+-------+-----+
|  1 | Spike |  18 |
+----+-------+-----+
1 row in set (0.00 sec)
```

```
mysql> SELECT * FROM table2;
+----+-------+-----+
| id | name  | age |
+----+-------+-----+
|  1 | Jerry |  18 |
+----+-------+-----+
1 row in set (0.00 sec)
```

图 9-3　使用事务回滚后的执行结果

可以看到，因为设置了保存点 sp1 并回滚事务，事务对 table2 的修改并未生效，只有在保存点 sp1 设置之前对 table1 的修改生效了。

9.3 事务的并发控制

并发控制是指在多用户数据库系统中，为了避免多个用户同时对同一数据进行操作而引起数据冲突和不一致，需要对并发操作进行的控制。其中，事务串行执行是指 DBMS 按顺序一次执行一个事务；而事务并发执行则是指 DBMS 同时执行多个事务对同一数据的操作，包括交叉并发和同时并发两种方式。为了确保事务的隔离性，DBMS 需要对并发事务间数据访问的冲突进行控制，以避免数据的读写冲突。

在并发执行的情况下，多个用户同时对同一数据进行操作可能会导致以下三种问题。

- 丢失更新（lost update）：又称为写 - 写冲突，即两个事务同时更新同一条记录，导致其中一个事务的修改被覆盖。
- 不可重复读（unrepeatable read）：又称为读 - 写冲突，即一个事务读取到另一个事务尚未提交的数据。
- 读脏数据（dirty read）：又称为读 - 读冲突，即两个事务同时读取同一条记录，但是其中一个事务已经将该记录更新，导致另一个事务读取到的数据不一致。

这三种问题会导致数据的不一致性，因此需要采用并发控制机制来解决。常见的并发控制方式包括锁定机制和事务隔离级别等。锁定机制可以通过在读取数据时对其进行加锁，防止其他事务对其进行修改，从而避免冲突；而事务隔离级别则是通过限制事务之间的可见性，从而保证数据的一致性。

在实现并发控制时，需要根据具体的应用场景选择合适的并发控制方式，并进行充分的测试和评估，以确保系统的稳定性和可靠性。

9.3.1 事务隔离级别

事务隔离级别是指在并发事务中，数据库管理系统为了保证事务的隔离性而采取的措施。事务隔离级别越高，可以避免的并发问题就越多，但并发性能也会受到影响。

常见的事务隔离级别分为四级：未提交读、提交读、可重复读和可串行化。

- 未提交读（read uncommitted）：未提交读是最低的隔离级别，该级别下允许读取未提交的数据，可能会产生读脏数据、不可重复读和幻影读等问题。
- 提交读（read committed）：提交读比未提交读多了一个提交的限制，但仍然可能会产生不可重复读和幻影读等问题。
- 可重复读（repeatable read）：可重复读保证在一个事务中重复读到的数据保持同样的值，避免了读脏数据和不可重复读的问题，但仍然可能会产生幻影读的问题。
- 可串行化（serializable）：可串行化是最高的隔离级别，完全避免了并发问题，但并发性能也会受到影响。

不同的隔离级别允许不同类型的并发操作，需要根据具体的应用场景来选择合适的隔离级别。

提示：幻影读（phantom read）指的是当一个事务在执行过程中两次执行相同的查询时，第二次查询可能返回第一次查询未曾出现过的行记录。这些新增的行就像是“从幻影中出现”一样，幻影读因此得名。

设置事务隔离级别的语法格式如下：

```
SET [GLOBAL| SESSION] TRANSACTION ISOLATION LEVEL
{SERIALIZABLE | REPEATABLE READ | READ COMMITED | READ UNCOMMITED};
```

说明：

- [GLOBAL | SESSION]：这个部分指明了隔离级别的范围。GLOBAL 指的是该隔离级别适用于所有的 SQL 用户，而 SESSION 仅适用于当前会话中的用户和当次连接。

- TRANSACTION ISOLATION LEVEL：这是指明要设置的事务隔离级别。

9.3.2 封锁机制

封锁是一种用于实现并发控制的技术，它通过对数据对象加锁来限制并发访问。当一个事务 T 需要对一个数据对象进行操作时，它会先向系统发出请求，请求对该数据对象加锁。一旦该数据对象被加锁，事务 T 就可以对其进行操作，而其他事务则不能更新该数据对象，直到事务 T 释放锁为止。这样可以保证事务 T 对数据对象的操作是原子性的，从而避免了并发访问导致的数据不一致问题。

1. 什么是锁

锁是用于控制并发访问数据库中同一资源的一种机制。锁有不同的类型，不同类型的锁之间有不同的相容性和互斥性。

1）锁的类型

锁的类型包括排他锁、共享锁和意向锁。

- 排他锁（exclusive locks，简记为 X）：排他锁是最严格的锁类型，它允许事务对数据对象进行读和写操作，但阻止其他事务对该对象进行任何操作。
- 共享锁（share locks，简记为 S）：共享锁只允许事务对数据对象进行读操作，并阻止其他事务对该对象进行写操作，但允许其他事务获取共享锁。
- 意向锁（intention locks）：意向锁分为意向共享锁（IS）和意向排他锁（IX），它表示事务有意向在某些数据上加共享锁或排他锁，但尚未真正执行操作。

2）锁的兼容性

在 MySQL 中，锁的类型之间的相容性或互斥性取决于不同的锁类型之间的交互。如果两个锁类型是相容的，那么一个事务可以同时持有这两种锁；如果两个锁类型是互斥的，那么一个事务在持有其中一个锁的同时，无法获取另一个锁。

表 9-1 展示了不同类型锁之间的相容性和互斥性关系。其中，符号“Y”表示相容，“N”表示互斥。

表 9-1 不同类型锁之间的相容性和互斥性关系

请求锁 持有锁	S	X	IS	IX
S	Y	N	Y	N
X	N	N	N	N
IS	Y	N	Y	Y
IX	N	N	Y	Y

3）封锁粒度

封锁粒度（lock granularity）是指封锁对象的大小，可以根据对数据处理方式的不同来封锁不同的逻辑或物理单元，如字段、记录、表、数据页、索引页和块等。

封锁粒度与系统的并发度和并发控制的开销密切相关。封锁粒度越小，系统中能被封锁的对象就越多，并发度越高，但封锁机构越复杂，系统开销就越大。相反，封锁粒度越大，系统中能够被封锁的对象就越少，并发度越小，封锁机构简单，相应的系统开销也就越小。因此，在实际应用中，选择封锁粒度应同时考虑封锁开销和并发度两个因素，对系统开销与并发度进行权衡，以求得最优的效果。一般来说，需要处理大量记录的用户事务可以以关系为封锁单元，而对于只处理少量记录的用户事务，可以以记录为封锁单位，从而提高并发度。

2. 封锁协议

在运用封锁机制时，需要约定何时开始封锁、封锁多长时间、何时释放等，这些封锁规则称为封锁协议（lock protocol）。并发操作可能会带来数据不一致问题，如丢失更新、读脏数据、不可重复读等，此时可以通过三级封锁协议给予不同程度的解决。

1）一级封锁协议

一级封锁协议是指事务在修改数据对象之前必须对其加 X 锁，直至事务结束。具体来说，任何事务在更新数据对象之前必须获取 X 锁，以便对数据对象进行更新并确保数据的一致性。如果某个事务没有获取到 X 锁，则必须等待直到锁被释放。一级封锁协议只在修改数据时加锁，而在读取数据时不加锁。虽然一级封锁协议能够避免丢失更新问题，但它不能防止读脏数据和不可重复读的情况。

2）二级封锁协议

二级封锁协议是在一级封锁协议的基础上增加了对读取数据对象的加锁和释放锁的操作。具体来说，事务 T 在读取数据对象 R 之前必须先对其加 S 锁，并在读取完成后立即释放 S 锁。这样做可以解决丢失更新问题和读脏数据问题，但是不能解决不可重复读的问题。因为二级封锁协议在读取完成后立即释放 S 锁，其他事务可以在该事务释放锁之后再次读取数据对象并获得 S 锁，从而导致不可重复读的问题。

3）三级封锁协议

三级封锁协议在二级封锁协议的基础上增加了对读取数据对象的加锁和释放锁的操作。事务 T 在读取数据对象 R 之前必须先对其加 S 锁，并在事务结束时才释放 S 锁。因此，三级封锁协议可以防止丢失更新、读脏数据和不可重复读等并发操作带来的数据不一致问题。

3. 死锁问题

死锁问题是指两个或多个事务在等待对方释放锁资源时，互相阻塞，导致无法继续执行下去而形成的一种僵局。当一个事务持有资源 A 并等待资源 B 时，另一个事务持有资源 B 并等待资源 A 时，就会发生死锁。

MySQL 提供了多种方法来解决死锁问题，主要有以下几种方法。

（1）使用低隔离级别：将事务隔离级别设置为低，可以减少锁的竞争，从而减少死锁的发生。但是，这可能会导致数据不一致的问题。

（2）优化事务操作顺序：尽量避免在事务中同时操作多个资源，可以减少锁的竞争。

例如，可以将多次查询合并为一次查询，或者将多次更新操作分批进行。

（3）调整事务超时时间：在事务执行过程中，可以设置一个合理的超时时间，如果超时则回滚事务，释放锁资源，避免死锁的发生。

（4）使用死锁检测和超时机制：MySQL提供了死锁检测和超时机制，可以在发现死锁时自动回滚事务并释放锁资源。MySQL中是通过设置参数来开启这些机制的。

（5）分析死锁日志：如果发生死锁，可以通过分析死锁日志来找到导致死锁的原因，并进行相应的优化。

MySQL的死锁问题可以通过多种方式解决，采用何种方法需要根据具体情况选择。而如何避免死锁问题，则需要在应用设计、事务顺序、锁定机制等方面进行调整，从而最大程度地减少死锁的发生。

习题

一、选择题

1．MySQL的事务不具有的特征是（　　）。

A．原子性　　B．隔离性　　C．一致性　　D．共享性

2．事务中能实现回滚的命令是（　　）。

A．TRANSACTION　　B．COMMIT

C．ROLLBACK　　D．SAVEPOINT

3．下列（　　）不属于事务的并发控制会导致的问题。

A．可重复读　　B．丢失更新

C．读脏数据　　D．读写冲突

4．事务的隔离级别不包括（　　）。

A．READ UNCOMMITTED　　B．READ COMMITTED

C．REPEATABLE READ　　D．REPEATABLE ONLY

5．MySQL中常见的锁类型不包括（　　）。

A．共享　　B．意向　　C．架构　　D．排他

6．死锁发生的原因是（　　）。

A．并发控制　　B．服务器故障

C．数据错误　　D．操作失误

二、操作题

1．使用事务将test1数据库中两个表格table1、table2中的信息删除，要避免两个表数据状态不一致。

2．使用事务对test1数据库中的表table1执行3次插入数据的操作，在第1次插入数据结束后设置保存点，第2次插入数据结束后回滚至保存点，然后进行第3次插入数据的操作，提交事务。最后查看数据表table1中的内容。

>> 模块 10

MySQL 安全管理

学习目标

（1）了解权限表的概念，掌握用户管理的方法，掌握授予用户权限和收回权限的方法。

（2）掌握备份数据和恢复数据的方法，掌握导出和导入表数据的方法。

重点和难点

1. 重点

（1）用户管理的方法。

（2）授予用户权限和收回权限的方法。

（3）备份数据和恢复数据的方法。

扫码获取

•配套资源 •系统教程

•专项实战 •学习笔记

2. 难点

授予用户权限和收回权限的方法，备份数据和恢复数据的方法。

导言

数据库中存储的数据可能涉及个人隐私、商业机密等敏感信息，数据是企业和个人的重要财产。在学习 MySQL 的基础操作的过程中，同学们应该树立正确的数据安全观，了解数据库的安全性和保密性，遵守相关法规和规范，确保数据不被泄露或滥用。在进行 MySQL 的数据操作时，同学们应该树立数据保护意识，加强对数据的保护和管理，防止数据被恶意攻击或滥用；同时应该掌握数据备份和恢复的方法，提高信息安全意识。

10.1 用户与权限管理

MySQL 提供了两个模块来实现数据库资源的安全访问控制，即身份认证模块和权限验证模块。身份认证模块用于验证数据库用户登录主机时的身份，只有通过身份认证的数据库用户才能成功连接 MySQL 服务器并发送 MySQL 命令或 SQL 语句。权限验证模块用于验证 MySQL 账户是否有权执行该 MySQL 命令或 SQL 语句，以确保数据库资源被正确地访问或执行。

10.1.1 权限表

MySQL 服务器使用权限表来控制用户对数据库的访问，其中最重要的权限表是 user 表、db 表、tables_priv 表、columns_priv 表和 proc_priv 表。

1. user 表

user 表是 MySQL 的权限表中最重要的一个表，用于记录允许连接到服务器的用户账号信息，包含 51 个字段，可以分为用户列、权限列、安全列和资源控制列。

用户列：用户列包含三个常用字段：Host、User 和 authentication_string。其中，Host 表示连接的主机名，User 表示用户名，authentication_string 表示密码。当用户与服务器建立连接时，MySQL 会根据这三个字段来验证连接的主机名、用户名和密码是否存在。如果存在，则通过身份验证，否则拒绝连接。

权限列：在 MySQL 的 user 表中，有几十个以 _priv 结尾的与权限有关的字段。这些权限不仅包括查询权限和修改权限等普通权限，还包括关闭服务器权限、超级权限和加载用户等高级权限。这些字段的值只有 Y 或 N，其中 Y 表示该用户具有对应的权限，N 表示该用户没有对应的权限。默认情况下，这些权限值都是 N，表示用户没有对应的权限。可以使用 GRANT 语句为用户授予相应的权限。

安全列：安全列包含 12 个字段，其中 2 个字段与 SSL 加密相关，2 个字段与 X509 证书相关，其他 8 个字段与授权插件和密码相关。SSL 用于加密连接，X509 标准用于标识用户身份，plugin 字段用于验证用户身份。这些字段的作用是确保用户连接到 MySQL 服务器时的安全性。

资源控制列：资源控制列用于限制用户使用的资源，包含 4 个字段：max_questions、max_updates、max_connections 和 max_user_connections。这些字段分别指定了用户每小时允许执行的查询操作次数、更新操作次数、连接操作次数以及同时建立的连接数的最大值。默认值为 0，表示没有限制。如果设定了限制，若用户在一个小时内执行的查询或连接操作的次数超过了限制，用户将被锁定，直到下一个小时才能再次执行相应的操作。用户可以使用 GRANT 语句来更新这些字段的值。

2. db 表

在 MySQL 中，db 表是一个非常重要的权限表，它存储了用户对特定数据库的操作权限。该表的字段主要分为两类：用户列和权限列。

- 用户列：用户列包括 Host、Db 和 Select_priv 等字段，用于确定用户可以访问的主机和数据库，以及可以执行的操作。
- 权限列：权限列包括 Table_priv、Column_priv 和 Routine_priv 等字段，用于指定用户可以操作的表、列和存储过程等。

db 表的使用非常频繁，可以通过 GRANT 语句来授予或撤销用户的权限。

在 MySQL 中，user 表中的权限是全局的，即对所有数据库都有效。如果需要限制某个用户只能对某个数据库进行操作，则需要将 user 表中对应的权限字段值设置为 N，并在该用户所在的数据库（即 db 表）中设置相应的权限。

3. tables_priv 表

tables_priv 表用于设置单个表的操作权限，包含了 8 个字段。这 8 个字段的含义如下：

- Host、Db、User、Table_name：分别表示主机名、数据库名、用户名和表名。
- Grantor：表示修改该记录的用户。
- Timestamp：表示修改该记录的时间。
- Table_priv：表示对表进行操作的权限，包括 Select、Insert、Update、Delete、Create、Drop、Grant、References、Index 和 Alter 等。
- Column_priv：表示对表中的列进行操作的权限，包括 Select、Insert、Update 和 References 等。

4. columns_priv 表

columns_priv 表用于设置表中某一列的操作权限，包括 Host、Db、User、Table_name、Column_name、Timestamp、Column_priv 这 7 个字段。其中，Column_name 字段用于指定具有操作权限的数据列。

5. proc_priv 表

proc_priv 表用于设置存储过程或存储函数的操作权限，包括以下 8 个字段。

- Host：表示主机名。
- Db：表示数据库名。
- User：表示用户名。
- Routine_name：表示存储过程或存储函数的名称。
- Routine_type：表示存储过程或存储函数的类型，包括 function 和 procedure 两种类型。
- Grantor：表示插入或修改该记录的用户。
- Proc_priv：表示拥有的权限，包括 Execute、Alter Routine、Grant 三种。
- Timestamp：表示存储记录更新的时间。

在 MySQL 中，权限是按照 user 表、db 表、tables_priv 表和 columns_priv 表的顺序进行分配的。在数据库系统中，会先判断 user 表中的值是否为 Y，如果为 Y，则不需要检查后面的表；如果 user 表中的值为 N，则依次检查 db 表、tables_priv 表和 columns_priv 表。

10.1.2 用户管理

安装 MySQL 后，会自动创建一个 root 超级管理员账户，该账户用于管理 MySQL 服务器的全部资源。为了避免恶意用户冒用 root 账号操控数据库，通常需要创建一系列具有适当权限的账号，尽可能地不用或者少用 root 账号登录系统，以确保数据安全。为了防止非授权用户对数据库进行存取，DBA 可以创建登录用户、修改用户信息及删除用户。

1. 创建用户

在 MySQL 数据库中，创建用户主要通过 CREATE USER 语句实现，使用该语句创建用户时不赋予任何权限，需要通过 GRANT 语句分配权限。CREATE USER 语句的语法格式如下：

```
CREATE USER <用户> [ IDENTIFIED BY '密码']
[, <用户> [IDENTIFIED BY '密码']];
```

说明：

- 用户的格式：用户名 @ 主机名。主机名即用户连接 MySQL 时所在主机的名称。如果在创建时只给出了账号的用户名，而没有指定主机名，则主机名会默认为“%”，表示一组主机；localhost 表示本地主机。
- IDENTIFIED BY 子句用于指定创建用户时的密码。

2. 修改用户密码

在 MySQL 中，用户包括 root 用户和普通用户。root 用户拥有最高权限，因此必须保证 root 用户的密码安全。在创建普通用户后，允许对其密码进行修改。

可以使用 SET PASSWORD 语句修改 root 用户和普通用户的登录密码。语法格式如下：

```
SET PASSWORD FOR <用户> = '新密码';
```

3. 修改用户名

修改已经存在的普通用户的用户名，可以使用 RENAME USER 语句。语法格式如下：

```
RENAME USER <旧用户名> TO <新用户名> [,旧用户名 TO 新用户名] [, ...];
```

4. 删除用户

使用 DROP USER 语句可删除一个或多个 MySQL 用户，并撤销其权限。语法格式如下：

```
DROP USER <用户> [,...];
```

【例 10-1】用户操作。

步骤 1：创建一个用户名为“user1”、密码为“123456”的用户。SQL 语句如下：

```
CREATE USER user1 IDENTIFIED BY '123456';
```

创建的新用户的信息保存在系统数据库 mysql 的 user 表中，可以使用 SELECT 语句查看 user 表来查看用户 user1 的信息。SQL 语句如下：

```
USE mysql;
SELECT * FROM user WHERE user = 'user1';
```

执行结果如图 10-1 所示。

```
mysql> CREATE USER user1 IDENTIFIED BY '123456';
Query OK, 0 rows affected (0.01 sec)

mysql> USE mysql;
Database changed
mysql> SELECT * FROM user WHERE user = 'user1';
+------+-------+-------------+-------------+-------------+-------------+
| Host | User  | Select_priv | Insert_priv | Update_priv | Delete_priv |
+------+-------+-------------+-------------+-------------+-------------+
| %    | user1 | N           | N           | N           | N           |
+------+-------+-------------+-------------+-------------+-------------+
1 row in set (0.00 sec)
```

图 10-1　创建用户和查看用户信息

步骤 2：修改用户 user1 的密码为“654321”。SQL 语句如下：

```
SET PASSWORD FOR user1 = '654321';
```

步骤 3：修改用户名 user1 为“local”。SQL 语句如下：

```
RENAME USER user1 TO local;
```

再次查看执行结果，如图 10-2 所示。

```
mysql> SET PASSWORD FOR user1 = '654321';
Query OK, 0 rows affected (0.01 sec)

mysql> RENAME USER user1 TO local;
Query OK, 0 rows affected (0.01 sec)
mysql> SELECT * FROM user WHERE user = 'local';
+------+-------+-------------+-------------+-------------+-------------+
| Host | User  | Select_priv | Insert_priv | Update_priv | Delete_priv |
+------+-------+-------------+-------------+-------------+-------------+
| %    | local | N           | N           | N           | N           |
+------+-------+-------------+-------------+-------------+-------------+
1 row in set (0.00 sec)
```

图 10-2　修改用户密码和用户名

步骤 4：删除用户 local。SQL 语句如下：

```
DROP USER local;
```

此时查看用户信息，结果如图 10-3 所示。可以看到，删除用户后，用户信息为空。

```
mysql> DROP USER local;
Query OK, 0 rows affected (0.01 sec)

mysql> SELECT * FROM user WHERE user = 'local';
Empty set (0.00 sec)
```

图 10-3　删除用户并查看执行结果

10.1.3 权限管理

MySQL 的权限管理是对登录用户进行权限验证的过程，所有用户的权限都存储在

MySQL 的权限表中。为了保障数据库系统的安全性，必须实施合理的权限管理，否则 MySQL 服务器会面临安全隐患。MySQL 数据库中存储着不同类型的权限，这些权限在 MySQL 启动时由服务器从权限表中读取并加载到内存中。

1. MySQL 的权限类型

在 MySQL 中，可供授予的权限分为以下几个类型。

- 全局权限：全局权限适用于一个给定服务器中的所有数据库，这些权限存储在 mysql.user 表中。
- 数据库权限：数据库权限适用于一个给定数据库中的所有目标，这些权限存储在 mysql.db 和 mysql.host 表中。
- 表权限：表权限适用于一个给定表中的所有列，这些权限存储在 mysql.tables_priv 表中。
- 列权限：列权限适用于一个给定表中的单一列，这些权限存储在 mysql.columns_priv 表中。
- 子程序权限：在 MySQL 中，用于管理子程序的权限可以授予用户或者角色，并且可以在不同的表中进行存储。这些权限被称为“存储过程或函数级别的权限”，并且存储在 mysql.procs_priv 表中。

在 MySQL 中，可以被授予和取消的权限类型如表 10-1 所示。

表 10-1　MySQL 提供的常见权限

权限名称	说明
USAGE	连接（登录）权限，创建用户时会自动授予
SELECT	查询权限
CREATE	创建表权限
CREATE ROUTINE	创建子程序权限，当授予此权限时，会自动授予 EXECUTE、ALTER ROUTINE 权限给创建者
CREATE TEMPORARY TABLES	创建临时表权限
CREATE VIEW	创建视图权限
CREATE USER	创建用户权限，要使用此权限，必须拥有 MySQL 数据库的全局 CREATE USER 权限，或拥有 INSERT 权限
INSERT	插入权限
ALTER	修改权限
ALTER ROUTINE	修改子程序权限
UPDATE	更新权限
DELETE	删除表中记录权限
DROP	删除数据库或表权限
SHOW DATABASES	查看数据库权限，通过此权限只能看到该用户拥有的数据库，除非其拥有全局 SHOW DATABASES 权限

（续表）

权限名称	说明
SHOW VIEW	查看视图权限，拥有此权限，才能执行 SHOW CREATE VIEW 语句
INDEX	创建或删除索引权限
EXECUTE	执行权限
LOCK TABLES	锁定表权限
REFERENCES	外键约束权限
RELOAD	重新加载权限
REPLICATION CLIENT	拥有此权限可以查询主服务器、从服务器的状态
REPLICATION SLAVE	拥有此权限可以查看从服务器，从主服务器读取二进制日志
SHUTDOWN	关闭 MySQL 权限
GRANT OPTION	拥有此权限可以将自己拥有的权限授予其他用户
FILE	系统文件权限
SUPER	超级权限
PROCESS	通过这个权限，用户可以执行 SHOW PROCESSLIST 和 KILL 命令

2. 授予权限

在 MySQL 中，使用 GRANT 语句可以授予或撤销用户或角色对数据库中的表、视图、存储过程等对象的权限，还可以指定用户身份验证选项、连接方式和资源控制选项。GRANT 语句的语法格式如下：

```
GRANT
<权限类型> [字段列表] [,权限类型 [字段列表]] ...
ON [目标类型] <权限级别>
TO <用户名> [用户身份验证选项] [,<账户名> [用户身份验证选项]] ...
[REQUIRE <连接方式>]
[WITH {GRANT OPTION | <资源控制选项>}]
```

说明：

- <权限类型>：授予用户或角色的权限类型，如 SELECT、INSERT、UPDATE、DELETE 等。多个权限类型之间用逗号分隔。若授予用户所有的权限（ALL)，则该用户便为超级用户账户，具有完全的权限。
- [字段列表]：可选参数，指定授予权限的表字段。多个字段之间用逗号分隔。
- <目标类型>：授予权限的目标类型，如表、视图、存储过程等。如果省略，则默认为当前数据库。
- <权限级别>：授予权限的级别，如 SELECT、INSERT、UPDATE、DELETE 等。如果省略，则默认为全局级别。
- <用户名>：要授予权限的用户或角色名称。
- [用户身份验证选项]：可选参数，指定用户身份验证选项，如 IDENTIFIED BY

'password'。

- REQUIRE <连接方式>：可选参数，指定连接方式，如 @'localhost' IDENTIFIED BY 'password'。
- [WITH {GRANT OPTION | <资源控制选项>}]：可选参数，指定资源控制选项，如 GRANT OPTION、REPLICATION CLIENT、REPLICATION SLAVE 等。其中，GRANT OPTION 用于指定授权选项，允许被授权的用户将权限授予其他用户。

3. 收回权限

在 MySQL 中，为了保障数据库的安全性，当发现某个用户拥有不必要的权限时，需要及时收回该权限。为此，MySQL 提供了 REVOKE 语句，用于收回指定用户的权限。其基本语法格式与 GRANT 语句相似，具体如下：

```
REVOKE <权限类型> [(字段列表)] [,<权限类型> [(字段列表)]] …
ON <目标类型> <权限级别> FROM <用户名> [,<账户名>] …
```

其中，权限类型、目标类型和权限级别与 GRANT 语句中的参数相同，用于指定需要收回的权限类型、目标对象和权限级别。字段列表用于指定需要收回的权限所在的表和字段。用户名用于指定需要收回权限的具体用户或角色。

需要注意的是，收回权限可能会影响到用户的正常操作，因此应该在确保不会对用户造成影响的前提下进行。

4. 刷新权限

刷新权限是指通过重新加载 MySQL 系统数据库中的权限表来更新用户的权限。由于 GRANT、CREATE USER 等操作会将服务器缓存的信息保存在内存中，而 REVOKE、DROP USER 等操作不会将这些信息同步到内存，因此可能会导致服务器内存的消耗。基于以上原因，建议在执行 REVOKE、DROP USER 操作后，使用 MySQL 提供的 FLUSH PRIVILEGES 命令来重新加载用户的权限，SQL 语句如下：

```
FLUSH PRIVILEGES;
```

执行该命令后，服务器的权限及缓存将被刷新，从而更新用户的权限信息。

10.2 数据库备份与恢复

尽管数据库管理系统采取了多种措施来确保数据的安全性和完整性，但仍然会因为一些异常情况，导致数据失去正确性，甚至导致数据库被破坏和数据丢失。数据库中的数据丢失或被破坏的原因可能有以下几种。

（1）计算机硬件故障：由于硬盘等存储设备出现故障，可能会导致存储在其中的数据丢失。

（2）计算机软件故障：由于软件使用不当或软件本身的设计问题，可能会导致数据损坏。

（3）病毒攻击：病毒可能会破坏计算机系统、软件和数据。

（4）人为误操作：例如，用户误删除或修改数据，可能会导致数据丢失或损坏。

（5）自然灾害：不可抗力因素，例如洪水、地震等自然灾害，可能会破坏计算机系统和数据。

因此，数据库管理系统应提供一种将数据库从错误状态恢复到某个正确状态的功能，这就是数据库的恢复。恢复是基于备份的，MySQL 的备份和恢复功能为存储在 MySQL 数据库中的关键数据提供了重要的保护手段。

备份和恢复数据库不仅可以用于保护数据，还可以用于将数据库从一个服务器移动或复制到另一个服务器。MySQL 可以通过多种方式对数据库进行备份，包括数据导出、二进制日志文件和数据库复制。在主从复制模式下，一个服务器作为主服务器，其他服务器作为从服务器，从而确保数据的可靠性和一致性。

10.2.1 备份数据

MySQL 提供了一些免费的客户端应用程序用以对数据库进行访问和管理，它们保存在 MySQL 安装目录下的 bin 子目录（如 C:\Program Files\MySQL\MySQL Server 8.0\bin）中。mysqldump.exe 便是其中一个，是 MySQL 提供的用于备份数据库的实用工具。

mysqldump 可以将数据库中的数据备份成文本文件，并将表的结构和数据存储在这个文件中。mysqldump 的工作原理是先获取需要备份的表的结构，并在文本文件中生成一个 CREATE 语句，然后将表中的所有记录转换为一条 INSERT 语句。这些 CREATE 语句和 INSERT 语句用于还原数据。

mysqldump 程序可以实现备份单个数据库中的所有表或某个表，以及备份多个或全部数据库等操作。

1. 备份单个数据库中的所有表

使用 mysqldump 备份单个数据库中的所有表的命令格式如下：

```
mysqldump -u 用户名 -h 主机名 -p 数据库名 > 备份文件名 .sql
```

其中，用户名是连接数据库时使用的用户名，数据库名是要备份数据的数据库名称，备份文件名是备份时所产生的文件的名称。

【例 10-2】使用 mysqldump 命令备份数据库 products，将备份文件保存在 D 盘的 sqls 文件夹中，并命名为 products.sql。

步骤 1：在 D 盘创建 sqls 文件夹。

步骤 2：备份数据库 products。命令如下：

```
mysqldump -u root -h localhost -p products>d:\sqls\products.sql
```

上述命令执行完毕后，可以看到 D 盘的 sqls 文件夹中出现了一个名为“products.sql”的文件，使用文本编辑器打开该文件，文件内容如图 10-4 所示。

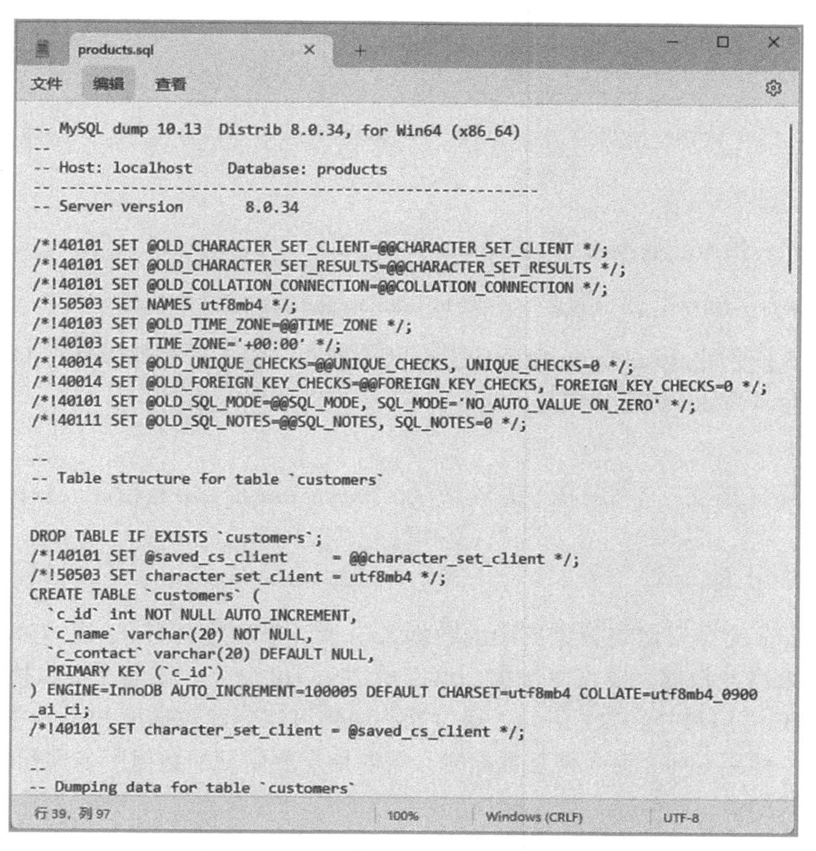

```
products.sql
文件 编辑 查看

-- MySQL dump 10.13  Distrib 8.0.34, for Win64 (x86_64)
--
-- Host: localhost    Database: products
-- ------------------------------------------------------
-- Server version	8.0.34

/*!40101 SET @OLD_CHARACTER_SET_CLIENT=@@CHARACTER_SET_CLIENT */;
/*!40101 SET @OLD_CHARACTER_SET_RESULTS=@@CHARACTER_SET_RESULTS */;
/*!40101 SET @OLD_COLLATION_CONNECTION=@@COLLATION_CONNECTION */;
/*!50503 SET NAMES utf8mb4 */;
/*!40103 SET @OLD_TIME_ZONE=@@TIME_ZONE */;
/*!40103 SET TIME_ZONE='+00:00' */;
/*!40014 SET @OLD_UNIQUE_CHECKS=@@UNIQUE_CHECKS, UNIQUE_CHECKS=0 */;
/*!40014 SET @OLD_FOREIGN_KEY_CHECKS=@@FOREIGN_KEY_CHECKS, FOREIGN_KEY_CHECKS=0 */;
/*!40101 SET @OLD_SQL_MODE=@@SQL_MODE, SQL_MODE='NO_AUTO_VALUE_ON_ZERO' */;
/*!40111 SET @OLD_SQL_NOTES=@@SQL_NOTES, SQL_NOTES=0 */;

--
-- Table structure for table `customers`
--

DROP TABLE IF EXISTS `customers`;
/*!40101 SET @saved_cs_client     = @@character_set_client */;
/*!50503 SET character_set_client = utf8mb4 */;
CREATE TABLE `customers` (
  `c_id` int NOT NULL AUTO_INCREMENT,
  `c_name` varchar(20) NOT NULL,
  `c_contact` varchar(20) DEFAULT NULL,
  PRIMARY KEY (`c_id`)
) ENGINE=InnoDB AUTO_INCREMENT=100005 DEFAULT CHARSET=utf8mb4 COLLATE=utf8mb4_0900
_ai_ci;
/*!40101 SET character_set_client = @saved_cs_client */;

--
-- Dumping data for table `customers`
行 39, 列 97    100%    Windows (CRLF)    UTF-8
```

图 10-4　备份的 products.sql 文件内容

2. 备份单个数据库中的某个表

mysqldump 命令也可以只备份数据库中指定的某个表，命令格式如下：

```
mysqldump -u 用户名 -h 主机名 -p 数据库名 [数据表名 [,数据表名]...]>备份文件名.sql
```

【例 10-3】使用 mysqldump 命令备份数据库 products 中的 fruits 表，将备份文件保存在 D 盘的 sqls 文件夹中，并命名为 tb_p_f.sql。

命令如下：

```
mysqldump -u root -h localhost -p products fruits>d:\sqls\tb_p_f.sql
```

3. 备份多个数据库

除可以备份单个数据库和数据表之外，mysqldump 命令还可以备份多个数据库。备份多个数据库的命令格式如下：

```
mysqldump -u 用户名 -h 主机名 -p --databases 数据库名 [数据库名 ...]>备份文件名.sql
```

其中，数据库名指要备份的数据库的名称，数据库名之间以空格分隔。

【例 10-4】使用 mysqldump 命令备份数据库 test 和数据库 student，将备份文件保存在D盘的sqls文件夹中，并命名为db_t_s.sql。

命令如下：

```
mysqldump -u root -h localhost -p --databases test student>d:\sqls\db_t_s.sql
```

4. 备份全部数据库

备份全部数据库的命令格式如下：

```
mysqldump -u 用户名 -h 主机名 -p --all-databases> 备份文件名 .sql
```

【例 10-5】使用mysqldump命令备份全部数据库，将备份文件保存在D盘的sqls文件夹中，并命名为db_all.sql。

命令如下：

```
mysqldump -u root -h localhost -p --all-databases>d:\sqls\db_all.sql
```

10.2.2 恢复数据

mysqldump命令可以将数据库中的数据备份为一个扩展名为.sql的文本文件，以便在需要时用来恢复数据。要恢复数据，可以使用mysql命令，该命令可以执行备份文件中的CREATE语句和INSERT语句，通过这些语句可以创建数据库和表，并将备份的数据插入表中。使用mysql命令恢复数据时，需要指定要恢复的数据库名称和备份文件名，具体命令格式如下：

```
mysql -u 用户名 -p [数据库名]< 备份文件名 .sql
```

其中，用户名是连接数据库时使用的用户名，数据库名是要恢复数据的数据库名称，备份文件名是用于恢复数据的备份文件的名称。在执行命令后，系统会提示输入密码，输入正确的密码后，mysql命令会自动执行备份文件中的语句，将备份的数据恢复到数据库中。

【例 10-6】在上一节中备份数据库test和数据库student为db_t_s.sql文件后，将这两个数据库删除，然后使用mysql命令恢复这两个数据库。

步骤1：删除数据库test和数据库student。命令如下：

```
DROP DATABASE test;
DROP DATABASE student;
```

步骤2：恢复数据库test和数据库student。命令如下：

```
mysql -u root -p< d:\sqls\db_t_s.sql
```

10.2.3 表数据的导出与导入

MySQL数据库提供了将表数据导出为文本文件、XML文件或HTML文件的功能，同时也支持将文本文件导入数据库中。在数据库维护过程中，经常需要进行表的导出和导入操作。使用SELECT...INTO OUTFILE语句可以将表数据导出为文本文件，同时使用LOAD DATA...INFILE语句可以将备份的数据恢复到数据库中。需要注意的是，这种方法只能导出或导入数据的内容，而无法导出表的结构信息。如果表的结构信息损坏，就必须先恢复原来表的结构才能进行数据的导入操作。

1. 使用 SELECT…INTO OUTFILE 语句导出文本文件

导出文本文件的语法格式如下：

```
SELECT <字段列表> FROM <数据表名>
WHERE <条件表达式> INTO OUTFILE '<文件名>'
[OPTIONS]
```

其中，可选的 OPTIONS 参数包括 FIELDS 和 LINES 子句，用于指定导出文件的格式。OPTIONS 的选项如下：

- FIELDS TERMINATED BY 'value'：用于设置字段之间的分隔符，可以为单个或多个字符。默认情况下，字段之间以制表符“\t”分隔。
- FIELDS [OPTIONALLY] ENCLOSED BY 'value'：用于设置字段的包围字符。如果使用了 OPTIONALLY，则只有 CHAR 和 VARCHAR 等字符数据类型的字段才会被包含。默认情况下，不使用包围字符。
- FIELDS ESCAPED BY 'value'：用于设置如何写入或读取特殊字符。只能为单个字符，即设置转义字符。默认值为“\”。
- LINES STARTING BY 'value'：用于设置每行数据开头的字符，可以为单个或多个字符。默认情况下，不使用任何字符作为每行数据的开头。
- LINES TERMINATED BY 'value'：用于设置每行数据结尾的字符，可以为单个或多个字符。默认情况下，每行数据以换行符“\n”结尾。

使用 SELECT...INTO OUTFILE 语句可以快速地将查询结果导出到服务器上的文件中，便于备份和恢复数据。但是，如果要将结果导出到客户端主机上的文件中，应该使用其他方法，如使用命令行工具将查询结果输出到文件中。

2. 使用 LOAD DATA INFILE 语句导入文本文件

使用 SELECT...INTO OUTFILE 语句导出文本文件后，要恢复此文件中的数据，需要使用 LOAD DATA INFILE 语句。该语句的语法格式如下：

```
LOAD DATA INFILE '文件名.txt' INTO TABLE <数据表名>
[OPTIONS]
[IGNORE <number> LINES]
```

其中，OPTIONS 参数是可选的，并且可以包含以下子句。

- FIELDS TERMINATED BY 'value'：用于设置字段之间的分隔符，可以为单个或多个字符。默认情况下，字段之间以制表符“\t”分隔。
- FIELDS [OPTIONALLY] ENCLOSED BY 'value'：用于设置字段的包围字符。如果使用了 OPTIONALLY，则只有 CHAR 和 VARCHAR 等字符数据类型的字段才会被包括。默认情况下，不使用包围字符。
- FIELDS ESCAPED BY 'value'：用于设置如何写入或读取特殊字符。只能为单个字符，即设置转义字符。默认值为“\”。

- LINES STARTING BY 'value'：用于设置每行数据开头的字符，可以为单个或多个字符。默认情况下，不使用任何字符作为每行数据的开头。
- LINES TERMINATED BY 'value'：用于设置每行数据结尾的字符，可以为单个或多个字符。默认情况下，每行数据以换行符“\n”结尾。

IGNORE <number> LINES：用于忽略文件开始处的行数，number 表示要忽略的行数。

需要注意的是，执行 LOAD DATA INFILE 语句需要具有 FILE 权限。

习题

一、选择题

1．在 MySQL 的权限表中，用于记录允许连接到服务器的用户账号信息的是（　　）。

A．db 表　　B．user 表　　C．tables_priv 表　　D．columns_priv 表

2．在 MySQL 数据库中，创建用户主要通过（　　）语句实现。

A．CREATE USER　　B．SET PASSWORD

C．RENAME USER　　D．DROP USER

3．在 MySQL 中，可供授予的权限的类型不包括（　　）。

A．表权限　　B．全局权限　　C．数据权限　　D．数据库权限

4．在 MySQL 中，为了保障数据库的安全性，可以使用（　　）语句收回权限。

A．DELETE　　B．GRANT　　C．REQUIRE　　D．REVOKE

5．在 MySQL 中，用于备份数据库的实用工具是（　　）。

A．mysqlslap.exe　　B．mysqldump.exe

C．mysql_upgrade.exe　　D．mysql_secure_installation.exe

二、操作题

1．创建一个用户名为 account、密码为 pwd123 的新用户，该用户通过本地主机连接数据库。然后进行如下操作：

（1）授权 account 用户对数据库 products 中的 fruits 表的 SELECT 和 INSERT 权限，并授权该用户对 fruits 表中 f_price、f_quantity 字段的 UPDATE 权限。

（2）更改 account 用户的密码为 newpwd。

（3）使用 FLUSH PRIVILEGES 命令重新加载权限表。

（4）收回 account 账户的权限。

（5）删除 account 账户。

2．备份数据库 products 中的 customers 数据表和 orders 数据表，然后删除两个表中的内容，最后恢复两个数据表。

3．导出 orders 表中的记录。

>> 模块 11

数据库设计

学习目标

（1）了解数据库设计的概念，熟悉数据库设计的方法。

（2）掌握数据库设计的过程，能够独立设计数据库。

重点和难点

1. 重点

（1）数据库设计的概念，数据库设计的方法。

（2）数据库设计的过程。

2. 难点

数据库设计的过程。

扫码获取

•配套资源 •系统教程

•专项实战 •学习笔记

导言

在信息化时代，数据已经成为企业和组织的重要资源，能够有效地存储、管理、查询和更新数据的系统对于企业和组织的发展至关重要。一个好的数据库设计可以帮助企业和组织更好地管理和利用数据，提高工作效率和竞争力，推动行业的发展和进步。通过数据库设计和管理，可以更好地支持政府和企业的决策和运营，促进社会经济的发展和进步，提高人民生活水平和幸福感。在实现全面建设社会主义现代化强国和实现第二个百年奋斗目标的过程中，数据库设计也扮演着重要的角色。

11.1 数据库设计概述

MySQL 适用于 Web 应用程序、企业级应用程序、数据分析和挖掘、游戏开发、移动应用程序、电子商务和云计算等各种应用场景，具有高可用性、可扩展性和性能优异等特点，可以处理大量的并发请求，支持复杂的数据分析和挖掘操作，而且因为其开源的特点，具有广泛的社区支持和贡献，可以不断地更新和优化。

1. 数据库设计的概念

数据库设计是指在具备了 DBMS、系统软件、操作系统和硬件环境的前提下，对数据库应用开发人员而言，如何使用这些环境来满足用户需求，并构造最优的数据模型，然后据此建立数据库及其应用系统的过程。广义上讲，数据库设计包括设计整个数据库应用系统，狭义上讲，数据库设计是指设计数据库的各级模式并建立数据库，这是数据库应用系统设计的一部分。在实际的系统开发项目中，设计一个好的数据库结构是应用系统的基础，与设计一个好的数据库应用系统密不可分。

2. 数据库设计的方法

数据库设计的方法有多种，包括新奥尔良设计方法、基于 E-R 模型的设计方法、基于 3NF 的设计方法和 ODL 方法。其中，新奥尔良设计方法将数据库设计分为 4 个阶段，注重数据库结构设计；基于 E-R 模型的设计方法在需求分析的基础上，采用 E-R 模型设计数据库的概念模型；基于 3NF 的设计方法以关系数据库设计理论为指导，设计数据库的逻辑模型；ODL 方法是面向对象的数据库设计方法，用面向对象的概念和术语来说明数据库结构。此外，还有许多数据库设计工具可供选择，如 SAP 公司的 PowerDesigner 和甲骨文公司的 Oracle Designer 等。

11.2 数据库设计过程

在进行数据库设计之前，需要确定参与设计的人员，包括系统分析人员、数据库设计人员、应用开发人员、数据库管理员和用户代表。系统分析人员和数据库设计人员是数据库设计的核心人员，他们的水平决定了数据库系统的质量。用户和数据库管理员在数据库设计中也非常重要，他们主要参与需求分析和数据库的运行与维护。应用开发人员负责编制程序和准备软硬件环境，他们在系统实施阶段参与进来。

按照规范的设计方法，同时考虑数据库及其应用系统开发的全过程，数据库设计可以分为 6 个阶段：需求分析、概念设计、逻辑设计、物理设计、数据库实施，以及数据库的运行和维护。这些阶段构成了数据库设计的过程，如图 11-1 所示。

在需求分析阶段，设计人员需要了解和分析用户的需求，明确系统的目标和要实现的功能。在概念设计阶段，设计人员需要设计一个与具体数据库管理系统无关的概念模型，即 E-R 模型。在逻辑设计阶段，设计人员需要将概念结构转换为具体数据库管理系统所支持的数据模型。在物理设计阶段，设计人员需要为逻辑数据模型选取一个最适合应用环境的物理结构。在数据库实施阶段，设计人员需要运用数据库管理系统提供的数据库语言和宿主语言，根据逻辑设计和物理设计的结果建立数据库，编写和调试应用程序，组织数据入库和试运行。最后，在数据库运行和维护阶段，设计人员需要对数据库进行评估调整和修改，并不断地进行改进。

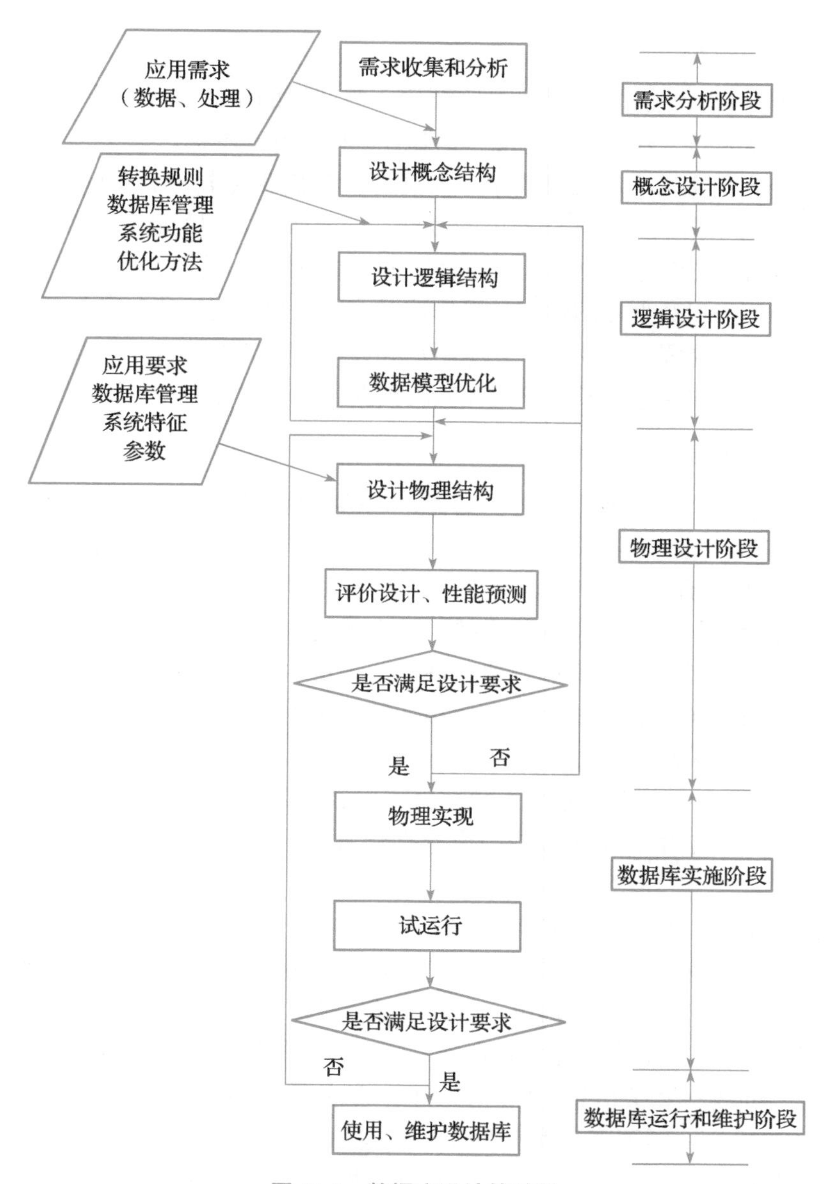

图 11-1　数据库设计的过程

下面分别讲解这 6 个阶段。

11.2.1 需求分析

了解用户需求是数据库设计的第一步。用户通常对自己的业务非常熟悉，但却往往难以清晰地表达他们的需求，而设计人员可能对用户的业务不够熟悉，也难以准确地将用户的需求转化成数据模型。因此，设计人员需要通过与用户沟通和交流来了解他们的需求，并尽可能详细地记录下来，在此基础上，才能进行后续的数据库设计和开发工作。

1. 需求分析的内容

在进行数据库设计之前，开发人员需要确定被开发的系统需要做什么，需要存储和使用哪些数据，需要什么样的运行环境并达到什么样的性能指标。

需求分析分为信息需求、处理需求、安全性和完整性要求三个方面。其中，信息需求描述了用户将向数据库中输入和输出的数据，以及数据之间的联系；处理需求描述了系统需要执行的操作功能和优先级，以及用户响应的时间和处理方式；安全性和完整性要求描述了不同用户对数据库的使用和操作情况，以及数据之间的关联关系和取值范围。需求分析阶段的输出是需求说明书，它是用户和设计者之间的“合同”，设计者以其为依据进行数据库设计，最后也以其为测试和验收数据库的依据。

2. 需求分析的方法

进行需求分析时，有多种方法可供选择，包括检查文档、问卷调查、同用户交谈和现场调查等。其中，检查文档可以更深入地了解与原系统有关的业务信息；问卷调查可以收集用户的职责范围、业务工作目标结果、业务处理过程与使用的数据、与其他业务工作的联系等信息；同用户交谈是最直接、最有效的方法，可以了解各业务功能、逻辑与使用的数据、执行管理等方面的规律；现场调查可以深入了解用户的业务活动，收集有关的资料以弥补前面工作的不足。在使用任何一种方法时，都需要用户积极参与和配合。通常，需要同时采用多种方法，以获得全面的信息。

【例 11-1】为设计一个学生选课系统数据库而进行需求分析。

步骤 1：通过与学生、授课教师、系统操作者等进行交谈及发放调查问卷等方式，收集需求信息。

步骤 2：对收集的信息进行分析，记录如下：

- 用户登录和权限管理：需要实现用户的注册、登录、密码找回等功能，并设置不同等级的用户权限，如管理员、教师、学生等。
- 学生信息管理：需要存储学生的个人信息，如学号、姓名、性别、联系方式等，以及学生选课的相关信息，如已选课程、学分等。
- 教师信息管理：需要存储教师的个人信息，如工号、姓名、性别、联系方式等，以及教师教授的课程信息，如课程编号、课程名称、学时等。
- 课程信息管理：需要存储课程的相关信息，如课程编号、课程名称、学时、教师等，以及选课人数等信息。
- 选课管理：实现学生选课、退课、重修等操作，以及教师对选课信息的审核等功能。
- 成绩管理：实现对学生所选课程的成绩录入、修改和查询等功能，以及对成绩的统计和分析等功能。
- 通知管理：实现系统自动发送通知的功能，如选课提醒、考试提醒等。
- 系统设置：需要对系统进行一些基础设置，如选课时间设置、选课人数限制等。
- 安全性需求：需要确保系统数据的安全性，包括数据的加密存储、访问控制等。
- 可维护性需求：需要确保系统的可维护性，包括系统的升级、备份等。

11.2.2 概念设计

概念设计是将用户需求抽象为信息结构的过程，是整个数据库设计的关键。在早期的数据库设计中，概念设计并不是一个单独的阶段，而是直接将用户需求数据存储格式转换为 DBMS 能处理的逻辑模型。这种方式存在一些问题，比如设计结果容易受到外界环境变化的影响，而且难以满足用户对数据的处理要求。为了解决这些问题，概念设计被引入数据库设计过程中，并成为一个单独的设计阶段。概念设计的好处包括任务相对单一、设计复杂度降低、稳定性提高、易于被业务用户理解、能真实反映现实世界，以及易于更改和向逻辑模型中的关系数据模型转换。在概念设计中，最核心的是 E-R（实体 - 联系）模型，它能将现实世界的信息结构统一用属性、实体及实体间的联系来描述。

1. 概念设计的方法

概念设计有 4 种方法：自顶向下、自底向上、逐步扩张和混合策略。其中，自顶向下是先定义全局概念结构的框架，再逐步细化；自底向上是最常用的方法，它先定义局部概念结构，再将它们集成起来得到全局概念结构；逐步扩张则是先定义核心业务的概念结构，再向外扩充，以滚雪球的方式逐步生成其他概念结构；混合策略则是将自顶向下和自底向上两种方法相结合。

在概念设计中，通常采用自底向上的方法，而在需求分析时则采用自顶向下的方法，如图 11-2 所示。

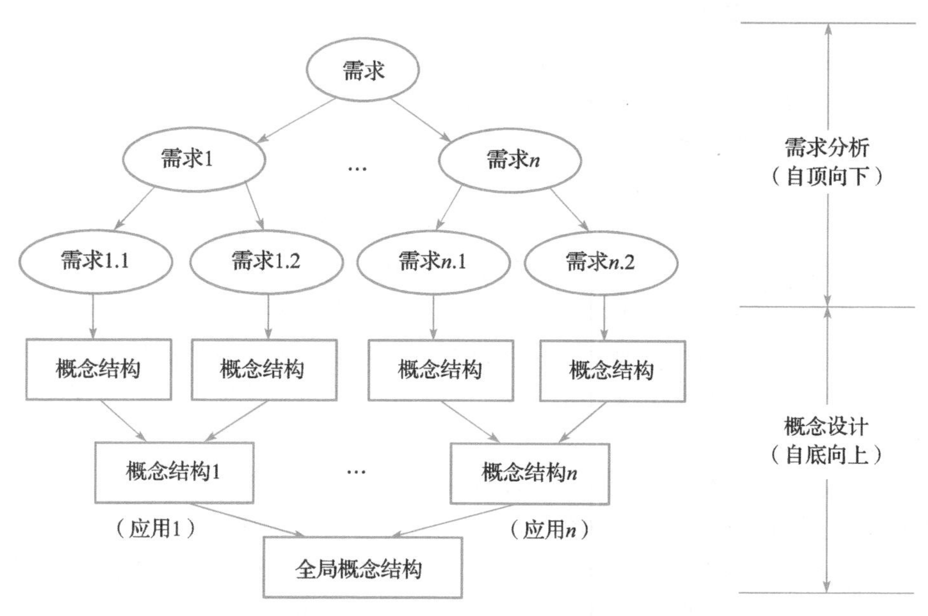

图 11-2 自顶向下需求分析与自底向上概念设计

2. 概念设计的步骤

使用 E-R 模型进行数据库概念设计时，可以分为两个步骤：第一，进行数据抽象，设计局部 E-R 模型；第二，将各局部 E-R 模型综合成一个全局 E-R 模型，然后进行优化，得到最终的E-R模型，即概念模型。概念设计的步骤如图11-3所示。

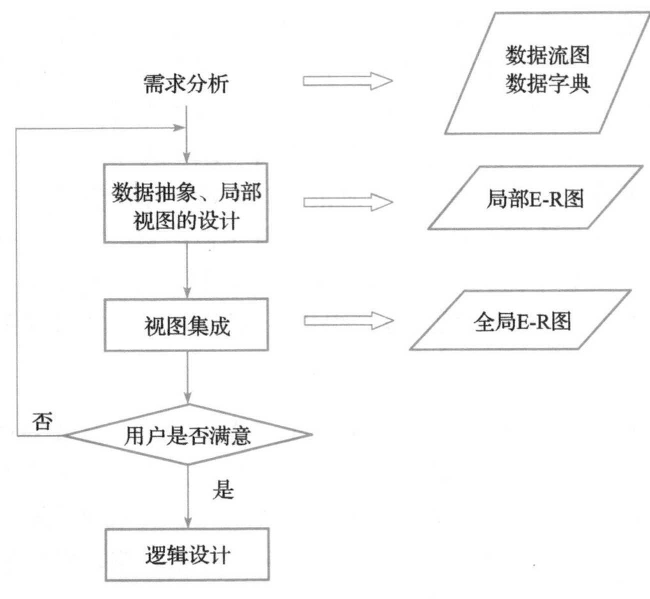

图 11-3　概念设计的步骤

1）局部 E-R 模型设计

在设计局部E-R模型时，需要确定以下内容。

- 一个概念是用实体还是属性表示？
- 一个概念是作为实体的属性还是联系的属性？

（1）实体和属性的数据抽象。实体和属性是相对而言的，通常按照现实世界中事物的自然划分来定义实体和属性。

数据抽象一般有分类和聚集两种，通过分类抽象出实体，通过聚集抽象出实体的属性。

（2）实体和属性的取舍。在设计局部E-R模型时，需要根据实际情况对实体和属性进行必要的调整。在调整时需要注意，属性不能再具有需要描述的性质，即属性必须是不可分的数据项，不能再由另外的一些属性组成。属性不能与其他实体有联系，联系只发生在实体之间。为了简化E-R图的处理，现实世界中的事物若能够作为属性，就应尽量将其作为属性来对待。

（3）属性在实体与联系间的分配。属性在实体与联系间的分配是设计局部E-R模型时需要考虑的重要问题。当多个实体使用同一属性时，为了避免数据冗余和完整性约束问题，需要确定将该属性分配给哪个实体。一般来说，将属性分配给使用频率最高的实体或实体值较少的实体。例如，“课名”属性通常应该归属于“课程”实体，而不是“学生”实体。此外，有些属性不宜归属于任何一个实体，而只用来说明实体之间的联系特性。例如，学生选修某门课程的成绩属性就不能归属于任何一个实体，而应该作为“选课”联系的属性。

（4）局部E-R模型的设计过程。在设计局部E-R模型时，需要经过以下步骤。

①确定局部结构范围。根据当前用户或数据库提供的服务，将系统划分为不同的局部结构，并为每个局部结构设计一个 E-R 模型。

②建立 E-R 图（实体 - 联系图）。E-R 图是指用于描述局部结构的图形化表示方法，其中实体用矩形表示，联系用菱形表示。在 E-R 图中，每个实体都对应一个或多个属性，每个联系都对应一个关系运算符。

③定义属性。属性是实体和联系的特征，用于描述实体和联系的性质和特征。在定义属性时，需要考虑属性的数据类型、取值范围、唯一性等因素。

④确定实体和联系之间的关系。实体和联系之间的关系可以通过定义联系的属性来确定。例如，在学生选课的场景中，学生实体和选课联系之间的关系可以通过选课联系的属性来确定，如选课时间、选课课程等。

⑤优化 E-R 图。优化的目的是减少数据冗余，提高数据存储效率和完整性约束。常见的优化方法包括合并相似实体、合并相似联系、拆分实体、拆分联系等。

2）全局 E-R 模型设计

在完成所有局部 E-R 模型的设计后，需要将它们综合成一个全局概念结构。全局概念结构需要支持所有局部 E-R 模型，并且必须呈现出一个完整、一致的数据库概念结构。

（1）确定公共实体。在合并多个局部 E-R 模型之前，需要确定哪些实体是公共实体。公共实体是指在不同局部 E-R 模型中都存在的实体。确定公共实体的方法包括将同名实体作为公共实体的一类候选，将具有相同键的实体作为公共实体的另一类候选。

（2）合并局部 E-R 模型。有多种方法可以合并局部 E-R 模型，包括一次性合并多个局部 E-R 图和逐步合并两个局部 E-R 图。建议采用逐步合并的方式，先合并那些现实世界中有联系的局部结构，然后从公共实体开始合并，最后加入独立的局部结构。

（3）解决冲突。由于不同的应用程序设计人员可能会以不同的方式设计局部 E-R 模型，因此不同的局部 E-R 模型之间可能会存在不一致的地方，称为冲突。冲突主要包括属性冲突、命名冲突和结构冲突。

- 属性冲突包括属性域冲突和属性取值单位冲突。属性域冲突是指属性的值类型、取值范围或取值集合不同；属性取值单位冲突，如质量单位有的用公斤，有的用斤，有的用克。属性冲突通常通过讨论、协商等手段解决。
- 命名冲突包括同名异义和异名同义两种情况。同名异义是指不同意义的对象在不同的局部应用中具有相同的名称。例如，局部应用 A 中将教室称为房间，局部应用 B 中将学生宿舍也称为房间。异名同义是指同一意义的对象在不同的局部应用中具有不同的名称。例如，对科研项目，财务处称之为项目，科研处称之为课题，生产管理处称之为工程。命名冲突包括属性名、实体名、联系名之间的冲突。其中属性的命名冲突更为常见。处理命名冲突通常也是通过讨论、协商等手段解决。
- 结构冲突包括同一对象在不同应用中具有不同的抽象，同一实体在不同局部 E-R 图中包含的属性个数和属性排列次序不完全相同，实体间的联系在不同的局部 E-R 图中为不同类型。解决方法通常是使属性变换为实体或将实体变换为属性，使同一对象具有相同的抽象，使同一实体在不同局部 E-R 图中包含的属性个数和属性排列次序完全相同，使实体间的联系在不同的局部 E-R 图中为相同类型。

在合并局部 E-R 模型时，需要检查并消除冲突，以确保全局概念结构的准确性和一致性。

（4）全局 E-R 模型的优化。在得到全局 E-R 模型后，为了提高数据库系统的效率，还需要进一步对全局 E-R 模型进行优化。优化的目标是使全局 E-R 模型尽可能准确、全面地反映用户的功能需求，同时尽可能地减少实体个数和冗余属性。具体的优化原则包括实体的合并、冗余属性的消除和冗余联系的消除等。

- 实体的合并：相关实体应该合并成一个，以减少连接操作的开销，提高处理效率。
- 冗余属性的消除：全局范围内可能存在冗余属性，需要将其消除，以减少数据存储空间的占用和维护代价。可以通过检查属性之间的函数依赖关系来确定哪些属性是冗余的。
- 冗余联系的消除：全局模型中可能存在冗余的联系，需要利用规范化理论中的函数依赖概念将其消除，以节省数据存储空间并提高查询效率。

【例 11-2】为设计一个学生选课系统数据库进行概念设计。

步骤 1：进行数据抽象，设计局部 E-R 图。

①确定现实世界中的实体。在选课系统中，可以确定以下实体：学生、教师、课程、选课信息。

②对实体进行抽象，抽象出各实体的属性。

- 学生的属性：学号、姓名、性别、年龄、选修课程名、平均成绩及所属系别等。
- 教师的属性：教师工号、姓名、性别、职称、讲授课程编号等。
- 课程的属性：课程编号、课程名称、学时、授课教师等。
- 选课信息的属性：学生学号、课程编号、选课时间、成绩等。

③确定实体之间的关联关系。

- 一个学生可以选修多门课程，一门课程可以被多个学生选修。
- 一个教师可以讲授多门课程，一门课程可由多个教师讲授。
- 一个系可以有多位教师，一位教师只能属于一个系。

④设计局部 E-R 图，包括学生选课局部 E-R 图和教师授课局部 E-R 图，分别如图 11-4 和图 11-5 所示。

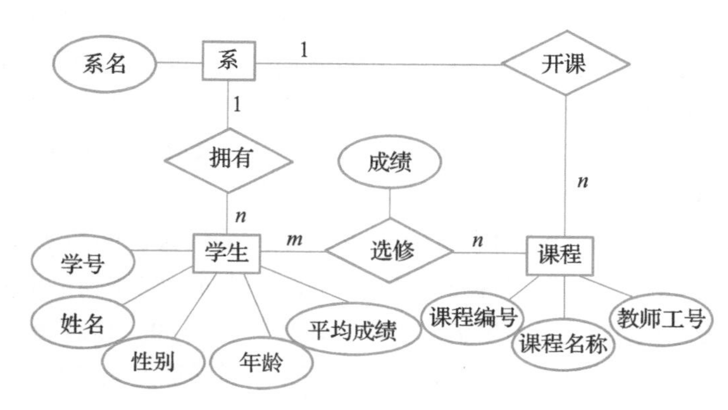

图 11-4　学生选课局部 E-R 图

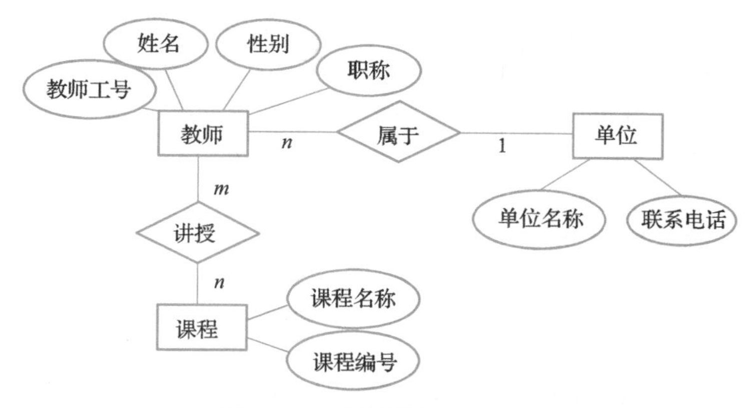

图 11-5 教师授课局部 E-R 图

步骤 2：将各局部 E-R 模型综合成一个全局 E-R 模型，然后进行优化，得到最终的 E-R 模型，如图 11-6 所示。

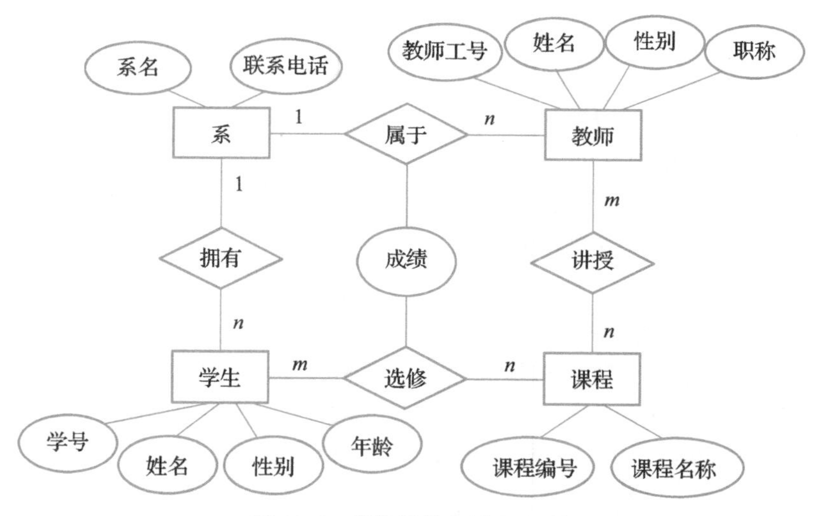

图 11-6 优化后的全局 E-R 图

11.2.3 逻辑设计

概念模型是一个与具体的数据库管理系统或计算机硬件无关的抽象数据结构。为了将概念模型应用于实际数据库系统，必须将其转换为 DBMS 支持的逻辑数据结构，并最终实现物理数据库结构。目前的技术无法直接将概念模型转换为物理数据库结构，因此需要先通过逻辑设计产生一个它们之间的中间逻辑数据库结构，这个中间结构是特定 DBMS 可以处理的。逻辑设计是将概念模型转换为逻辑数据库结构的过程。

逻辑设计的任务就是将概念设计阶段设计好的基本 E-R 图转换为适用于具体数据库管理系统的逻辑结构，以确保数据可以被正确地存储、检索和更新，满足数据库的功能、性能、完整性和一致性方面的应用要求。

设计逻辑结构时，应选择最适合描述概念结构的数据模型，并选择最合适的数据库管理系统。在设计逻辑结构时一般包括三个步骤：

（1）初始关系模式设计，即将 E-R 模型转换成关系模型；

（2）关系模式的规范化；

（3）关系模式的评价与改进。

逻辑设计的步骤如图 11-7 所示。

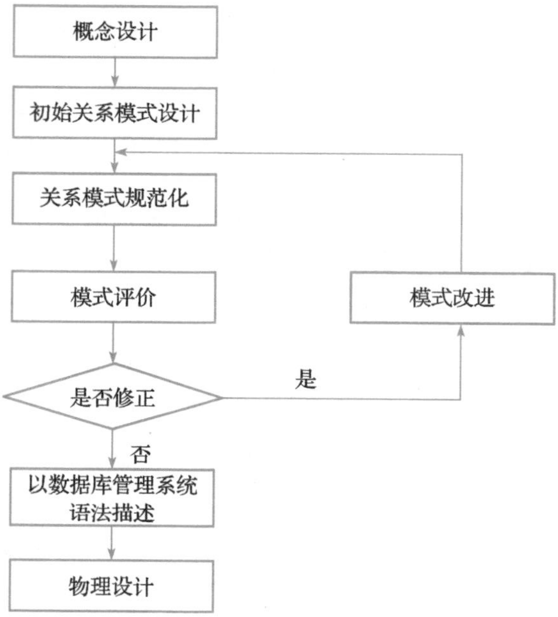

1. E-R 模型到关系模型的转换

1）独立实体到关系模型的转换

独立实体转换为关系模型时，一个实体对应一个关系模型，实体名即为关系模型的名称，实体的属性即为关系模型的属性，实体的键就是关系模型的键。

在对实体进行转换时需要注意以下两个问题。

（1）属性域问题。如果所选用的 DBMS 不支持 E-R 图中的某些属性域，则应做相应的修改，否则由应用程序处理转换。

（2）非原子属性问题。E-R 图中允许非原子属性，这不符合关系模型的第一范式条件，必须做相应处理。

图 11-7　逻辑设计的步骤

2）1∶1 联系到关系模型的转换

有两种方法可以将 1∶1 联系转换为关系模型。

方法一：将 1∶1 联系转换为一个单独的关系模式。将与该联系相连的每个实体的属性和联系本身的属性都转换为关系模式的属性，并将每个实体的键作为关系模式的键。

方法二：将 1∶1 联系与其中一个端点的关系模式合并。在该关系模式的属性中添加另一个关系模式的主键和联系本身的属性。为了表示关系之间的联系，每个关系模式都会增加对方的关键字作为外部关键字。

3）1∶*n* 联系到关系模型的转换

有两种方法可以将 1∶*n* 联系转换为关系模型。

方法一：将 1∶*n* 联系转换为一个独立的关系模式。该关系模式包含与 1 端实体相连的所有实体的主键和联系本身的属性，其中关系模式的主键为 *n* 端实体的主键。

方法二：将 1∶*n* 联系与 *n* 端实体对应的关系模式合并，合并后的关系模式包含 *n* 端实体的主键和联系本身的属性，以及 1 端实体的主键。合并后的关系模式的主键不变。

4）*m*∶*n* 联系到关系模型的转换

对于 *m*∶*n* 联系，无法使用单个实体的键来唯一标识它们之间的关系。因此，必须使用关联实体的键的组合来标识 *m*∶*n* 联系。此外，需要将联系单独转换为一个关系模式，将与该联系相连的各实体的主键及联系本身的属性都转换为关系模式的属性。关系模式的主键应该是关联实体主键的组合。

5）多元联系到关系模型的转换

多元联系是指涉及两个以上实体之间的联系。在将其转换为关系模型时，需要创建一个单独的关系表，将所有涉及的实体的关键字作为该关系表的外部关键字，并添加适当的其他属性。

6）自联系到关系模型的转换

自联系是指在同一个实体类中实体之间的联系。在进行关系模型的转换时，可以按照 1∶1、1∶n 和 m∶n 三种情况分别进行转换。

2. 关系模式的规范化

1）关系模式不合理造成的问题

关系模式的设计质量直接影响到数据库设计的成功与否。数据库逻辑设计的结果不是唯一的，为了提高数据库应用系统的性能，需要对数据模型进行适当的修改和调整，即对数据模型进行规范化。关系模式的规范化是提高数据库应用系统性能的重要手段。

规范化是指用形式更为简洁、结构更加规范的关系模式取代原有的关系模式的过程。一个未经规范化的关系模式可能会存在一些问题，例如，存在冗余数据、数据更新异常等，而规范化的目标就是消除冗余数据、最小化数据更新异常，并确保数据模型符合一定的范式。

例如，为了设计一个教学管理数据库，需要考虑包括学生学号、姓名、年龄、性别、系名、系主任名、学生学习的课程名和该课程的成绩信息等数据。如果将这些信息设计为一个关系，则相应的关系模式如下：

```
S(s_id, s_name, s_age, s_gender, s_dept, m_name, c_name, s_core)
```

该关系模式中，各属性之间的关系为：学生和系之间是一对多的关系，一个系有多个学生，但一个学生只能属于一个系；系和系主任之间也是多对多的关系，一个系只能有一个系主任，但一个系主任可以同时兼任多个系的系主任；学生和课程之间也是多对多的关系，一个学生可以选修多门课程，而一门课程也可以被多个学生选修；最后，每个学生在每门课程中都有一个成绩。

根据给出的关系模式可以确定其主键为 (s_id, c_name)，即学生学号和课程名称的组合。然而，仅仅从关系模式的角度来看，并不能完全满足实际需求，而且存在一系列的问题。首先，同一门课程可能被多个学生选修，这时课程信息会被重复存储多次；每个系名和系主任名也都被存储了该系学生人数乘以每个学生选修的课程门数的次数，重复数据量很大，导致数据的冗余度很高。其次，如果一个新系没有招生或系里的学生没有选修任何课程，那么就会出现插入异常，因为在此关系模式中，键是由学号和课程名组成的 (s_id, c_name)，但如果没有学生或选课记录，那么这两个属性的值就为空，无法作为关系模式的键，也就无法将新的系名和系主任名插入数据库中。再次，当某个系的所有学生都毕业且没有新的学生被录取时，即使只删除学生的信息而不删除该系的信息，也会在数据库中找不到该系的信息，造成删除异常。最后，如果某个系的系主任发生了变化，那么该系的所有学生记录都应该被相应地更新，如果更新过程中漏掉了某些记录，就会导致数据库中的数据不一致，出现更新异常。

要解决这些问题，可以通过模式分解的方法将其规范化。例如，将上述关系模式分解为三个关系模式：

```
S(s_id, s_name, s_age, s_gender, s_dept)
C(c_name, s_id, s_score)
D(s_dept, m_name)
```

通过上述分解操作，消除了原始关系模式的插入异常和删除异常问题，同时也能控制数据的冗余，使得数据更新更加简单。

2）函数依赖

关系中属性之间的相互关系称为数据依赖，它是数据内在的性质，反映了现实世界属性间的相互联系。数据依赖包括函数依赖（functional dependency, FD）、多值依赖（multivalue dependency, MVD）和连接依赖（join dependency, JD）三种类型。其中，函数依赖是指一个或多个属性的值决定了另一个属性的值，多值依赖是指一个或多个属性的值决定了另一个或多个属性的值，连接依赖是指通过连接两个或多个关系来确定一个或多个属性的值。数据依赖对于关系模式的设计和优化非常重要，可以帮助数据库设计人员更好地理解和管理数据。

在数据依赖中，函数依赖是一种基本且重要的依赖类型，它指的是属性之间的关系，如果给定一个属性的值，就可以唯一地确定另一个属性的值。例如，如果知道一个学生的学号，就可以唯一地确定该学生所在的系别，这种关系就可以称为系别函数依赖于学号。这种唯一性不仅仅是指一个记录，而是对于所有记录都成立。函数依赖在关系数据库中非常重要，可用于设计和优化关系模式，保证数据的完整性和一致性。

3）范式

关系模式的好坏是以关系模式的范式为标准来衡量的，范式是关系模式满足不同程度的规范化要求的标准，规范化就是将关系模式转换成符合特定范式要求的集合的过程。

关系模式按照其规范化程度从低到高分为6个范式，分别是1NF、2NF、3NF、BCNF、4NF和5NF。规范化可以通过模式分解来实现，即将低一级范式的关系模式转换为高一级范式的关系模式的集合。

（1）1NF（第一范式）。第一范式要求所有的属性都是不可再分的基本数据项，即不允许重复组的存在。当一个关系模式 R 满足第一范式的要求时，即称 R 为第一范式，记为 $R \in$ 1NF。

第一范式是关系模式的基本规范化形式，不满足第一范式的关系称为非规范化关系。在关系数据库系统中，所有的关系结构都必须是规范化的，即至少满足第一范式的要求。第一范式是关系模式必须具备的基本条件，也是关系数据库系统设计的基础。

（2）2NF（第二范式）。第二范式要求关系模式中的所有非主属性都完全函数依赖于关系模式的候选键。当关系模式 $R \in$ 1NF，且 R 中的每个非主属性都完全函数依赖于 R

的任意候选键，即称关系模式 R 为第二范式，记为 $R \in$ 2NF。

满足第二范式的关系模式能够避免数据的冗余和更新异常，提高了数据的一致性和完整性。

（3）3NF（第三范式）。第三范式要求关系模式中的每个非主属性都不传递依赖于任何候选键的属性，即没有一个非主属性依赖于另一个非主属性，或者说没有一个非主属性决定另一个非主属性。

当关系 $R \in$ 2NF，且 R 中不存在传递依赖性时，即称关系模式 R 为第三范式，记为 $R \in$ 3NF。

满足第三范式的关系模式在避免数据的冗余和更新异常，提高了数据的一致性和完整性的同时，也减少了数据存储空间的使用。

在实际的关系数据库设计中，更高阶的范式可能导致表结构过于分解，增加查询复杂性和性能开销，因而并不常用，此处不进行讲解。

知识魔方

主属性和非主属性

在关系数据库中，一个关系模式（或表）由若干个属性组成，其中有些属性被称为主属性，有些属性被称为非主属性。

主属性是指在关系模式中能唯一标识一条记录的属性，即主键。主属性的值必须唯一，且不能为空。在关系模式中只能有一个主属性，但一个主属性可以由多个属性组成。

非主属性是指在关系模式中不是主属性的属性，也称为普通属性。非主属性可以有多个，且可以重复出现。非主属性的值可以为空，但是如果一个非主属性的值被指定为一个唯一的值，那么它就成为了一个主属性。

例如，假设有一个关系模式 R(A,B,C,D)，其中 A 是主属性，B、C、D 是非主属性。在这个关系模式中，A 是唯一标识一条记录的属性，而 B、C、D 则是记录的其他属性。

3. 关系模式的评价和改进

数据库设计的最终目标是满足应用需求。为了提高数据库应用系统的性能，需要对关系模式进行设计、规范化、评价和改进。关系模式的评价和改进包括功能评价和性能评价，通过检查规范化后的关系模式集是否符合用户的所有功能要求，并估计实际性能，确定需要加以改进的部分。通过多次的关系模式评价和改进，可以最终确定最优的关系模式。

关系模式评价的目的是检查设计的关系模式是否满足用户的功能需求，以确定需要进行改进的部分。评价包括功能评价和性能评价。功能评价是对照需求分析结果，检查规范化后的关系模式集是否包含满足所有的应用需求。性能评价主要是评估实际性能，包括逻辑记录的存取次数、数据传输量等。

根据关系模式评价的结果，需要对已经设计好的关系模式进行改进。如果发现某些应用需求没有被满足，可能需要增加新的关系模式或者增加新的属性。如果是因为性能方面的考虑，可以采用合并或分解的方法进行改进。

11.2.4 物理设计

数据库物理设计的目标是满足数据的高效存储、快速访问和维护的需要，同时保证数据的安全性、完整性和可靠性。

1. 物理设计的任务

具体来说，数据库物理设计的任务包括以下几个方面。

1）确定数据的存储方式

数据的存储方式包括顺序存储、链式存储、索引存储和哈希存储等方式。

顺序存储是指将数据依次存储在磁盘上，适用于对数据的访问是随机的情况。在顺序存储中，每个记录都被存储在磁盘的连续位置上，并且记录之间没有任何关系。由于记录是连续存储的，每次访问一个记录都需要从磁盘中读取相邻的记录，这会导致磁盘的寻址时间变长，从而降低了数据的读写效率。此外，当需要删除或插入记录时，需要移动相邻的记录，这也会增加存储的开销。这种存储方式的优点是简单、易实现，缺点是读写效率较低，不适合存储大数据量的数据。

链式存储是一种将数据按照一定规则存储在磁盘上的方式，它通过指针将数据连接起来，适用于对数据的访问是顺序的情况。在链式存储中，由于每个记录都包含一个指向下一个记录的指针，因此在查找和访问数据时，只需要沿着指针链表遍历即可。链式存储的优点是可以提高数据的访问效率，缺点是需要额外的空间存储指针，它不适合存储大数据量的数据。

索引存储是将数据按照一定的索引方式存储在磁盘上，适用于对数据经常需要进行查找操作的情况。在索引存储中，通过建立索引，将数据按照指定的列或列组合进行排序和组织，使得查询数据时可以快速定位到所需的数据，从而大大提高数据库的查询效率，尤其是在处理大量数据时。但是，由于索引存储需要额外的存储空间来存储索引信息，因此会增加数据库的存储成本，而且因为索引的存在，对表的某些数据的更新操作可能会变得更加复杂。

哈希存储是一种基于哈希表实现的数据存储方式，它通过哈希函数将数据映射到磁盘上，可以快速定位数据，适用于对数据的访问需要快速定位的情况。在哈希存储中，数据通常被存储在一个哈希表中，哈希表是由若干个桶组成的，每个桶中包含若干个键值对。哈希函数的作用是将键映射到哈希表中的一个桶，从而实现快速定位。哈希存储的缺点是对于哈希冲突的处理比较复杂，需要使用一些特殊的数据结构来解决。此外，哈希存储的空间利用率比较低，因为哈希表中的桶可能会存在空缺，导致存储空间的浪费。

在设计数据库的物理结构时，应根据数据的特点和访问方式选择最合适的存储方式。

2）确定数据的存储结构

数据的存储结构包括关系型存储结构和层次型存储结构等方式。

关系型存储结构是一种基于关系模型的数据组织方式，它将数据以表格的形式存储在磁盘上。每个表格由若干行和若干列组成，每行表示一个实体或记录，每列表示一个属性或字段。通过在表格之间建立关系，可以实现数据的关联和查询。关系型存储结构的优点是数据结构简单、易于维护和查询，缺点是数据冗余度高、数据更新和插入操作相对较慢。

层次型存储结构是一种基于树形结构的数据组织方式，它将数据以树的形式存储在磁盘上。每个节点表示一个实体或记录，每个节点包含若干个子节点和若干个属性或字段。通过在节点之间建立父子关系，可以实现数据的分层和嵌套。层次型存储结构的优点是数据结构灵活、易于扩展和查询，缺点是数据冗余度高、数据更新和插入操作相对较慢。

关系型存储结构通常用于事务处理系统、金融系统等需要保证数据一致性和完整性的场景，而层次型存储结构通常用于文档管理系统、知识库等需要支持复杂查询和灵活扩展的场景。在设计数据库的物理结构时，应根据数据之间的关系和层次结构选择最合适的存储结构。

3）确定数据的存储位置

数据的存储位置包括本地存储和分布式存储两种方式。

本地存储指的是将数据存储在单个计算机或设备的本地存储介质中，如硬盘、SSD、内存等。本地存储的优点是读写速度快，数据访问延迟低，适合存储小规模的数据集。但是本地存储存在单点故障的问题，一旦存储设备出现故障，数据可能会丢失或不可用。

分布式存储指的是将数据分散存储在多个计算机或设备中，通过网络进行数据访问和管理。分布式存储的优点是具有高可靠性、高可扩展性和高可用性，能够提供更好的数据保护和容错能力。分布式存储通常采用分布式系统的技术，如数据分片、数据冗余、数据备份等。分布式存储的缺点是数据访问延迟相对较高，需要进行数据分片和数据冗余，增加了系统的复杂度和管理难度。

在实际应用中，本地存储和分布式存储常常结合使用，以充分利用它们各自的优势。例如，在单机上使用本地存储来存储热点数据，使用分布式存储来存储较少访问但需要高可用性和高可靠性的数据。

4）确定数据的备份和恢复策略

数据备份和恢复策略是数据管理中非常重要的一部分，它们可以帮助企业或个人保护数据免受意外损坏、灾难性故障或人为错误的影响。对于数据备份和恢复策略，需要了解以下一些重要概念。

- 数据备份频率：数据备份的频率取决于数据的重要性和变化的频率。一般来说，重要数据需要每天或每周备份一次，而不太重要的数据可以每周或每月备份一次。此外，还应该制定备份计划，包括备份时间、备份位置和备份内容等。

- 数据备份方式：数据备份方式包括全备份、增量备份和差异备份等。全备份是指备份整个数据集，增量备份是指备份自上次备份以来所有发生变化的数据，差异备份是指备份自上次全备份以来发生变化的数据。具体选择哪种备份方式应根据数据的重要性和变化的频率来定。
- 数据恢复方法：数据恢复方法包括完整恢复、部分恢复和增量恢复等。完整恢复是从最后一次完整备份开始，将数据恢复到最初的状态。部分恢复是从最近的备份开始，将数据恢复到某个特定的时间点。增量恢复是从最后一次完整备份或最近的备份开始，将数据恢复到最近的备份时间点。具体选择哪种恢复方法应根据数据的重要性和恢复的需求来定。
- 数据备份的存储位置：备份数据应存储在安全的地方，例如，离线磁带库、云存储服务或远程备份服务器等。备份数据的存储位置应该足够安全，以防止数据泄露、数据丢失或数据被恶意攻击等。

5）确定数据的安全性措施

数据的安全性措施是保护数据安全性的重要手段，包括数据权限管理、访问控制、加密、防火墙和安全审计等措施。这些措施可以帮助企业或个人保护数据不受非法访问、篡改、泄露或破坏，确保数据的安全性和保密性。

6）确定数据的性能优化策略

确定性能优化策略可以使得数据库的物理结构更加符合应用需求，提高数据库的性能和响应速度，从而更好地满足用户的数据处理需求。数据的性能优化策略包括索引的建立、查询语句的优化、缓存的使用和分布式计算等方式，应根据实际情况进行调整，以保证数据库的高性能和稳定性。

2. 物理设计评价

在数据库物理设计过程中，需要考虑时间效率、空间效率、维护代价和用户需求等多个方面，并根据这些因素进行权衡，以确定最终的物理结构方案。评价物理结构的方法通常是通过对各种方案进行定量估算，包括存储空间、存取时间和维护代价等指标，然后进行比较和权衡，选择出一个最优的方案。

如果所选用的物理结构不符合用户需求，则需要对设计进行修改。因此，在数据库物理设计过程中，需要不断地进行评估和修改，以确保最终的物理结构能够满足用户需求，并且具有较高的性能和可靠性。

11.2.5 数据库实施

数据库实施是指将数据库设计方案转化为可执行的数据库系统，并进行数据的加载、测试、调试和上线等一系列工作，以满足用户的需求。数据库实施阶段的主要任务是利用数据库管理系统提供的功能实现数据库逻辑设计和物理设计的结果，实现数据的有效管理和利用，提高数据的可靠性、安全性和可用性，为企业的信息化建设提供有力的支持。

数据库实施的主要步骤包括建立数据库的结构、加载数据、调试应用程序和试运行数据库等。

1. 建立数据库的结构

建立数据库的结构的目的是设计出一个符合用户需求的数据库模式。在建立数据库的结构之前，需要先确定数据库的类型、数据存储方式、数据访问方式等基本参数。建立数据库结构的具体步骤包括：

（1）定义数据表：根据用户需求，定义相应的数据表，包括表名、列名、数据类型、约束条件等。

（2）定义数据关系：定义数据表之间的关系，包括主键、外键、联合主键等。

（3）定义数据索引：为了提高数据的检索效率，需要为数据表定义索引。

（4）定义视图：为了简化用户的操作，可以定义一些视图，将多个表的数据合并成一个视图。

2. 加载数据

加载数据的目的是将数据从源系统导入数据库系统。在加载数据之前，需要先对数据进行校验和清洗等处理，以确保数据的准确性和完整性。加载数据的具体步骤包括：

（1）数据准备：包括数据的格式转换、数据的去重、数据的加密等操作。

（2）数据导入：将准备好的数据导入数据库系统中，可以采用批量导入、单条记录导入等方式。

（3）数据校验：对导入的数据进行校验，确保数据的准确性和完整性。

3. 调试应用程序

调试应用程序的目的是测试应用程序是否能够正确地操作数据库。在进行调试之前，需要先对应用程序进行编译和打包等处理，以便于进行调试。调试应用程序的具体步骤包括：

（1）测试数据：使用测试数据对应用程序进行测试，检查应用程序是否能够正确地操作数据库。

（2）调试代码：对应用程序的代码进行调试，查找和修复代码中的错误和缺陷。

（3）性能测试：对应用程序进行性能测试，检查应用程序的响应速度和并发能力等性能指标。

4. 试运行数据库

试运行数据库的目的是测试数据库系统是否能够正常运行，并对数据库系统进行优化和调整。在进行试运行之前，需要先对数据库进行备份，以防止数据丢失。试运行数据库包括以下内容。

（1）功能测试：测试数据库系统的各项功能是否正常。

（2）性能测试：测试数据库系统的性能指标，如响应速度、并发能力等。

（3）优化和调整：根据测试结果对数据库系统进行优化和调整，以提高数据库系统的性能和可靠性。

11.2.6 数据库的运行和维护

1. 数据库的运行

当数据库经过试运行并且符合设计目标后，就可以正式投入运行了。数据库的运行是指 DBMS 在计算机上执行的操作，包括对数据的存储、检索、更新、删除等操作。

数据库的运行通常包括以下几个步骤。

（1）连接：客户端应用程序通过连接字符串与数据库建立连接，以便访问数据库。

（2）认证：客户端应用程序向数据库发送认证请求，以验证客户端应用程序的身份。

（3）并发控制：数据库管理系统使用锁机制和事务管理来控制并发访问数据库的操作，以确保数据的一致性和完整性。

（4）数据访问：客户端应用程序通过 SQL 语句向数据库发送请求，包括查询、插入、更新和删除等操作。

（5）数据处理：数据库管理系统将 SQL 语句解析为内部命令，并将其转换为对磁盘和内存的读写操作，以执行请求的操作。

（6）结果返回：数据库管理系统将执行结果返回给客户端应用程序，以便客户端应用程序进行后续处理。

（7）断开连接：客户端应用程序结束访问数据库时，通过关闭连接来释放资源并断开与数据库的连接。

2. 数据库的维护

由于应用环境的不断变化，数据库在运行过程中的物理存储也会随之变化。因此，对数据库设计进行评价、调整和修改等维护工作是一个长期的任务，也是设计工作的继续和提高。

数据库的维护包括数据库的转储和恢复，数据库的安全性和完整性控制，数据库性能的监督、分析和改进，以及数据库的重组和重构等方面。

1）数据库的转储和恢复

在系统运行期间，可能会发生一些无法预料的自然或人为因素导致数据库运行中断或者数据库的部分内容被破坏，如发生电源故障或磁盘故障等。为了应对这种情况，许多大型的 DBMS 都提供了故障恢复的功能。但是，这种恢复通常需要 DBA 的配合才能完成。因此，DBA 需要根据不同的应用需求制订不同的备份计划，并定期对数据库和日志文件进行备份。这样一来，一旦发生故障，就可以利用备份文件尽快将数据库恢复到某个一致性状态，并尽可能降低数据库的破坏程度。

2）数据库的安全性和完整性控制

DBA 有责任确保数据库的安全性和完整性，并根据用户的实际需求授予不同的操作权限。在数据库运行过程中，由于应用环境的变化，对安全性的要求也可能发生变化。例如，一些数据可能从机密变为公开，而新加入的数据可能是机密的，同时系统中用户的密级也可能会发生变化。因此，DBA 需要根据实际情况修改原有的安全性控制措施。

同样地，由于应用环境的变化，数据库的完整性约束条件也可能会发生变化，DBA 需要根据实际情况进行相应的修正。

3）数据库性能的监督、分析和改进

DBA 的一个重要职责是监督数据库系统的运行，并对监测数据进行分析，以找出提高系统性能的方法。借助 DBMS 提供的监测工具，DBA 可以轻松获取系统运行过程中的各种性能参数值。然后，DBA 应该仔细分析这些数据，确定当前系统是否处于最佳运行状态。如果系统未达到最佳状态，则需要调整某些参数以进一步提高数据库性能。

4）数据库的重组和重构

随着时间的推移，数据库中存储的数据量不断增加，这会导致数据的增、删、改操作变得越来越耗时，从而降低数据库的性能。为了提高数据库的性能，DBA 可以进行数据库重组，这将重新安排存储位置、回收垃圾、减少指针链，并提高系统性能。DBMS 通常提供一些实用程序来帮助 DBA 进行数据库重组。

当数据库应用环境发生变化时，例如，增加新的应用或新的实体，取消某些已有应用，或改变某些已有应用，都会导致数据库的模式和内模式需要适当调整，即修改数据库的结构，这就是数据库的重构。例如，需要增加新的数据项、改变数据项的类型、改变数据库的容量、增加或删除索引、修改完整性约束条件等。DBMS 提供了修改数据库结构的功能。然而，重构数据库的程度是有限的。如果应用变化太大，已无法通过重构数据库来满足新的需求，或者重构数据库的代价太大，则表明现有数据库应用系统的生命周期已结束，这时应该重新设计数据库系统，开始新数据库应用系统的生命周期。

11.3 数据库设计实例——网络购物系统

网络购物已成为现代社会的普遍现象，网络购物系统的用户为使用该系统进行购物的人，即消费者，商家和消费者可以通过网页或应用程序等网络购物系统进行在线交易。下面以网络购物系统为例介绍数据库设计的过程。

11.3.1 需求分析

网络购物系统的核心功能是实现商品信息管理，包括展示、修改和删除商品信息，添加新商品种类，淘汰旧商品种类等。此外，网络购物系统还需要实现多种支付方式，如使用网上银行支付等。在交易过程中，系统需要实时跟踪快递商品的位置等信息，以便商家和用户查看。用户收到商品，确认收货完成交易后，还需要在商城进行商品评价。如果用户对商品不满意，还需要申请售后，与商家沟通解决方法。

对网络购物系统进行需求分析，以下是可能的功能需求清单。

（1）用户注册和登录功能：用户需要注册账户并登录系统才能进行购物。

（2）商品管理功能：商家可以在系统中管理商品信息，包括添加、修改、删除和查询商品信息，以及设置商品价格、库存和销售状态等。

（3）购物车功能：用户可以将自己感兴趣的商品加入购物车，方便批量购买和结算。

（4）订单管理功能：用户可以查看自己的订单信息，包括订单状态、付款方式、配送信息等。

（5）支付系统功能：用户可以选择不同的支付方式进行支付，如信用卡、支付宝、微信等。

（6）物流跟踪功能：系统需要实时更新商品的物流信息，方便用户查询商品的配送状态。

（7）评价和反馈功能：用户可以对购买的商品和商家进行评价和反馈，帮助其他用户做出更好的决策。

11.3.2 概念设计

1. 确定实体及其联系

网络购物系统的购物流程包括以下步骤：用户注册→商家展示商品→用户添加商品到购物车→用户提交订单→商家发货→用户收货并评价商品。在这些步骤中，需要记录和处理的信息包括用户信息、商品信息、购物车信息、订单信息、快递信息以及评价信息。

用户信息中不仅包括注册信息（如用户名、密码、邮箱等），还包括收货人信息（如收件人姓名、收货地址、联系电话等），并且收件人信息不能为空。商品信息要考虑用户所关注的商品的属性，包括书名、作者、出版社、出版日期、书号、价格、简介、目录等（以图书类产品为例），同时要备注库存数量和销量，以便商家及时补货或下架商品。购物车信息要考虑用户放入购物车的商品编号和商品名称，以及用户购买的数量和商品单价，用于计算用户需要支付的总价等。订单描述了交易信息，包括用户、商品、下单时间、支付方式、是否支付，以及订单的总价和交易的进度等。快递信息便于用户查询商品的快递动态，包括运单号、快递公司名称、发货时间、运单状态和运单动态等。评价信息包括发布评论的用户和所评论的商品，以及评价内容和对商品的满意度等。商家可以对用户的评价进行回复。

通过对以上数据进行分析，可以确定的实体有用户、商品、快递，可以确定的联系有购物车、订单、评价。

各实体之间的关联关系如下：

（1）添加购物车阶段：用户可以浏览商品并将感兴趣的商品加入购物车。每位用户可以将多个商品加入购物车，每个商品可以被多位用户加入购物车。

（2）订单处理阶段：商家会根据订单中的商品清单和物流信息安排快递发货，快递公司会根据订单中的物流信息将商品送到用户手中。每位用户可以多次下单购买商品，每次下单可以产生多个快递，每个快递可以包含多件商品。

（3）用户评价阶段：用户可以对购买的商品进行评价，提供对商品的使用体验和评价意见。每位用户可以对多个商品进行评价，每个商品可以被多位用户评价。

2. 为实体和联系分配属性

用户实体的属性：用户编号，用户名，密码，邮箱，收货人姓名，收货地址，收货人电话。

商品实体的属性：商品编号，书名，作者，出版社，出版日期，书号，价格，简介，库存数量，销量。

快递实体的属性：运单号，快递公司名称，快递公司电话，发货时间，运单状态，运单动态。

购物车联系的属性：购物车编号，用户编号，商品编号，书名，单价，购买数量，总价。

订单联系的属性：订单编号，用户编号，商品编号，下单时间，支付方式，支付状态，运单号，快递最新动态，交易进度。

评价联系的属性：评论编号，用户编号，商品编号，评价内容，满意度，评价时间，商家回复。

3. 设计 E-R 模型

结合以上对数据的分析进行系统概念设计，E-R 模型如图 11-8 所示。

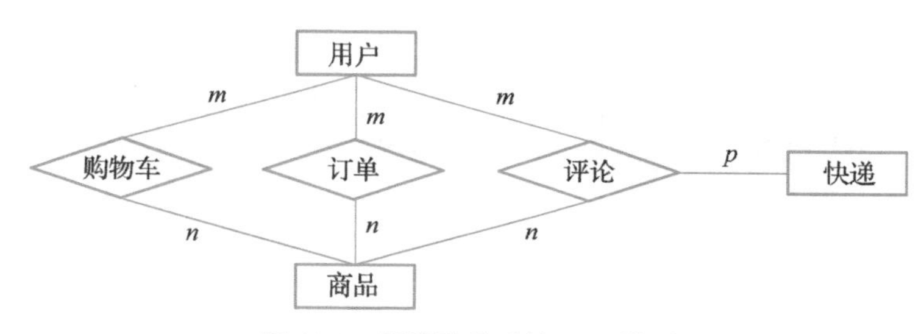

图 11-8　网络购物系统 E-R 模型

11.3.3 逻辑设计

1. 将 E-R 模型转换为关系模型

根据 E-R 模型转换为关系模型的规则，每个实体需要转换为一个关系，每个多对多联系也需要分别转换为一个关系，则上述 E-R 模型转换后可以得到以下关系模型。

用户（用户编号，用户名，密码，邮箱，收货人姓名，收货地址，收货人电话）

商品（商品编号，书名，作者，出版社，出版日期，书号，价格，简介，库存数量，销量）

快递（运单号，快递公司名称，快递公司电话，发货时间，运单状态，运单动态）

购物车（购物车编号，用户编号，商品编号，书名，单价，购买数量，总价）

订单（订单编号，用户编号，商品编号，下单时间，支付方式，支付状态，运单号，快递最新动态，交易进度）

评价（评论编号，用户编号，商品编号，评价内容，满意度，评价时间，商家回复）

2. 数据表结构

在设计数据库时，需要将各个关系模型转换为具体的数据库表结构。为了方便系统的开发和维护，可以将关系模型中的属性命名为相应的表字段英文名。此外，为了保证数据的完整性和一致性，需要指定每个表的主键和外键，以及每个字段的数据类型、值域约束等信息。

网络购物系统的数据表结构分别如表 11-1~11-6 所示。

表 11-1 用户信息表（users）

字段名	字段类型	取值范围	主键或外键	字段值约束	字段描述
u_id	INT	—	主键	非空，自增	用户编号
u_name	VARCHAR	50	—	非空	用户名
password	VARCHAR	50	—	非空	密码
email	VARCHAR	50	—	—	邮箱
rec_name	VARCHAR	50	—	非空	收货人姓名
rec_add	VARCHAR	50	—	非空	收货地址
rec_phone	VARCHAR	50	—	非空	收货人电话

表 11-2 商品信息表（books）

字段名	字段类型	取值范围	主键或外键	字段值约束	字段描述
b_id	INT	—	主键	非空，自增	商品编号
b_name	VARCHAR	50	—	非空	书名
author	VARCHAR	50	—	—	作者
press	VARCHAR	50	—	—	出版社
pub_date	DATE	—	—	—	出版时间
ISBN	VARCHAR	50	—	—	书号
b_price	FLOAT	—	—	非空	价格
b_introduction	VARCHAR	50	—	—	简介
stock	INT	—	—	非空	库存数量
sales_num	INT	—	—	—	销量

表 11-3 快递信息表（express）

字段名	字段类型	取值范围	主键或外键	字段值约束	字段描述
ex_id	VARCHAR	50	主键	非空，唯一	运单号
ex_company	VARCHAR	50	—	非空	快递公司名称
ex_phone	VARCHAR	50	—	—	快递公司电话
ex_time	DATETIME	—	—	—	发货时间

（续表）

字段名	字段类型	取值范围	主键或外键	字段值约束	字段描述
ex_status	ENUM	—	—	—	运单状态
all_state	TEXT	—	—	—	运单动态

表 11-4　购物车信息表（shoppingcart）

字段名	字段类型	取值范围	主键或外键	字段值约束	字段描述
sc_id	INT	—	主键	非空，自增	购物车编号
u_id	INT	—	外键	非空	用户编号
b_id	INT	—	外键	非空	商品编号
b_name	VARCHAR	50	—	—	书名
b_price	DECIMAL	—	—	非空	单价
s_quantity	INT	—	—	非空	购买数量
total_price	DECIMAL	—	—	—	总价

表 11-5　订单信息表（orders）

字段名	字段类型	取值范围	主键或外键	字段值约束	字段描述
o_id	INT	—	主键	非空，自增	订单编号
u_id	INT	—	外键	非空	用户编号
b_id	INT	—	外键	非空	商品编号
o_time	DATETIME	—	—	—	下单时间
pay_type	VARCHAR	50	—	—	支付方式
pay_status	ENUM	—	—	—	支付状态
o_num	VARCHAR	50	外键	非空	运单号
new_state	TEXT	—	—	—	快递最新动态
o_update	VARCHAR	50	—	—	交易进度

表 11-6　评价信息表（reviews）

字段名	字段类型	取值范围	主键或外键	字段值约束	字段描述
re_id	INT	—	主键	非空，自增	评价编号
u_id	INT	—	外键	非空	用户编号
b_id	INT	—	外键	非空	商品编号
comment	VARCHAR	255	—	—	评价内容
satisfaction	ENUM	—	—	—	满意度
re_time	DATETIME	—	—	—	评价时间
answer	VARCHAR	255	—	默认空值	回复

11.3.4 物理设计

网络购物系统的物理设计应该考虑到数据的存储方式、存储结构、存储位置、备份和恢复策略、安全性措施以及性能优化策略等方面。

数据存储方式：考虑到网络购物系统需要快速响应用户请求，可以选择顺序存储和索引存储相结合的方式。同时，为了提高查询效率，可以在表中建立适当的索引。

数据存储结构：由于网络购物系统需要存储大量的订单、商品、用户等数据，可以采用关系型存储结构。

数据存储位置：为了保证数据的安全性和可靠性，可以将数据存储在本地磁盘中。同时，可以考虑使用云存储服务备份数据，以防止数据丢失。

数据备份和恢复策略：考虑到网络购物系统数据的重要性和变化频率，可以每天备份一次数据。备份数据可以采用全量备份和增量备份相结合的方式。在数据恢复时，可以采用完整恢复和增量恢复相结合的方式。

数据安全性措施：为了保护数据的安全性，可以采用数据权限管理、访问控制、加密和安全审计等措施。同时，可以使用防火墙来保护数据库系统的安全。

数据性能优化策略：为了提高数据库的性能和响应速度，可以采用建立索引、优化查询语句、使用缓存和分布式计算等方式。同时，可以使用负载均衡技术来分散数据库的负载。

网络购物系统的物理设计应该综合考虑以上因素，并根据实际情况进行调整，以保证系统的高效性、可靠性和安全性。

11.3.5 数据库的实施

1. 创建数据库

SQL 语句如下：

```
CREATE DATABASE o_s_sys;
```

2. 创建数据表

SQL 语句如下：

```
# 选择数据库
USE o_s_sys;

# 创建用户信息表
CREATE TABLE users (
    u_id INT NOT NULL AUTO_INCREMENT,
    u_name VARCHAR(50) NOT NULL,
    password VARCHAR(50) NOT NULL,
    email VARCHAR(50),
    rec_name VARCHAR(50) NOT NULL,
    rec_add VARCHAR(50) NOT NULL,
    rec_phone VARCHAR(50) NOT NULL,
```

```
    PRIMARY KEY(u_id)
);

#创建商品信息表
CREATE TABLE books (
        b_id INT NOT NULL AUTO_INCREMENT,
        b_name VARCHAR(50) NOT NULL,
        author VARCHAR(50),
        press VARCHAR(50),
        pub_date DATETIME,
        ISBN VARCHAR(50),
        b_price FLOAT NOT NULL,
        b_introduction VARCHAR(50),
        stock INT NOT NULL,
        sales_num INT,
        PRIMARY KEY(b_id)
);

#创建快递信息表
CREATE TABLE express (
        ex_id VARCHAR(50) NOT NULL UNIQUE,
        ex_company VARCHAR(50) NOT NULL,
        ex_phone VARCHAR(50),
        ex_time DATETIME,
        ex_status ENUM('pending', 'in_progress', 'completed'),
        all_state TEXT,
        PRIMARY KEY (ex_id)
);

#创建购物车信息表
CREATE TABLE shoppingcart (
        sc_id INT NOT NULL AUTO_INCREMENT,
        u_id INT NOT NULL,
        b_id INT NOT NULL,
        b_name VARCHAR(50),
        b_price DECIMAL(10,2) NOT NULL,
        s_quantity INT NOT NULL,
        total_price DECIMAL(10,2),
        PRIMARY KEY (sc_id),
        FOREIGN KEY (u_id) REFERENCES users(u_id),
        FOREIGN KEY (b_id) REFERENCES books(b_id)
);

#创建订单信息表
CREATE TABLE orders (
        o_id INT NOT NULL AUTO_INCREMENT,
        u_id INT NOT NULL,
        b_id INT NOT NULL,
        o_time DATETIME,
        pay_type VARCHAR(50),
        pay_status ENUM('pending', 'paid', 'cancelled'),
        o_num VARCHAR(50),
        new_state TEXT,
        o_update VARCHAR(50),
```

```
        PRIMARY KEY (o_id),
        FOREIGN KEY (u_id) REFERENCES users(u_id),
        FOREIGN KEY (b_id) REFERENCES books(b_id),
        FOREIGN KEY (o_num) REFERENCES express(ex_id)
);

# 创建评价信息表
CREATE TABLE reviews (
        re_id INT NOT NULL AUTO_INCREMENT,
        u_id INT NOT NULL,
        b_id INT NOT NULL,
        comment VARCHAR(255),
        satisfaction ENUM('good', 'neutral', 'bad'),
        re_time DATETIME ,
        answer VARCHAR(255) DEFAULT NULL,
        PRIMARY KEY (re_id),
        FOREIGN KEY (u_id) REFERENCES users(u_id),
        FOREIGN KEY (b_id) REFERENCES books(b_id)
);
```

3. 创建索引

为了提高多表间连接查询的速度，可以在订单信息表、购物车信息表和评价信息表的外键上创建索引。

在订单信息表的 u_id、b_id 字段上分别创建索引。SQL 语句如下：

```
# 为订单信息表创建索引
CREATE INDEX idx_order_b_id ON orders (b_id);
CREATE INDEX idx_order_u_id ON orders (u_id);
```

在购物车信息表的 u_id、b_id 字段上分别创建索引。SQL 语句如下：

```
# 为购物车信息表创建索引
CREATE INDEX idx_shoppingcart_u_id ON shoppingcart (u_id);
CREATE INDEX idx_shoppingcart_b_id ON shoppingcart (b_id);
```

在评价信息表的 u_id、b_id 字段上分别创建索引。SQL 语句如下：

```
# 为评价信息表创建索引
CREATE INDEX idx_reviews_u_id ON reviews (u_id);
CREATE INDEX idx_reviews_b_id ON reviews (b_id);
```

还可以根据表中数据的操作适当创建其他索引。

4. 设计视图

为网络购物系统的 reviews 表和 orders 表设计视图，以方便查询订单和评价相关的信息，提高查询效率和数据展示的简洁性。

视图 vw_orders：该视图用于显示每个订单的详细信息，包括订单编号、下单时间、支付方式、支付状态、运单号和交易进度等。SQL 语句如下：

```
# 为订单信息表创建视图
CREATE VIEW vw_orders AS
```

```
    SELECT o_id AS 订单编号, u_id AS 用户编号, b_id AS 书名, o_time AS 下单时间, pay_
type AS 支付方式, pay_status AS 支付状态, o_num AS 运单号, new_state AS 快递最新动态, o_
update AS 交易进度
    FROM orders;
```

视图 vw_reviews：该视图用于显示每个订单的评价信息，包括评价编号、用户编号、商品编号、评价内容、满意度、评价时间和回复等。SQL 语句如下：

```
    # 为评价信息表创建视图
    CREATE VIEW vw_reviews AS
    SELECT re_id AS 评价编号, u_id AS 用户编号, b_id AS 商品编号, comment AS 评价内容,
satisfaction AS 满意度, re_time AS 评价时间, answer AS 回复
    FROM reviews;
```

5. 设计触发器

在订单信息表中创建一个触发器 ex_state，当订单信息表中的任何一行发生变化时触发，将订单信息表中的 new_state 字段的数据同步更新至快递信息表 express 中的 all_state 字段。SQL 语句如下：

```
    # 更新快递信息表的运单动态
    DELIMITER &&
    CREATE TRIGGER ex_state
    AFTER UPDATE ON orders
    FOR EACH ROW
    BEGIN
        UPDATE express
        SET all_state = CONCAT_WS(', ', all_state, NEW.new_state)
        WHERE ex_id = NEW.o_num;
    END &&
```

6. 设计存储过程

1）修改登录密码

设计存储过程 changepassword()，用来修改用户登录密码。SQL 语句如下：

```
    # 修改登录密码
    DELIMITER &&
    CREATE PROCEDURE changepassword()
    BEGIN
        DECLARE p_current_password VARCHAR(50);
        DECLARE p_new_password VARCHAR(50);
        -- 获取当前密码和新密码
        SET p_current_password = OLD.password;
        SET p_new_password = NEW.password;
        -- 验证当前密码是否正确
        IF (SELECT COUNT(*) FROM users WHERE u_id = CURRENT_USER AND password =
p_current_password) = 1 THEN
            -- 更新密码
            UPDATE users SET password = p_new_password WHERE user_id = CURRENT_USER;
            COMMIT;
            SELECT '密码修改成功';
        ELSE
```

```
            ROLLBACK;
            SELECT '密码错误，请重新输入';
        END IF;
    END &&
```

说明：该存储过程首先声明了两个变量 p_current_password 和 p_new_password，分别用于存储当前密码和新密码。然后，它使用 SELECT 语句来验证当前用户输入的密码是否正确，如果正确，就使用 UPDATE 语句来更新密码；如果不正确，则使用 ROLLBACK 语句回滚事务，并提示用户重新输入密码。最后，存储过程返回一个消息，以便向用户指示密码修改的结果。

2）浏览商品

设计存储过程 show_details_byname()，当输入书名时可以查询书籍的所有信息。SQL 语句如下：

```
    # 浏览商品
    DELIMITER &&
    CREATE PROCEDURE show_details_byname(IN p_book_name VARCHAR(50))
    BEGIN
        SELECT * FROM books
        WHERE b_name = p_book_name;
    END &&
```

说明：该存储过程只有一个输入参数 p_book_name，用于指定要查询的书名。它使用 SELECT 语句来查询 books 表中所有列的值，并使用 WHERE 子句来过滤只有书名与输入参数匹配的行。如果找到了匹配的行，则返回所有列的值；如果没有找到，则不返回任何结果。

3）管理购物车信息

设计存储过程 add_books_toshoppingcart() 和 delete_books_toshoppingcart()，用于管理购物车信息。SQL 语句如下：

```
    # 添加商品到购物车
    DELIMITER &&
    CREATE PROCEDURE add_books_toshoppingcart(IN p_u_id INT, IN p_b_id INT, IN p_b_
name VARCHAR(50), IN p_b_price DECIMAL(10,2), IN p_s_quantity INT)
    BEGIN
        INSERT INTO shoppingcart (u_id, b_id, b_name, b_price, s_quantity, total_price)
        VALUES (p_u_id, p_b_id, p_b_name, p_b_price, p_s_quantity, p_b_price * p_s_quantity);
    END &&
```

说明：add_books_toshoppingcart() 存储过程接收 5 个参数，分别是 p_u_id（购物车所属用户编号）、p_b_id（要添加到购物车中的商品编号）、p_b_name（要添加到购物车中的书名）、p_b_price（要添加到购物车中的商品单价）和 p_s_quantity（要添加到购物车中的商品数量）。该存储过程会将这些参数插入 shoppingcart 表中，同时计算出商品的总价并插入 total_price 列中。

```
    # 删除购物车中的商品
    DELIMITER &&
```

```
CREATE PROCEDURE delete_books_toshoppingcart(IN p_u_id INT, IN p_b_id INT)
BEGIN
    DELETE FROM shoppingcart
    WHERE u_id = p_u_id AND b_id = p_b_id;
END &&
```

说明：delete_books_toshoppingcart() 存储过程接收 2 个参数，分别是 p_u_id（购物车所属用户编号）和 p_b_id（要从购物车中删除的商品编号）。该存储过程会从 shoppingcart 表中删除指定用户和商品的记录。

4）提交订单

设计存储过程 submit_order()，用于提交订单。SQL 语句如下：

```
# 提交订单
DELIMITER &&
CREATE PROCEDURE submit_order(IN p_u_id INT, IN p_b_id INT, IN p_pay_type
VARCHAR(255), IN p_pay_status VARCHAR(255), IN p_ex_num VARCHAR(255))
BEGIN
    INSERT INTO orders (u_id, b_id, o_time, pay_type, pay_status, o_num)
    VALUES (p_u_id, p_b_id, NOW(), p_pay_type, p_pay_status, p_ex_num);
    SET NEW.o_update = NOW();
    UPDATE orders SET pay_status = '待支付', new_state = '待处理' WHERE o_id =
LAST_INSERT_ID();
END &&
```

说明：该存储过程接收 5 个参数，分别是 p_u_id（订单所属的用户编号）、p_b_id（订单中包含的商品编号）、p_pay_type（支付方式，如信用卡、支付宝等）、p_pay_status（支付状态，如已支付、待支付等）、p_ex_num（运单号）。该存储过程会将这些参数插入 orders 表中，并将 o_update 列设置为当前时间。然后，它将 pay_status 和 new_state 列更新为相应的值，以表示订单处于待支付状态。

当数据库 o_s_sys 的结构建立完成后，加载数据，调试应用程序并试运行数据库，适当对数据库进行优化和调整。

11.3.6 数据库运行与维护

在网络购物系统数据库设计完成并试运行成功后，即可投入正式运行。这时，数据库管理员就需要开始对数据库的维护工作，主要工作内容有数据库转存和故障恢复，数据库的安全性和完整性控制，数据库性能的监督、分析和改进，以及数据库的重组和重构等。

习题

一、选择题

1．需求分析的内容有（　　）几个方面。

A．信息需求　　　　B．处理需求

C．安全性和完整性要求　　　　D．以上都是

2．在设计数据库时，用 E-R 图来描述信息结构并不涉及信息在计算机中的表示，它是数据库设计的（　　）阶段。

A．需求分析　　B．概念设计

C．逻辑设计　　D．物理设计

3．在需求分析时通常采用（　　）的方法，在概念模型设计时则采用（　　）的方法。

A．自顶向下　　B．自底向上

C．逐步扩张　　D．混合策略

4．下列关于 E-R 图设计的说法不正确的是（　　）。

A．在设计局部 E-R 图时，属性必须是不可分的数据项

B．在设计局部 E-R 图时，应把属性分配给使用频率最高的实体或实体值较少的实体

C．局部 E-R 图中的属性不能与其他实体有联系

D．在合并局部 E-R 图时，必须一次性全部合并完成

5．在某学校的综合管理系统设计阶段，教师实体在学籍管理子系统中被称为“教师”，而在人事管理子系统中被称为“职工”，这类冲突被称为（　　）。

A．语义冲突　　B．命名冲突

C．属性冲突　　D．结构冲突

6．若两个实体间的联系是 1∶n，则将 1∶n 联系转换为关系模型的方法是（　　）。

A．在 n 端实体转换的关系中加入 1 端实体转换关系的关键字

B．将 n 端实体转换的关系的关键字加入 1 端的关系中

C．在两个实体转换的关系中，分别加入另一个关系的关键字

D．将两个实体转换为一个关系

7．在关系数据库中，一个关系模式需要至少满足（　　）范式才能保证数据的一致性和完整性。

A．1NF　　B．2NF

C．3NF　　D．BCNF

8．对于需要经常查找数据的情况，应使用下列（　　）存储方式。

A．顺序存储　　B．链式存储

C．索引存储　　D．哈希存储

9．在关系数据库设计中，定义索引和视图是（　　）的任务。

A．概念设计阶段　　B．逻辑设计阶段

C．物理设计阶段　　D．数据库实施阶段

10．在数据库设计过程中，下列（　　）不属于数据库的维护工作。

A．数据库的试运行

B．数据库的安全性和完整性控制

C．数据库性能的监督、分析和改进

D．数据库的重组和重构

二、问答题

1．简述数据库设计的步骤。

2．简述 $m:n$ 联系如何转换为关系模型。

3．简述数据库实施的步骤。

三、操作题

1．设计“课程安排管理系统”数据库。

要求如下：课程安排管理系统需要对课程、学生、教师和教室进行协调。每个学生最多可以同时选修5门课程，每门课程必须安排一间教室以便学生可以去上课，一个教室在不同的时间可以被不同的班级使用。一个教师可以教授多个班级的课程，也可以教授同一班级的多门不同的课程，但教师不能在同一时间教授多个班级或多门课程。课程、学生、教师和教室必须匹配。

2．设计“医院病房管理系统”数据库。

某医院病房计算机管理中需要如下信息：

科室：科室名、科室地址、科室电话号码、医生姓名、科室主任。

病房：病房号、床位号、所属科室名。

医生：姓名、职称、所属科室名、年龄、工作证号。

病人：病历号、姓名、性别、诊断信息、主管医生、病房号。

其中，一个科室有若干个病房、多个医生，一个病房只能属于一个科室，一个医生只属于一个科室，但可负责多个病人的诊治，一个病人的主管医生只有一个。

3．设计“论坛管理系统”数据库。

现有一个论坛，由论坛的用户管理各版块，用户可以发新帖，也可以对已发帖进行跟帖。其中，论坛用户的属性包括昵称、密码、性别、生日、电子邮件、状态、注册日期、用户等级、用户积分、备注信息。版块信息的属性包括版块名称、版主、本版留言、发帖数、点击率。发帖的属性包括帖子编号、标题、发帖人、所在版块、发帖时间、发帖表情、状态、正文、点击率、回复数量、最后回复时间。跟帖的属性包括帖子编号、标题、发帖人、所在版块、发帖时间、发帖表情、正文、点击率。

习题参考答案

第 1 章　数据库基础

一、选择题

1. B　2. C　3. A　4. C　5. D　6. A　7. C　8. A　9. C　10. B　11. C　12. D　13. B　14. B　15. D

二、填空题

1. 数据库系统
2. 硬件　软件　人员　数据
3. 集中式　C/S（客户端 / 服务器式）B/S（浏览器端 / 服务器式）　分布式
4. 外部层　概念层　内部层
5. 概念数据模型　逻辑数据模型　物理数据模型
6. 一对一联系　一对多联系　多对多联系
7. 实体型　实体属性　实体间的联系
8. 并（∪）　交（∩）　差（–）　广义笛卡儿积（×）
9. 实体完整性　参照完整性　用户自定义完整性
10. 物理数据模型
11. 关系型数据库　非关系型数据库
12. 数据库管理系统
13. 关系型数据库管理系统
14. 关系查询树
15. Oracle　SQL Server　Access　MySQL

第 2 章　MySQL 数据库管理系统

一、选择题

1. A　2. C　3. B　4. A　5. B　6. C

第 3 章　MySQL 编程基础

一、选择题

1. B　2. C　3. D　4. A　5. C

二、填空题

1. SQL 语言

2. 数据定义　数据操纵　数据控制　数据查询
3. 关键字　表　列　函数
4. 字符串常量　数值常量　日期 / 时间常量　布尔值常量　NULL 值
5. TEXT 类型　BLOB 类型
6. 小数类型　浮点数类型　定点数类型
7. 全局变量　会话变量
8. 表达式
9. 算术运算符　比较运算符　逻辑运算符　位运算符
10. 数学函数　字符串函数　日期和时间函数　加密函数

第 4 章　MySQL 数据库操作

一、选择题

1. D　2. C　3. A　4. D　5. D

第 5 章　MySQL 数据表操作

一、选择题

1. B　2. D　3. C　4. D　5. A　6. B　7. D　8. A　9. B　10. B

第 6 章　MySQL 数据查询

一、选择题

1. D　2. C　3. D　4. C　5. A　6. D　7. C　8. B　9. D　10. A

第 7 章　MySQL 的索引与视图

一、选择题

1. B　2. D　3. C　4. D　5. B

第 8 章　MySQL 程序设计

一、选择题

1. B　2. D　3. B　4. C　5. C　6. A　7. D　8. A　9. C　10. D

第 9 章　MySQL 的事务

一、选择题

1. D　2. C　3. A　4. D　5. C　6. A

第 10 章　MySQL 安全管理

一、选择题

1. B　2. A　3. C　4. D　5. B

第 11 章　数据库设计

一、选择题

1. D　2. B　3. A　B　4. D　5. B　6. A　7. B　8. C　9. D　10. A

参考文献

［1］西尔伯沙茨，科思，苏达尔尚．数据库系统概念：原书第7版［M］．杨冬青，等译．北京：机械工业出版社，2021.

［2］向隅．数据库基础及应用［M］．北京：北京邮电大学出版社，2008.

［3］李明，等．数据库原理及应用［M］．成都：西南交通大学出版社，2007.

［4］武洪萍，孟秀锦，孙灿．MySQL数据库原理及应用：微课版［M］．3版．北京：人民邮电出版社，2021.

［5］王永红．MySQL数据库原理及应用实战教程［M］．北京：清华大学出版社，2022.

［6］沙旭，徐虹，夏显剑．PHP+MySQL：Web项目实战［M］．北京：北京希望电子出版社，2020.

［7］吴少君，赵增敏．MySQL 8.0数据库管理与应用［M］．北京：电子工业出版社，2021.

［8］李月军．数据库原理与MySQL应用：微课版［M］．北京：人民邮电出版社，2022.

［9］姜桂洪．MySQL数据库应用与开发．北京：清华大学出版社，2018.

［10］钱冬云．MySQL数据库应用项目教程［M］．北京：清华大学出版社，2019.

［11］李学峰，赵艳萍．数据库技术应用［M］．北京：北京希望电子出版社，2017.

［12］吕凯．MySQL 8.0数据库原理与应用［M］．北京：清华大学出版社，2023.

［13］黑马程序员．MySQL数据库原理、设计与应用［M］．2版．北京：清华大学出版社，2023.

［14］尚硅谷教育．剑指MySQL 8.0：入门、精练与实战［M］．北京：电子工业出版社，2023.

［15］王英英．MySQL 8从入门到精通：视频教学版［M］．北京：清华大学出版社，2019.

［16］千锋教育高教产品研发部．MySQL数据库从入门到精通［M］．北京：清华大学出版社，2018.

［17］福塔．MySQL必知必会［M］．刘晓霞，钟鸣，译．北京：人民邮电出版社，2009.

［18］明日科技．MySQL从入门到精通［M］.2版．北京：清华大学出版社，2021.

［19］王飞飞，崔洋，贺亚茹．MySQL数据库应用从入门到精通［M］.2版．北京：中国铁道出版社，2014.

［20］施瓦茨，扎伊采夫，特卡琴科．高性能MySQL：第3版［M］．宁海元，等译．北京：电子工业出版社，2013.

［21］杜波依斯．MySQL技术内幕：第4版［M］．杨晓云，王建桥，杨涛，译．北京：人民邮电出版社，2011.

［22］唐汉明，等．深入浅出MySQL：数据库开发、优化与管理维护［M］．北京：人民邮电出版社，2008.

［23］斯米尔诺娃．MySQL排错指南［M］．李宏哲，杨挺，译．北京：人民邮电出版社，2015.

［24］Oracle, Inc. MySQL 8.0 Reference Manual［DB/OL］.［2023-10-20］. https://dev.mysql.com/doc/refman/8.0/en/.

［25］Oracle, Inc. MySQL Workbench［DB/OL］.［2023-10-20］. https://dev.mysql.com/doc/workbench/en/.